일곱 원소 이야기

A Tale of Seven Elements
by Eric Scerri

일곱 원소 이야기

A Tale of Seven Elements

주기율표의 마지막 빈칸을 둘러싼
인간의 과학사

에릭 셰리 지음 | 올리버 색스 서문 | 김명남 옮김

궁리
KungRee

추천의 글

“화학원소들과 주기율표 이야기에 생명력을 부여하고 싶은 사람이라면 누구나 꼭 읽어야 할 책!” – 케빈 드 버그, 《과학과 교육》

“훌륭한 책이다. 화학뿐 아니라 관련된 분야의 모든 학생과 연구자에게 흔쾌히 추천한다. 과학의 역사와 문화에 흥미가 있는 다른 모든 독자에게도.” – 이스트반 하르기타이, 《구조 화학저널》

“흥미진진한 이야기들이다. 우선권 분쟁, 국가주의적 다툼, 존재하지 않는 원소를 찾았다고 단호하게 발표한 사건들, 희극적이고 비극적인 일화들이 가득하다.” – 버지니아 트림블, 《옵서버토리》

“대단히 풍성하고 꼼꼼한 책이다. 이 책의 주인공인 원소들 각각에 대해서만 그런 것이 아니라 과학이라는 작업의 속성 자체에 대해서도.” –《과학 교육 및 확산을 위한 유레카 잡지》

“에릭 셰리의 뛰어난 이 책은 화학만이 가진 특수한 정신을 이해하게 해준다. 화학이 과학 전체와 인류의 경험에 기여한 바를 보면, 실험이 얼마나 중요한지 깨닫게 된다. 발견의 시대는 끝나지 않았다. 우라늄 너머에서도 스무 개 남짓한 원소가 인공적으로 더 합성되었다. 셰리에 따르면, 화학자들 사이에도 원소가 얼마나 더 많이 가능한가에 대해 분명한 합의가 없다. 137번까지 가능하다고 말하는 사람도 있고, 173번이라고 말하는 사람도 있다. 이 책이 잘 보여주듯, 주기율표는 아직도 제작되고 있는 중이다. 앞으로 어떤 놀라운 발견이 더 있을지 누가 알겠는가?” – 피터 페식, 《월스트리트 저널》

“최근 들어 화학원소를 다루는 책이 많이 나왔다. 백과사전 같은 책도 있었고, 특이한 내용을 다루거나 읽기 쉽게 쓴 책도 있었다. 이제 전혀 다른 책이 나왔다. 주기율표 역사에 관한 한 현존하는 가장 권위 있는 연구자, 에릭 셰리의 『일곱 원소 이야기』다. 이 책은 20세기 초까지 주기율표에서 여전히 ‘빈칸’으로 남았던 일곱 원소들의 사연, 그 원소들이 발견된 이야기를 들려준다.” – 앤드리아 셀라, 《뉴사이언티스트》

“주기율표처럼 기본적인 주제에 무슨 재미가 있겠느냐고 생각하는 사람이 있을지도 모르겠지만, 에릭 셰리는 화학에서 모든 중요한 발견의 이면에는 극적이고, 정치적이고, 숱한 막다른 골목을 거친 이야기가 있다는 것을 보여준다.” –《뉴사이언티스트》

“이 책은 화학의 변경을 탐구한 이야기, 과학자들이 세상에 존재해야 한다는 건 알았지만 발견하진 못했던 미지의 원소들을 찾아 헤맨 이야기이다. 원소들은 어디에 숨어 있었을까? 과학자들은 어떤 길잡이에 의지하여 원소들을 수색했을까? 그리고 누가 결국 그 원소들을 찾아냈을까? 셰리는 발견의 과학적 내용뿐 아니라 그 못지않게 흥미진진한 발견자들에 관한 이야기도 들려준다. 꼼꼼한 조사를 토대로 쓰인 이 책은 진정 정보의 금광이다." – 존 엠슬리, 『화학의 변명』과 『세상을 바꾼 독약 한 방울』의 저자

"화학의 여러 분야 중에서도 새로운 원소의 발견만큼 그토록 많은 사람들의 경쟁심을 자극하고 자존심에 상처를 입힌 분야는 또 없다. 진정한 발견의 이면에 깔린 개인적, 정치적, 과학적 긴장과 결국 거짓으로 밝혀져 사라져간 숱한 선언들을 명쾌하고 상세하게 서술한 셰리의 글은 화학자들에게도 즐거울 것이다." – 피터 앳킨스, 『물리화학』과 『갈릴레오의 손가락: 과학의 열 가지 위대한 착상들』의 저자

"원소에 관한 이야기 중 가장 재미난 것은 화학 수업 시간에는 절대 이야기되지 않는 것이 많다. 『일곱 원소 이야기』는 그중 최고의 이야기를 몇 골라서 이런 이야기가 현대 과학의 작동 방식을 이해하는 데도 깊은 관련이 있다는 것을 보여준다." – 샘 킨, 『사라진 스푼』과 『바이올리니스트의 엄지』의 저자

"이 책을 읽는 것은 우리가 평소에는 방문할 생각도 떠올리지 못했던 어딘가 조용한 장소로 휴가를 떠났다가 그곳에 그곳만의 볼거리와 매력이 가득하다는 사실을 발견하는 것과 같다. 전혀 유명하지 않은 이 희한한 원소들에게 이토록 많은 사연이 숨어 있다는 것, 이토록 많은 인물과 흥미롭고 특이한 사실이 숨어 있다는 것을 누가 알았겠는가? 화학에 호기심을 느끼는 사람이라면 누구나 이 여행을 해보기를 진심으로 추천한다." – 필립 볼, 『자연의 재료들』과 『화학의 시대』의 저자

"에릭 셰리는 일곱 원소의 발견에 얽힌 흥미진진한 이야기를 들려준다. 『주기율표』(2007)를 쓰기도 한 사람으로서, 셰리는 이 일에 더 이상 알맞을 수 없는 저자다. 그는 화학자이고, 과학철학자이자 과학사학자이며, 주기율표 연구에서는 현재 최고의 학자다. 그가 들려주는 흥미로운 이야기에는 여러 나라의 과학자 수십 명이 등장하여, 고전 주기율표에서 마지막까지 빈칸으로 남은 이 원소들을 열렬히 추적한다. 화학사를 연구하는 학자인 만큼 나는 이런 이야기들을 이미 다 안다고 생각했지만, 셰리가 이 감탄스러운 책에서 새롭게 발굴한 흥미로운 내용들을 보고는 놀라고 말았다. 셰리는 교과서에 오랫동안 실려온 여러 잘못된 정보, 역사적으로나 과학적으로 틀린 내용을 바로잡는다. 그리고 약 30년의 기간에 걸쳐 여러 연구자들이 상호 작용하며 짜냈던 복잡한 연구의 그물망을 철저한 조사를 통해 새롭게 보여준다. 화학자, 과학사학자, 과학철학자는 물론이고 일반 독자도 틀림없이 재미있게 읽고 많은 것을 배울 것이다." – 앨런 로크, 《타임스 고등 교육》

어머니 이네스 셰리의

90세 생일에 맞춰 이 책을 바친다.

아내 엘리사에게도.

또한 엑스선을 활용한 원소 정렬 방법을 제공했던

헨리 모즐리의 기념비적 1913년 논문의

100주년을 기념하며

이 책을 바친다.

한국어판 서문

『일곱 원소 이야기』가 한국어로 번역되어 대단히 기쁩니다. 그동안 내 책은 중국어, 일본어, 러시아어 등 많은 다른 언어로 번역되었지만, 처음으로 한국어 번역을 추가하게 된 것은 무척 고마운 일입니다. 수없이 이야기되는 주제이지만 한국이 이룬 발전의 기적은 정말로 놀라운 것이었고, 과학을 포용한 것이야말로 그 변혁의 핵심이었습니다. 이 책이 한국어로 번역됨으로써 언젠가 내가 아직 한 번도 가보지 못한 그곳에 가서 강연과 토론을 할 기회가 오기를 바랍니다.

이 책은 제가 평생 관심을 두고 연구해온 주기율표와 화학원소들에 관한 흥미로운 이야기를 담고 있습니다. 이전 책들에서는 모든 원소에 두루 관심을 쏟았지만, 이 책 『일곱 원소 이야기』에서는 그중에서도 잘 알려지지 않았고 아주 이채로운 일곱 원소에 집중했습니다.

이 일곱 원소는 과학자들이 원자량이 아니라 원자번호가 원자들의 순서를 매기는 데 더 정확한 기준이라는 사실을 깨달았던 시점에 아직 발견되지 않고 주기율표에서 빈칸으로 남았던 원소들입니다. 발견 순서로 나열하면 프로트악티늄(Pa), 하프늄(Hf), 레늄(Re), 테크네튬(Tc), 프랑슘(Fr), 아스타틴(At), 프로메튬(Pm)입니다.

독자 여러분께 제안을 드리자면, 먼저 이 책의 1, 2장에서, 그리고 더 필요하다면 다른 자료들을 통해서 주기율표 전반을 잘 이해한 다음에 이 책의 중심인 일곱 원소 이야기로 넘어간다면 좋을 것입니다. 그러면 이 원소들의 의미를 좀 더 깊이 있게 잘 이해할 수 있을 것입니다. 마지막으로, 이 책은 과학자나 과학을 공부하는 사람은 물론이고 일반 독자들을 위해서 쓴 책입니다. 누구든 이 책에 대한 의견이 있다면 얼마든지 보내주십시오. 내 이메일 주소, 그리고 주기율표와 화학원소에 관한 더 많은 자료는 내 웹사이트 www.ericscerri.com에 나와 있습니다. 즐거운 독서를 바라며.

2018년 1월

캘리포니아 로스앤젤레스에서

에릭 셰리

서문

『일곱 원소 이야기』에 대해서 말하자면, 제일 먼저 대단히 풍성하고 충실한 책이라는 얘기부터 해야겠다. 이 책은 일곱 원소의 속성은 물론이거니와 과학의 성격과 발견의 의미, 그리고 이런 요소들이 과학을 둘러싼 사회적이고 정치적인 맥락과 얼마나 깊이 얽혀 있는가 하는 문제에 이르기까지 폭넓은 지식을 전한다.

에릭 셰리는 전작 『주기율표』에서 주기율표의 역사와 철학에 집중하며 멘델레예프의 첫 주기율표 이래 주기율표가 취한 다양한 형태들을 소개했다. 멘델레예프는 자신의 주기율표에 빈칸들이 존재하는 게 분명하다고 믿었고, 당시로서는 아직 정체를 알 수 없었던 원소 몇 가지가 이후 추가로 발견되어 그 빈칸들을 메우리라고 대담하게 예측했다. 그러나 과학자들이 수소부터 우라늄까지 첫 아흔두 개 원소 가운데 빈칸은 정확히 일곱 개라고 단언할 수 있게 된 것은 1913년에 와서 모즐리가 모든 원소들에 정수로 된 원자번호를 매길 수 있다는 사실을 보여준 뒤였다. 확인해보니 빈칸에 해당하는 일곱 원소의 원자번호는 43, 61, 72, 75, 85, 87, 91이었다.

이 책에서 셰리는 그 원소들의 이야기를 자세히 들려준다. 이들은 모두 제1차 세계대전과 제2차 세계대전 사이에 분리되었다. 테크네튬, 프로메튬, 하프늄, 레늄, 아스타틴, 프랑슘, 프로트악티늄이라는 일곱 원소 거의 모두, 과학자들의 애간장을 태울 만큼 그 정체가 모호했으며 분리하기가 까다로웠다. 그중 넷은 강한 방사성원소였고, 지구의 지각에는 거의 존재하지 않거나 존재하더라도 극미량이었다. 그런 원소들의 발견에는 가공할 노동, 영감 어린 탐정 활동, 과학적 열정, 협동, 경쟁, 몇 번이고 솟았다가 좌절된 희망이 관여한 복잡한 사연들이 존재한다.

특히 셰리는 잡힐 듯 잡히지 않는 일곱 원소를 둘러싸고 종종 치열하고 길게 벌어졌던 우선권 분쟁에, 그리고 전쟁이 부채질한 당파주의와 국가적 자존심이 어떻게 그 분쟁을 격화했는지에 주목했다. '발견'이란 정확히 무엇일까? '우선권'은 어떻게 정의해야 할까? 수많은 연구자들이 몇 안 남은 원소를 서로 먼저 발견하려고 각축하다보니 우연, 요행한 직감, 국가 간 경쟁, 개인의 야망에 많은 것이 좌우될 수밖에 없었다.

우리는 셰리의 생생한 스토리텔링과 그가 인용한 편지와 논문을 통해서 화학이란, 나아가 과학이란 본질적으로 역사적인 사업임을 깨닫는다. 우리 본성의 최선을 보여주는 동시에 가끔은 최악을 보여주기도 하는 인간적 모험인 것이다. 어린 시절, 나는 메리 엘비라 위크스의 고전 『원소의 발견』을 대단히 즐겁게 읽었다. 그로부터 70년이 흐른 지금, 『일곱 원소 이야기』를 읽으면서도 똑같은 즐거움을 맛보며 생각한다. 이 책 또한 고전이 되리라.

2013년 3월, 올리버 색스

차례

들어가며

지난 40~50년 동안, 주기율표는 단순한 과학의 상징을 넘어서는 무언가가 되었다. 주기율표가 사람들의 마음을 전에 없이 강하게 사로잡았으며 더 나아가 스타일의 상징이자 디자인의 상징으로 온갖 종류의 물건을 선전하는 데 쓰이게 되었다고 말해도 지나치지 않을 것이다. 이런 폭발적 관심에 일조한 것은 인터넷의 성장이었다. 일례로 요즘 유튜브에는 주기율표의 역사를 설명하는 동영상이나 톰 레러의 유명한 화학원소 노래를 부르는 동영상이 두 살배기 아이부터 유명 영화배우까지 온갖 사람들의 버전으로 수백 개나 올라와 있다. 이 주제에 관한 인기 있는 책도 여러 권이며 아이폰과 아이패드 어플리케이션도 있다.[1] 거의 매일 어느 분야에서든 새로운 주기율표가 발명되는 게 아닌가 싶을 정도다. 내가 개인적으로 좋아하는 것을 둘만

꼽자면 기타리스트 주기율표와 재즈 음악 주기율표다.[2] 예술가들과 광고 제작자들도 주기율표를 받아들여 가끔은 거의 알아보기 힘든 수준으로까지 변형시킨다. 전문가들이나 아마추어들이 끊임없이 고안해내는 다양한 과학적 주기율표들을 모아둔 웹 사이트도 있다. 또 내 친구이자 나처럼 주기율표에 관한 책을 쓴 존 엠슬리는 이렇게 말했다.

> 우리가 화학을 공부하는 한 세상에는 주기율표가 존재할 것이다. 그리고 만일 언젠가 우리가 우주의 다른 문명과 교신하게 된다면, 확신컨대 두 문화가 공통으로 갖고 있을 지식 중 하나는 원소들을 정렬한 체계일 것이며 두 지적 생명체는 단박에 서로의 체계를 알아볼 것이다.[3]

『일곱 원소 이야기』는 원소와 주기율표의 과학을 좀 더 깊이 파헤치고 싶은 독자들을 위한 책이다. 내가 이 책을 쓴 동기는 여러 가지가 있다. 우선 이 책은 주기율표를 소개했던 전작의 후속작을 써야겠다고 마음먹은 결과이다.[4] 어느 날 나는 자료를 읽다가 블라디미르 카르펜코의 흥미로운 논문을 재발견했는데, 카르펜코는 '수상쩍은 원소들'이라는 제목하에 한때 새로운 원소로 선언되었지만 나중에 이런저런 이유로 틀린 선언이었음이 밝혀졌던 원소들을 소개하고 있었다.[5] 그 글을 읽자니 원자번호 43번 원소를 둘러싼 현재진행형의 논쟁이 떠올랐고, 퀘벡의 금속학자인 파티 하바시 교수가 언젠가 내게 편지를 보내어 내가 전작에서 그 원소의 발견에 관한 사연을 짧게 소개했을 때 실수를 저질렀다고 알려준 일도 떠올랐다. 하바시 교수는 자신이 《화학 교육 저널》에 투고했던 글의 복사본을 보내주었다.[6] 최근 판아스허와 암스트롱이 1925년 노다크 부부가 43번 원소를 분리했다고 선언했던 데 대해 그 선언은 진실이었다고 주장하며 명예회복을 시도하고 있으나 자신이 보기에 판아스허와 암스트롱의 주장은 허술하다고 지적하는 내용이었다.

며칠 지나지 않아서 문득 이런 생각이 들었다. 이 사례를 모즐리가 원소를 '헤아리는' 깔끔한 기법을 구축한 뒤에도 주기율표에 빈칸으로 남아 있었던 일곱 원소 중 하나로 소개하는 책을 쓰면 어떨까? 나는 그런 일곱 원소 중 또 하나인 하프늄(원자번호 72)에 대해서는 이미 두 편의 논문을 써둔 터였고 그 원소의 분리 또한 논쟁의 여지가 있는 사건이었다.

게다가 또 다른 흥미로운 '요소'가 떠올랐다. 말장난을 용서해주시길(화학원소를 뜻하는 단어 'element'에 '요소'라는 뜻도 있기에 하는 말이다—옮긴이). 하나같이 사뭇 희한한 문제의 일곱 원소(테크네튬, 프로메튬, 하프늄, 레늄, 아스타틴, 프랑슘, 프로트악티늄) 중에서 세 개, 어쩌면 최대 네 개는 여성이 맨 먼저 분리했다는 사실이다(마이트너, 노다크, 페레). 만일 이야기를 그보다 몇 년 전으로 거슬러 올라가서 시작한다면 그들보다 더 유명한 마리 퀴리까지 포함해야 할 것이다. 그녀는 두 원소 폴로늄과 라듐을 처음으로 분리한 사람이었으니까. 예나 지금이나 과학에서 여성이 너무나 드물게 등장한다는 얘기는 하나 마나 한 말이지만, 원소의 발견만큼은 그나마 여성이 영향력을 발휘한 분야였다. 물론 그들이 늘 정당한 인정을 받은 것은 아니었지만 말이다.[7] 그러나 그런 요소보다는 '다른 원소들과 뚜렷이 구분되는 일곱 원소'라는 발상이 압도적이었기 때문에, 나는 결국 '일곱 원소 이야기'란 주제로 책을 쓰기로 결정했다.

주기율표의 일곱 빈칸이라는 게 무슨 뜻인지 좀 더 설명할 필요가 있겠다. 모즐리의 기법에 관해서는 나중에 적당한 대목에서 설명하겠지만, 아무튼 모즐리가 그 기법을 개발한 뒤로는 수소(원자번호 1)에서 우라늄(92)까지 자연에 존재하는 아흔두 개 원소 중 아직 확인되지 않은 것이 일곱 개 남았다는 사실이 확실해졌다.[8] 더 들어가자면 그 일곱 원소 중 몇 종류는 먼저 인공적으로 합성된 뒤 나중에야 자연에서 분리되었기 때문에 이야기가 그렇게 단순하지만은 않다. 하지만 여기에 얽힌 또 다른 주제들은 본문에서 이야기하는 편이 나을 것이다. 아무튼 요점은 그 일곱 원소 중 다섯 가지는 방사성원소라는 점이다. 두 예외는 각각 두 번째와 세 번째로 분리되었던 하프늄과 레늄이다.[9]

주기율표에 빈칸이 일곱 개 넘게 있지 않았느냐고 물을 수도 있겠다. 놀랍게도 우라늄 너머에서도 원소 스물여섯 개가 더 발견되어 주기율표에서 한 자리씩 차지했으니까.[10] 그런 원소 중 하나인 넵투늄은 실제로 원자번호 1에서 92 사이에 있는 일곱 빈칸이 채워지기 전에 합성되었다. 합성 원소란 예의 모즐리 기법이 만들어진 시절에는 누구도 상상조차 못하던 존재였다. 합성 원소의 발견에 대해서는, 좀 더 정확하게 말하자면 그 제작에 대해서는, 책의 마지막 장에서 이야기하겠다.

자, 다소 독단적인 결정이긴 하지만 이렇게 규정한 일곱 원소에 대하여 이야기하기로 했으니 이제 책을 시작할 준비가 거의 다 되었다. 그런데 그전에 여러분에게 과학 이야기에 대해 말해둘 것이 있다. 요즘 과학교육은 물론이거니와 과학 활동에서도 이야기와 내러티브가 중요하다는 주장이 많이 발표되고 있다.[11] 과학사를 오래 연구해 온 데다가 사람들에게 과학을 이야기하는 데 갈수록 큰 관심을 기울이던 나는 책으로 쓸 만한 흥미로운 소재를 건졌다는 사실을 금세 알 수 있었다. 여러분도 이에 동의하길 바랄 뿐이다.

그렇다면 남은 문제는 이 원소들을 어떤 순서로 소개할 것인가였다. 엠슬리와 스워트카가 각자 원소에 관한 훌륭한 책에서 선택했던 방식처럼 알파벳 순서를 따라야 할까?[12] 아니면 좀 더 자연사적인 접근법을 취해서 원자번호 오름차순으로 정렬해야 할까? 주기율표에서 빈칸이 일곱 개 남았다는 사실을 확인하는 데는 원자번호가 중요한 역할을 했으니까 말이다. 아니면 이 이야기의 역사성을 고려해서 일곱 원소가 분리된 연대기적 순서대로 배열해야 할까?

고심 끝에 나는 1917년의 프로트악티늄부터 1945년의 프로메튬까지 일곱 원소가 발견된 순서대로 나열하기로 했다.

따라서 이 시기는 양차 세계대전을 대충 아우른다. 당시의 전황이 일곱 원소 중 몇 가지를 분리하려는 노력에 직접적으로 영향을 미친 경우도 있었다. 가령 맨 처음 분리된 프로트악티늄이 그랬다. 발견자인 리제 마이트너는 1916년 기본 중의 기본인 실험 장비를 구입하는 것조차 어렵다고 한탄하며 이렇게 썼다.

친애하는 한!

역청 실험은 물론 중요하고 흥미롭습니다. 하지만 내가 당장 착수하지 못한다고 해서 화내진 마세요. (……) 악티늄 실험에 쓸 백금 용기들을 주문했으니 며칠 안에는 받을 테고, 받자마자 시작할 겁니다. (……) 역청 실험이 지연된다는 데 화내지 마세요. 정말로 의지가 부족해서 그런 게 아니라 시간이 부족해서 그런 거니까요. 나 혼자서는 우리 셋이 함께 실험하던 때처럼 많은 일을 해낼 수 없습니다. 어제는 고무관 3미터를 무려 22마르크나 주고 샀지 뭡니까! 청구서를 보고 꽤나 충격을 받았죠.[13]

마이트너	헤베시	노다크 부부	세그레	페레	세그레	마린스키
91	72	75	43	87	85	61
프로트악티늄 Pa	하프늄 Hf	레늄 Re	테크네튬 Tc	프랑슘 Fr	아스타틴 At	프로메튬 Pm
1917년	1923년	1925년	1937년	1939년	1940년	1945년

표 0.1 | 일곱 원소를 공식 발견 순서대로 정렬했다. 공동 발견자 중 가장 연장자였던 사람의 이름과 원자번호도 적었다.

제2차 세계대전 때는 역시 마이트너와 동료들이 발견한 핵분열 원리가 금세 핵무기 개발 프로그램으로 이어져 결국 전쟁을 종식시켰다. 핵 연구는 입자가속기 개발로도 이어졌으며, 바로 그 입자가속기는 남은 일곱 원소 중 몇 가지를 처음 발견하는 데 쓰였다. 가령 제2차 세계대전이 끝나가던 무렵인 1945년 발견된 프로메튬이 그랬다. 과학적 발견은 사회 정치적 맥락 속에서 벌어지는 일이며 일곱 원소의 발견도 그 점에서 예외가 아니라는 것은 두말할 필요도 없는 사실이다. 게다가 우라늄 너머에 놓인 스물여섯 개 원소는 모두 어떤 형태로든 가속기 기술을 이용해서 합성되었다. 이 이야기도 나중에 다시 하겠다.

이 책은 우라늄 너머의 원소들, 즉 초(超)우라늄 원소들에 대비되는 개념으로서 내가 '하(下)우라늄 원소들'이라고 부르자고 제안하는 아흔두 개 원소 중 마지막으로 발견된 일곱 원소를 주로 다룬다.[14] 표 0.2

H																	He
Li	Be											B	C	N	O	F	Ne
Na	Mg											Al	Si	P	S	Cl	Ar
K	Ca	Sc	Ti	V	Cr	Mn	Fe	Co	Ni	Cu	Zn	Ga	Ge	As	Se	Br	Kr
Rb	Sr	Y	Zr	Nb	Mo	**Tc**	Ru	Rh	Pd	Ag	Cd	In	Sn	Sb	Te	I	Xe
Cs	Ba	Lu	**Hf**	Ta	W	**Re**	Os	Ir	Pt	Au	Hg	Tl	Pb	Bi	Po	**At**	Rn
Fr	Ra	Lr	Rf	Db	Sg	Bh	Hs	Mt	Ds	Rg	Cn		Fl		Lv		

La	Ce	Pr	Nd	**Pm**	Sm	Eu	Gd	Tb	Dy	Ho	Er	Tm	Yb
Ac	Th	**Pa**	U	Np	Pu	Am	Cm	Bk	Cf	Es	Fm	Md	No

표 0.2 | 장주기율표에서 일곱 원소의 위치(굵은 글씨로 표시했다). 이 표를 비롯하여 앞으로 등장하는 모든 표에는 지금까지 알려진 원소를 모두 표시했다.

에서 볼 수 있듯이 이 원소들은 주기율표의 여기저기에 흩어져 있다.

과학의 속성과 우선권 분쟁

교과서에서는 어떤 이론과 개념을 소개할 때 그것이 이미 완전히 형성된 것처럼 묘사하지만, 현실의 과학은 끊임없이 변한다. 언론에서 과학을 보도할 때 발견에 이르기까지 거쳤던 오류를 다루는 경우는 거의 없지만, 실제 과학은 실수와 잘못된 방향을 향한 진행으로 가득하다. 우리는 영영 '진실'에 가닿지 못한다. 우리가 바랄 수 있는 최선은 조금씩 누적적으로 진실에 다가가는 것이다. 그렇다면 현재의 과학은 늘 부정확할 수밖에 없다는 말이 된다.

과학을 더 잘 이해하려면, 역사적 반전과 방향 전환과 실수를 직시해야 한다. 더구나 과학 활동에는 과학자 개인이나 팀이 서로 우선권을 확립하려고 아웅다웅했던 사건이 얽혀 있기 마련이다. 물론 과학자 중에도 이기적인 사람은 있겠지만, 꼭 그 때문만은 아니다. 그보다는 과학자 사회가 승리자에게, 혹은 자신의 우선권을 대담하게 주장하는 사람에게 보상하기 때문이다. 우선권 분쟁은 원소 발견 분야에서도 심심찮게 터졌으며 몇몇 경우에는 논쟁이 오늘날까지도 이어진다. 개중에서도 가장 격렬했던 것은 결국 하프늄으로 명명된 72번 원소의 발견을 둘러싼 싸움이었다.

좋든 싫든, 종종 국수주의적 분위기까지 깔고 있는 과열된 논쟁과 기나긴 토론 역시 과학의 일부다. 사실 새롭게 우선권 주장이 제기되어 깐깐한 점검이 이뤄지는 것은 그 과정에 관여한 개인들에게야 괴롭겠지만 과학 지식 전체에는 오히려 유익할지도 모른다. 과학 지식은 그 발전 과정에서 과학자 개개인의 감정이 어떤가 하는 문제에는 눈곱만큼도 신경 쓰지 않는다. 인류의 지식이 발전하는 것이 중요할 뿐 보상이 이 사람에게 가느냐 저 사람에게 가느냐, 혹은 이 나라에게 가느냐 저 나라에게 가느냐는 중요하지 않다. 그러나 아무리 그렇다 해도 과학자도 결국 인간이고, 과학 지식 또한 좀 더 감정적인 여러 요소들의 영향을 받는다.

과학에서 우선권 분쟁은 차고 넘친다. 다윈 대 월리스, 뉴턴 대 라이프니츠, 몽타니에 대 갈로, 벤터 대 콜린스를 떠올려보라(찰스 다윈과 앨프리드 러셀 월리스는 자연선택 이론을 두고, 아이작 뉴턴과 고트프리트 빌헬름 라이프니츠는 미적분을 두고, 뤼크 몽타니에와 로버트 갈로는 HIV 바이러스를 두고, 크레이그 벤터와 프랜시스 콜린스는 인간 유전체 분석을 두고 발견의 우선권을 다투었다—옮긴이). 화학에는 로타어 마이어 대 멘델레예프, 잉골드 대 로빈슨, H. C. 브라운 대 윈스타인 같은 사례가 있었다(율리우스 로타어 마이어와 드미트리 멘델레예프는 주기율표를 두고, 크리스토퍼 잉골드와 로버트 로빈슨은 화학반응 메커니즘을 두고, 허버트 C. 브라운과 솔 윈스타인은 탄소 양이온의 성질을 두고 다투었다—옮긴이). 이 책에서 나는 20세기 시작부터 현재까지 몇몇 원소의 발견을 둘러싸고 벌어진 우선권 분쟁을 소개할 것이다. 어떻게 보면 원소 발견의 경우에는 우선권 문제를 비교적 명확하게 밝힐 수 있지 않나 싶을 것이다. 과학자가 특정 원소를 발견했다고 주장할 때는 실제로 발견했든지 발견하지 못했든지 둘 중 하나가 아닌가? 앞으로 살펴보겠지만, 안타깝게도 그런 경우는 극히 드물다. 누군가 특정 원소를 발견했다고 주장한 경우, 그가 그 원소를 분리하는 데는 성공했을지언정 원소를 충분히 설명하는 데는 실패했을 수도 있다.

우선권 분쟁에서 한 가지 흥미로운 측면은 연구에 직접 관여하지 않은 사람들이 해당 과학자의 우선권을 대신 주장하며 물고 늘어지는 경우가 많다는 점이다. 이 책에 소개된 원소 중에서도 하프늄, 테크네튬, 레늄, 프로메튬 등등 여러 경우가 그랬다. 하프늄의 경우에는 원소를 발견했다고 주장한 당사자들보다도 과학 매체와 대중매체가 그들을 대신하여 소란스러운 발언을 쏟아냈다. 오늘날에도 몇몇 화학자와 물리학자는 앞서 언급된 원소 중 몇몇이 이미 20세기 초에 발견되었으나 모종의 이유에서 해당 발견자에게 정당한 인정이 돌아가지 않는다고 주장한다.

과학에는 물론 동시 발견의 사례가 가득하다. 흔히 멘델레예프에게 공이 돌아가는 주기율표 발견도 사실은 그런 경우이다.[15] 우리는 다른 많은 원소도 그처럼 여러 사람들에 의해 동시에 발견되었을 가능성을 염두에 두어야 한다.

조엘 레비는 과학계의 숙적들을 다룬 매력적인 책에서 이렇게 지적했다.[16]

> 과학의 역사는 지루하다. 전통적인 버전은 그렇다는 얘기다. 돌파구와 발견만을 당당하게 나열한 역사, 영감 가득한 천재들과 무

지의 어둠을 벗어나 지식의 빛으로 나아온 기나긴 행진을 나열한 역사 말이다. 박물관과 교과서와 교실에서는 흔히 그런 내용을 소개하지만, 사실 그것은 꾸며낸 이야기다……

레비는 그보다 좀 더 흥미롭고, 좀 더 정확하고, 바라건대 실제 벌어졌던 일을 좀 더 완전하게 설명하는 이야기를 들려주고 싶어 한다. 나도 마찬가지다.

우선권 분쟁에 관한 어느 과학사회학자의 의견

현대 과학에서 벌어진 우선권 분쟁의 속성을 분석하려는 시도는 놀랍도록 드물었던 것 같다. 한 중요한 예외는 고전적 전통을 따랐던 선구적 과학사회학자 로버트 머튼의 작업이었다.[17] 머튼은 1957년 글에서 이렇게 말했다.

> 맨 먼저 눈에 들어오는 점은 과학사에 발견의 우선권을 둘러싼 분쟁이 대단히 자주 발생했다는 사실이다. 지저분한 분쟁도 많았다. 현대 과학이 발달한 지난 300년 동안 위대한 과학자든 평범한 과학자든 수많은 이들이 그런 맹렬한 분란에 관여했다.

이어 머튼은 과학에서 우선권 분쟁이 드물고 예외적인 사건이기는 커녕 오래전부터 "빈번하고 사납고 추악하게" 벌어졌으며 사실상 과학자들의 사회적 관계에서 핵심적인 측면에 해당한다고 지적했다.

동시 발견이란 으레 발생하는 법이니 우선권은 중요한 문제가 아니라는 시각에 다들 동의하면 간단하지 않을까? 실제로 그런 경우도 가끔 있었다. 다윈과 월리스는 자신이 이룬 발견의 공을 서로 상대방에게 주려고 다투었다. 월리스는 그로부터 50년이 지난 뒤에도 여전히 자신의 글은 위대한 발상이 떠오른 순간으로부터 일주일 만에 서둘러 작성한 것이었지만 다윈의 글은 20년간 수집한 증거에 기반한 것이었다며 굳이 차이를 강조했다.

월리스 자신은 "성급한 청년"이었던 데 비해 다윈은 "개인의 명성을 당장 획득하기보다는 자신이 발견한 진실을 보다 완전하게 보여주는 증거를 찾아서 끈질기고 수고스럽게 노력했던 연구자"라는 얘기였다. 머튼에 따르면 이런 자기부정이 그보다 더 심하게 나아간 경우도 있었다. 오일러는 "오랫동안 고민했던 변분법의 해법을 발견했으면서도 그 해법에 도달하는 데 필요했던 새로운 기법을 개발한 스물세 살의 라그랑주가 이를 출간할 때까지 기다리느라" 자신의 발표를 미뤘다. 라그랑주의 공을 박탈하지 않기 위해서였다. 그러나 머튼은 이보다 훨씬 더 빈번한 데다가 더없이 격렬했던 우선권 싸움들이 이처럼 희귀한 노블레스 오블리주의 사례를 무색하게 만들 지경이라고 말했다.

머튼은 우선권 분쟁이 항시적인 상태인 듯 흔히 발생하는 이유에 대해서 몇 가지 설명을 제안했다. 먼저 우선권 분쟁은 타고나기를 경쟁적인 인간 본성이 표출된 사례에 지나지 않을지도 모른다. 모든 인간이 이기주의를 타고난다면 과학자에게도 제 몫의 이기주의가 있을 것이고, 과학자도 때로 우선권에 대한 지나친 주장을 내세움으로써 그것을 표출할 것이다.

두 번째로 고려해볼 만한 설명은 여느 직업과 마찬가지로 과학이라는 직업도 명성에 굶주린 자기중심적인 인간을 일정량, 심지어 많이 끌어들인다는 해석이다. 그러나 머튼은 이 가능성을 곧장 기각했다. 싸움과 언쟁을 좋아하는 성격의 소유자들이 유독 과학에 이끌려서 과학계에만 많이 종사하리라고는 생각되지 않았기 때문이다.

머튼이 주목한 한 가지 의미심장한 사실은, 우선권 분쟁에 휘말리는 사람들이 평소에는 겸손하되 지식재산권을 방어해야 하는 경우에만 자기주장을 강하게 내세운다는 점이었다. 심지어 발견자나 발명가 본인은 자신의 우선권을 주장하는 일에 나서지 않고 논쟁에서 발을 빼기도 한다는 점도 지적했다. 대신 그 과학자의 추종자들이 그의 권리를 주장하며, 우선권의 귀속을 반드시 싸워 이겨야 할 도덕적 문제로 여기는 경우가 흔했다.[18]

그 지지자들은 어떤 이해관계 때문에 특정 과학자의 우선권을 변호하는 것일까? 머튼은 그들이 그 과학자 혹은 자신들이 속한 국가와 스스로를 동일시함으로써 싸움에서 이길 때 주어질 영예를 조금이나마 누리고 싶어 한다고 보았다. 우리도 이 책에서 여러 원소의 발견을 둘러싼 우선권 분쟁 사례를 접할 것이다. 72번 원소가 그처럼 서로 권리를 주장하는 경쟁자의 지지자들끼리 분쟁을 벌인 경우였다.

그러나 머튼은 인간 본성이나 지지자의 역할만으로는 우선권 분쟁을 완전히 설명할 수 없다고 보았다. 그보다는 제도적 규범의 문제가 훨씬 더 중요하다고 여겼다.

> 나는 이런 규범이 과학자들을 압박해서 우선권을 주장하게끔 만든다고 본다. 그렇다면 평소 온순하고 공격적이지 않아서 삶의 다른 영역에서는 자기주장을 밀어붙이는 일이 적은 사람조차 과학 연구에서는 자주 그러한 모습을 드러내는 현상, 언뜻 모순처럼 보이는 이 현상도 충분히 설명된다.[19]

다음으로 머튼은, 내가 생각하기에 그의 가장 예리한 논점에 해당하는 지적을 펼친다. 과학 지식을 일종의 자산으로 설명한 대목이다. 만일 상업적인 환경이라면 분쟁의 장본인들이 어찌어찌 서로의 의견 차이를 해소하는 일이 가능할지도 모른다. 문제의 재산권에서 나오는 돈이 있기 때문이다. 그러나 학계에서는 발견이 지식재산권으로 이어지는데, 지식재산권이 상업적으로 활용 가능한 경우는 없다시피 하다. 적어도 머튼이 위의 문장을 쓴 1957년까지는 그랬다. 그러니 과학자가 자기 '재산권'에서 얻을 수 있는 이득은 오로지 그 지식을 발견한 장본인이라는 명예뿐이다. 그렇다면 과학자들이 간신히 획득한 지식재산권으로부터 얻을 수 있는 유일한 이득을 지키기 위해서 그토록 맹렬하게 싸우는 것도 그리 놀랄 일이 아니다. 머튼은 이렇게 말했다.

> 일단 과학자가 어떤 업적을 발표하면, 그는 더 이상 해당 지식에 대한 배타적 접근권을 갖지 못한다. 그 지식은 과학이라는 공적 영역의 일부가 되니까. 또한 그는 지식을 알려주지 않음으로써 남들의 활용을 규제할 권리도 가질 수 없다. 그러면 애초에 자신의 기여로 인정받을 수 없으니까. 요컨대 과학에서 재산권은 이것 하나로 압축된다. 과학자가 그 결과를 낳는 데 분명한 역할을 했다는 사실을 남들이 인정하는 것.

다음과 같이 쓴 것을 보면, 머튼도 재산권 분쟁에 국수주의적 요소가 개입한다는 사실을 분명히 인식하고 있었다.

> 최소한 17세기부터 영국인, 프랑스인, 독일인, 네덜란드인, 이탈리아인은 자국의 우선권을 주장하고 나섰다. 얼마 뒤에는 미국인도 합류하여 자국이 먼저라는 사실을 주장하기 시작했다.

국수주의는 내가 이 책에서 소개할 일화들에 특히 큰 영향을 미쳤던 것으로 보인다. 그중 제일은 하프늄이었다. 과학계는 하프늄의 발견을 둘러싸고서 당시 끝난 지 얼마 되지 않았던 제1차 세계대전의 전선을 따라 반으로 쪼개졌다. 영국과 프랑스의 학술지와 대중매체는 자신이 72번 원소를 발견했다고 주장하며 셀튬이라 명명했던 위르뱅의 손을 들어주었다. 그들이 볼 때 덴마크 코펜하겐에 있는 보어의 연구소에서 작업했던 코스터와 헤베시는 전시의 적군이었던 독일과 오스트리아와 한통속이나 마찬가지였기 때문이다. 이처럼 정치적 인 이유에서 촉발된 민족주의가 개입한 사례로서 좀 더 최근에 일어난 사건은 1960년대에 105번 원소의 합성을 둘러싸고 벌어진 논쟁이었다. 당시 미국과 소련 과학자들은 나중에 러시아 두브나의 이름을 따서 더브늄이라 명명될 그 원소를 누가 먼저 합성했느냐를 두고 옥신각신했다.[20] 반면에 냉전기의 이 사건과는 대조를 이루는 흥미로운 사례로, 미국 과학자들이 101번 원소를 멘델레븀이라고 명명함으로써 '상대편' 과학자를 기린 일도 있었다.

우선권을 확보하고자 하는 과학자의 마음이 다소 극단적으로 표출된 상황을 꼽으라면, 그가 과학적 발견을 위조하려는 충동에 넘어가는 경우가 있다. 흥미롭게도 우리는 118번 원소의 합성에서 실제 그런 행위를 목격했다. 당시 데이터를 조작했다고 알려진 버클리의 수석 과학자는 그 일로 해고되었다.

그보다 덜 괘씸하지만 더 흔한 행동은 경쟁자를 언급하지 않는 것이다. 많은 학자가 지적했듯이, 주기율표의 발견자로 첫손가락에 꼽히는 멘델레예프가 그랬다. 멘델레예프는 요한 볼프강 되베라이너나 막스 요제프 폰 페텐코퍼와 같은 초기 연구자들의 논문은 기꺼이 인용하면서도 율리우스 로타어 마이어나 존 뉴랜즈 같은 직접적인 경쟁자들의 연구는 인정하기를 꺼렸을 뿐 아니라 그들의 연구를 꽤 신랄하게 비판하기도 했다. 사실 멘델레예프는 로타어 마이어와 제법 사나운 우선권 분쟁을 벌였다.

머튼 이후의 과학적 발견과 우선권에 관한 연구

머튼 이래 이른바 '과학학' 및 과학사회학 분야에서 많은 연구가 수행되었다. 그것들도 짧게 살펴보지 않을 수 없다.[21] 내가 집중할 대목은 1998년에 발표되어 큰 영향력을 미친 앨런 그로스의 논문이다.[22] 그로스는 이렇게 말했다.

> 내가 보여주려는 바는 이렇다. 우리가 어떤 사건을 과학적 발견이라고 부를 수 있는가 하는 규범적 조건의 성격 탓에, 우선권 분쟁은 단순히 과학 내부에서만 벌어지는 것이 아니라 과학을 둘러싸고도 벌어진다.

말하자면 그로스는 과학에서 우선권 분쟁이 얼마나 중요한지를 강조하고자 했다. 과학자들은 종종 그런 분쟁을 부인하거나 적어도 그것을 과학의 핵심 요소라기보다는 과학의 풍경에 불쑥 끼어든 훼방꾼으로 축소하려고 애쓰지만 말이다. 그로스는 또 발견이란 역사적 사건이 아니라 사회가 소급하여 내린 판단에 가깝다고 주장했다.

이 또한 우리가 옛 주기율표에서 마지막으로 제자리를 찾은 일곱 원소의 사연을 이야기할 때 유념해야 할 점이다. 그로스는 과학사학자 토머스 쿤이 자신보다 먼저 과학적 발견을 전쟁이나 혁명이나 주식시장 붕괴와 같은 역사적 사건으로 여겨선 안 된다는 점을 지적했다고 말했지만, 그런 쿤도 과학적 발견에 사회가 얼마나 결정적인 영향을 미치는지를 충분히 인식하진 못했다고 보았다.

원소의 발견이란 정확히 무엇인가?

이 책은 주로 일곱 원소의 발견에 관해서 이야기할 것이므로, 원소의 발견이란 것이 일반적인 과학적 발견과는 어떻게 다른지 그 구체적인 특징을 생각해볼 필요가 있다.[23] 이 주제를 다룬 많은 대중서들은 특정 개인이나 연구진에 대한 선호로써 질문에 답하려 한다. 그러나 실제로는 그렇게 쉽게 결정할 수 있는 경우가 별로 없으며, 단 한 사람으로 결정을 좁히려는 시도는 원소의 이야기에서 풍성함을 앗아갈 뿐이다.[24] 또한 원소의 발견은, 나아가 모든 과학적 발견은 많은 사람들이 여러 단계마다 관여하면서 오랫동안 이어온 과정인 경우가 많다는 사실을 가린다. 사실은 그중 어느 기여가 가장 결정적이었는지 하나를 짚어내기란 쉽지 않은데 말이다.

원소의 경우에는 다른 과학적 발견에서는 찾아볼 수 없을지도 모르는 몇몇 독특한 쟁점이 있다. 예를 들어 발견자는 자신이 분리한 물질이 새로운 원소라는 사실을 꼭 인식해야만 하는가? 아니면 그저 뭔가 새로운 물질을 분리했다고만 생각했던 것이 나중에 새로운 원소로 밝혀지는 경우라도 괜찮은가?

나아가 그가 그 원소를 반드시 분리해내야 하는가, 아니면 특정 광물에 그 원소가 들어 있다는 사실을 아는 것만으로 충분한가? 누군가 새 원소를 분리하는 데 성공하고 그것이 원소라는 사실을 똑똑히

인지한 경우라도, 그렇다면 그 양이 중요할까? 발견의 정당성을 주장하려면 최소한 눈으로 볼 수 있을 만큼은 원소를 모아야 하는 걸까? 만약 그렇다면 대부분의 초우라늄 원소들은 즉각 제외된다. 대부분 극미량만 생산되었기 때문이다. 원자 두세 개밖에 안 되는 경우도 있었다! 이 문제는 첫 아흔두 개 원소에 포함되는—이런 원소를 초우라늄 원소와 구별하기 위해서 하우라늄 원소라고 부르자—일곱 원소 중 몇몇에서도 이론적으로나마 제기된다.

어느 한 발견자나 연구진을 지정하려는 시도를 꼬이게 만드는 문제는 그것 말고도 또 있다. 발견자는 원소로 추정되는 물질의 발견을 다른 과학자들과 세상 사람들에게 어떻게 알려야 하는가? 물론 다른 연구자들이 그 실험을 재현할 수 있도록 세부적인 내용을 충분히 설명한 발표 형태를 지지하는 것이 옳을 수도 있다. 그러나 만일 발표자가 세부 사항을 누락한 탓에 다른 사람들이 실험을 반복할 수 없었던 경우라면 그를 공식 발견자로 인정하지 말아야 할까? 어쩌면 학술지 지면을 아끼는 데 혈안이 된 편집자 때문에 어쩔 수 없이 그랬을지도 모르는 일 아닌가?

아마도 더 중요한 문제는 잡지나 신문, 혹은 텔레비전이나 라디오에서 한 발표는 기각하고 과학 문헌에 실은 발표만 고집할 것인가 하는 점이다.[25] 발견자가 공식적으로 아무 데서도 발표하지 않았다면 어떻게 되는 걸까? 그래서 그보다 나중에 이뤄진 연구가 최초 발견으로 간주되었는데 한참 뒤에 옛 과학자의 공책에서 그 내용이 발견된다면? 그 공책 때문에 원소의 공식 발견자 명단을 수정해야 할까?

그러나 앨런 그로스는 이렇게 지적했다.

> 발표한다는 것은 위험을 감수하겠다는 뜻이고, 스스로는 물론이거니와 자신의 지적 동지들과 후계자들에게도 자신의 주장을 공개적으로 변호할 의무를 지운다는 뜻이다.

새로 발견된 원소는 명망 있는 학술지에 발표되어야 하는가? 그렇다면 가령 팔라듐의 발견자는 윌리엄 하이드 울러스턴이라고 말할 수 없다. 잘 알려져 있다시피 그는 자신의 발견을 신문광고로 발표하는 편을 택했기 때문이다.

또 다른 문제는 연구의 순도가 어느 정도 수준에 이를 때 우리가 해당 연구를 진정한 발견으로 받아들일 것인가 하는 점이다. 쿤은 이 문제를 다음과 같이 비교적 간결하게 제기했다.

> 발견 시점을 짚어내려는 시도는 늘 임의적일 수밖에 없다. 새로운 현상의 발견이란 그 현상의 존재와 속성을 둘 다 인식해야 하는 복잡한 사건일 수밖에 없기 때문이다.[26]

어떤 경우에는 누군가 원소를 분리하긴 했지만 정체는 밝히지 못한 상태에 머물렀다가 다른 사람이 다시 분리해서 결과를 발표한 뒤에야 정체가 밝혀지기도 한다. 그럴 땐 누구를 진정한 발견자로 간주해야 할까? 애초에 이렇게 미묘한 문제를 결정지으려고 하는 것이

타당한 일일까? 가령 산소를 떠올려보자. 악명 높을 만큼 복잡한 산소 발견 이야기는 최근 연극 소재로도 쓰였다.[27] 맨 먼저 스웨덴 화학자 칼 빌헬름 셸레가 산소를 분리했는데, 그도 아마 최초 발견자는 아니었을 것이다. 이후 얼마쯤 지나 영국에서 조지프 프리스틀리가 독자적으로 산소를 재발견했다. 프리스틀리는 파리에 사는 앙투안 라부아지에를 방문하여 자신의 발견을 알려주었고, 이후 라부아지에도 산소를 발견했다. 그런데 라부아지에는 동시대 다른 연구자들보다 한발 더 나아가, 연소란 플로지스톤이라는 물질이 진화함으로써 발생하는 현상이라고 보았던 기존 이론을 대신할 새 연소 이론의 주인공으로 산소를 내세웠다. 이처럼 라부아지에가 프리스틀리나 셸레보다 발견을 더 유용하게 활용했으니, 우리는 라부아지에에게 산소 발견의 영예를 주어야 하는가?[28]

또 다른 흥미로운 사례는 백금인데, 이유는 좀 다르다. 흔히 백금은 아메리카 대륙을 직접 방문했거나 그곳으로부터 샘플을 전달받았던 한 명 이상의 유럽 과학자가 발견했다고 일컬어진다. 그러나 그런 사건 이전에 아메리카 토착민들이 진작에 백금을 발견했던 것은 분명한 사실이다.

백금까지 포함하여 많은 원소들은 우리가 모르는 무명의 누군가가 처음 발견했다고 보는 편이 최선일 것이다. 고대의 일곱 금속(금, 은, 동[구리], 주석, 납, 철, 수은을 말한다—옮긴이)이 그렇고 탄소와 황도 마찬가지다. 1500년 이전에 발견된 일부 원소들도 특정 개인에게 귀속할 수 없다. 비소, 안티모니, 비스무트, 아연 등이 그렇다. 물론 당시에는 모두 원소로 여겨지지 않았던 물질이지만 말이다.[29] 원소 중에서 특정한 개인을 발견자로 짚을 수 있는 최초의 사례는 인일 것이다. 인의 발견자는 헤니히 브란트라는 것이 거의 보편적인 의견이다. 하지만 그는 자신의 발견을 어디에도 발표하지 않았다.

원소에 관한 철학적 막간극

과학철학 분야에서는 반증에 관한 칼 포퍼의 견해가 상당한 영향력을 발휘해왔다. 우리가 어떤 과학 이론이나 법칙을 확실히 입증하기란 불가능하다는 것은 예전부터 알려진 사실이다. 그런데 포퍼는 입증과 반증의 논리적 불균형을 우리가 유리하게 활용할 수 있다고 말했다. 입증의 경우, 증거를 축적하는 방식으로는 결코 무언가를 입증할 수 없다. 어떤 이론이나 법칙이 과거의 증거에 기반을 두어 아무리 잘 확립된 것처럼 보이더라도 미래에 그것을 반박하는 발견이 등장할 가능성은 늘 존재하기 때문이다. 반증은 다르다. 적어도 이론적으로는 단 하나의 반례만으로도 "모든 백조가 희진 않다"는 명제를 증명하거나 어떤 이론 혹은 법칙을 반박할 수 있다. 그러면 우리는 이 기준을 원소 발견에도 적용해야 할까? 내가 알기로 지금까지 이 질문을 따져본 사람은 아무도 없었다.

그러나 달리 보면 포퍼의 반증 개념을 원소 발견에 적용하는 것은 무리한 일일지도 모른다. 누가 뭐래도 원소의 경우에는 그 존재를 확인할 명확한 기준이 있다고들 하지 않는가. 특정 원소만의 독특한 지표라고 여겨지는 원자번호가 바로 그것이다. 그러나 막상 이 기준을 현실에서 적용하기란 생각보다 복잡하다. 우리는 새로운 원자번호에 해당하는 물질을 관찰했다는 사실을 정확히 어떻게 알 수 있을까? 모즐리의 고전적인 엑스선 기법에 의지하면 된다는 게 보통의 대답이지만, 이 방법에도 문제가 수두룩하다. 어떤 과학자들은 실제로는 존재하지 않는 희미한 스펙트럼선이 보인다고 착각하는 바람에 자신이 특정 원소를 확인했다는 잘못된 결론을 내렸다. 이 책의 일곱 원소 중 하나인 43번 원소 얘기다. 1925년 노다크 부부와 베르크는 자신들이 그 원소를 분리했다고 믿고, 그 새로운 원소의 엑스선 스펙트럼이라 주장한 것을 증거 삼아 발견을 인정받으려고 했다.

사실 과학철학에서 포퍼의 접근법에 대한 주된 비판 중 하나가 바로 이 문제와 관련된다. 뒤앙-콰인 논제에 따르면, 어떤 이론이나 법칙과 관련한 시험은 늘 애매할 수밖에 없다. 시험 과정 자체가 문제를 꼬아버리기 때문이다. 우리가 어떤 이론이나 법칙을 직접적으로 시험하기란 불가능하다. 시험에는 반드시 모종의 부수적인 가정이 동원되며, 그 가정은 해당 이론 혹은 법칙을 특정 맥락에서 해설하는 역할을 한다. 예를 들어 물이 든 유리잔에 연필을 절반만 담갔다고 하자. 굴절 효과 때문에 연필이 꺾인 것처럼 보일 것이다.

그런데 다른 실험에서는 연필 자루가 우리에게 익숙한 원래 모습대로 꺾이지 않은 채였다고 하자. 그렇다면 우리는 굴절 법칙이 반증되었다고 결론 내려야 할까? 꼭 그렇지는 않다. 예상했던 현상이 보이지 않은 이유는 과학 법칙이 맞지 않아서가 아니라 초기 조건이 달라서일 수도 있다. 이 경우에는 굴절률이 미미하거나 아예 없는 다른 액체에 연필을 담갔기 때문일지도 모른다.

발견에 관한 토머스 쿤의 견해

과학사학자 토머스 쿤은 20세기 후반의 가장 영향력 있는 저서로 꼽히는 책을 쓴 사람이라는 지당한 명성을 누린다. 이름하여 『과학 혁명의 구조』다. 그런데 쿤이 그 책을 쓴 1962년에 그보다 앞서서 《사이언스》에 실은 논문이 하나 있었는데, 그 논문은 저 책만큼 유명하진 않지만 지금 우리 이야기와 더 깊게 연관되는 주제를 다루었으니, 바로 과학적 발견의 속성을 살펴본 논문이었다.[30]

쿤이 제시한 논제 가운데 하나는 과학적 발견에는 본질적으로 두 종류가 있다는 것이었다. 첫째는 이론에서 예측될 수 없었던 뜻밖의 발견이다. 쿤은 산소, 엑스선, 전자의 발견을 이런 범주로 분류했다.

두 번째는 기존 이론에서 예측되었던 발견이다. 쿤은 중성미자, 전파, 주기율표의 빈칸에 해당하는 원소가 이런 사례라고 말하면서 다음과 같이 덧붙였다.

> 그렇다보니 두 번째 종류의 발견을 둘러싼 우선권 분쟁은 거의 없었다. 역사학자가 그런 발견이 이뤄진 시점과 장소를 구체적으로 짚지 못하는 것은 오로지 데이터가 부족할 때뿐이다.

이 명제에 내가 보일 수 있는 최선의 반응은 칼텍의 전설적인 물리학자에 관한 유명한 책의 제목을 빌리는 것뿐이다. 쿤 씨, 농담도 잘하시네!(『파인만 씨, 농담도 잘하시네!』를 비튼 것이다—옮긴이)

앞으로 소개하겠지만, 미발견 일곱 원소의 이야기는 우선권 분쟁의 일화로 점철되어 있다. 그리고 역사학자가 이런 원소들이 정확히 언제 발견되었는지를 짚지 못하는 것은 데이터가 부족해서가 아니다. 역시 앞으로 이야기하겠지만, 최근의 몇몇 저자들은 오히려 원소의 발견에 관한 더 오래된 주장을 복권하려고 시도하기도 했다. 43, 61, 75번 원소를 포함하여 일곱 원소 중 최대 서너 개가 그러한 경우다.[31]

한편으로는 양의 문제

문제의 일곱 원소가 마지막으로 발견될 수밖에 없었던 요인 중 하나는 이 원소들이 자연 상태로 존재하는 양이, 레늄은 예외이겠지만, 지극히 적다는 점이었다. 그러나 하필 왜 이 원자번호들이었을까? 그러니까, 하필 왜 43, 61, 72, 75, 87, 85, 91번 원소였을까?

72번 하프늄을 제외한 나머지 원소들의 원자번호는 전부 홀수다. 이 현상은 어떤 원소의 원자핵에 든 양성자가 핵에너지준위에서 쌍으로 존재할 때 안정성이 더 높다는 사실로 대충 설명된다. 이 현상은 전자가 각각의 전자에너지준위에 최대 두 개씩 들어갈 수 있는 것과 비슷하다.

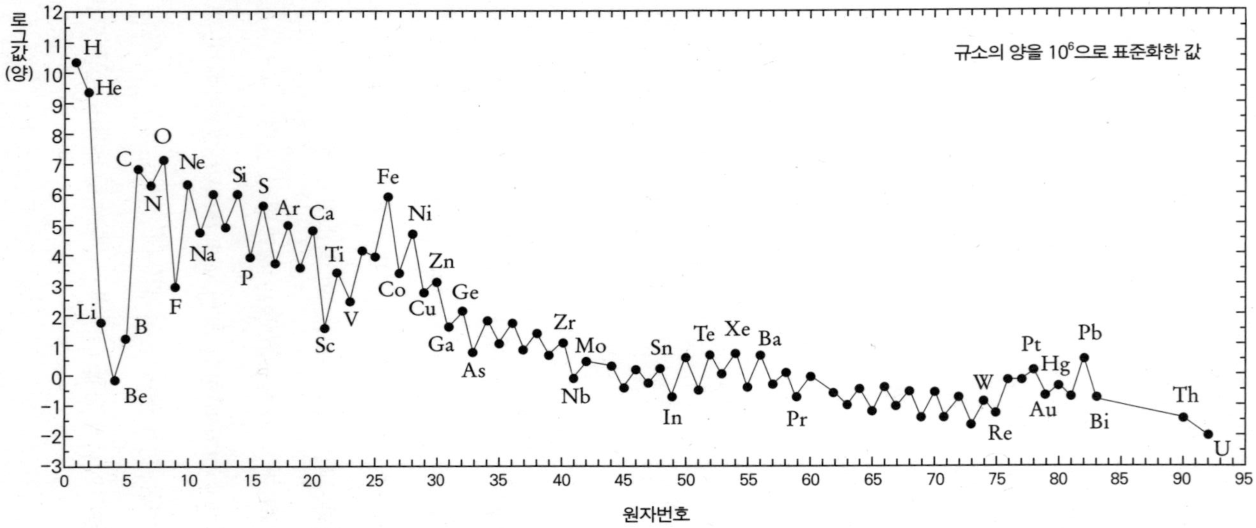

표 0.3 | 원소들이 지각에 존재하는 양을 상대적으로 표시한 그래프. P. A. 콕스의 『화학원소』(Oxford University Press, Oxford, 1989) 17쪽에 실린 그림을 허가를 받아 재수록.

자연 상태로 존재하는 원소들의 양을 상대적으로 표시한 그래프를 보면, 이처럼 안정된 상태(짝수 원자번호)와 덜 안정된 상태(홀수 원자번호)가 번갈아 나타나기 때문에 선이 톱니처럼 들쑥날쑥하다.

하킨스 법칙(이탈리아의 주세페 오도와 미국의 윌리엄 하킨스가 1910년대에 각자 독자적으로 발견한 법칙이라 보통은 오도-하킨스 법칙이라고 불린다—옮긴이)으로 알려진 이 특징은 왜 43, 61, 85, 87번 원소가 유달리 양이 적은지도 어느 정도 설명해준다. 이 중 테크네튬은 지각에 거의 없다시피 하고 프로메튬은 10^{-19}퍼센트, 프랑슘은 1.3×10^{-21}퍼센트, 아스타틴은 3×10^{-24}퍼센트 있다.[32]

우선권 문제

우선권 문제는 많은 원소의 발견에서 대단히 중요한 측면이었고 분쟁이 치열한 경우도 잦았다. 대개는 국적이 다른 연구자들이 맞붙었다. 오히려 원소의 발견을 둘러싸고 그런 분쟁이 따르지 않았던 경우를 찾기가 더 어려울 것이다. 우리는 이 문제를 살펴봄으로써 흥미롭지만 그동안 간과되었던 과학사회학적 측면을 엿볼 수 있다. 그동안 다른 저자들도 왜 전반적인 과학적 발견, 그중에서도 특히 원소의 발견이 우선권 분쟁으로 이어질까 하는 의문을 제기해왔다. 그리고 그들이 제시한 답에는 관련 과학자들의 박약한 인간성, 혹은 과학 기법 자체의 박약함과 그것이 과학자들에게 가하는 압박이 드러나 있었다.

얄궂게도 이 책의 핵심을 이루는 일곱 원소는 모두 우선권 분쟁의 대상이었고, 나아가 대부분은 국수주의적 동기에 잠식된 분쟁이었다. 문제가 과학자 본인인 경우도 있었지만 그의 지지자들이나 심지어 그가 소속된 국가의 언론이 국수주의를 부추긴 경우도 있었다. 72번 원소인 하프늄이 완벽한 사례다. 하프늄을 둘러싼 분쟁은 과학의 국수주의를 보여주는 여러 사례 중에서도 역사상 가장 격렬했고 때때로 가장 우스꽝스러웠다.

그러나 일곱 원소 이야기를 시작하기 전에, 그 원소들을 모두 담아내고 이어주는 틀, 곧 주기율표가 어떻게 발견되었는가 하는 이야기부터 해야겠다. 또 그전에, 세계 각지에 흩어진 여섯 명 이상의 과학자들이 주기율표를 구축하기까지 어떤 연구가 선행되어야 했는지부터 알아보자. 오늘날 주기율표의 발견자로 첫손가락에 꼽히는 사람은 러시아 화학자 멘델레예프지만 사실 그는 여섯 발견자 중 마지막 사람이었다. 이제 과학의 상징이 된 주기율표의 형성에 그가 제일 많이 기여하긴 했지만 말이다. 그리고 물리학에서 이뤄진 발견들이 주기율을 해명하는 데 어떤 도움을 주었는지도 살펴보자. 원자번호의 중요성을 확인했던 모즐리의 연구도 여기 포함된다.

여러분에게 알려둘 사실이 하나 있다. 이어지는 두 장은 내가 2007년에 쓴 책 『주기율표 이야기』의 내용을 가져다가 압축한 것이다. 그러니 그 책을 읽은 독자라면 본격적으로 일곱 원소의 발견을 이야기하는 3장으로 곧장 넘어가도 괜찮을 것이다.[33]

1장

돌턴에서 주기율의 발견까지

조금 임의적이긴 하지만, 우리 이야기는 19세기에 들어설 무렵의 영국 도시 맨체스터에서 시작된다. 그곳에서 존 돌턴이라는 신동은 열다섯이라는 어린 나이에 형과 함께 학교에서 학생들을 가르치고 있었다. 그 후 몇 년 사이 돌턴의 관심사는 기상학, 물리학, 화학을 아우르며 넓어졌다. 그가 고민했던 문제 중 하나는 공기를 구성하는 산소, 질소, 이산화탄소 같은 여러 기체들이 왜 서로 분리되지 않는가 하는 것이었다. 공기에 뒤섞인 기체들은 왜 균질한 혼합물 상태를 유지할까?

이 질문을 탐구하던 중, 돌턴은 이후 현대적인 원자 이론으로 발전할 이론을 세우게 되었다. 그는 모든 물질을 이루는 궁극의 구성 성분은 아주 작은 구 혹은 원자라고 가정했다. 물론 이런 개념은 고대 그리스 철학자들이 맨 먼저 제안했고 훗날 아이작 뉴턴, 피에르 가상

디, 루게르 요시프 보스코비츠 같은 현대 과학자들이 다시 제안한 바 있었으나, 돌턴은 모든 원자에 아주 중요한 정량적 특징, 즉 원자량을 부여했다는 점에서 다른 사상가들보다 한발 더 나아갔다. 돌턴이 원자량을 정할 때 참고한 것은 여러 화학 실험의 정량적 데이터였다. 가령 수소와 산소가 결합할 때 무게 비가 늘 1대 8이라는 사실을 알아낸 그는 물이란 두 원소의 원자가 하나씩 결합한 것이라는 가정하에 이때 수소 원자의 무게를 1단위로 잡으면 산소의 무게는 8단위여야 한다고 추론했다. 돌턴은 이런 방식으로 다른 많은 원자들의 무게뿐 아니라 오늘날 우리가 분자라고 부르는 물질들의 무게도 유추해냈다.

원소들에 역사상 처음으로 정량적인 속성이 부여된 셈이다. 이는

원소	무게
수소	1
아조트(질소)	4.2
탄소	4.3
암모니아	5.2
산소	5.5[1]
물	6.5
인	7.2
일산화질소	9.3
에테르	9.6
아산화질소	13.7
황	14.4
질산	15.2

표 1.1 | 돌턴이 초기에 발표한 원자량 및 분자량 표(J. Dalton, *Memoirs of the Literary and Philosophical Society of Manchester*, 2, 1, 207, 1805).

우리가 원소들을 서로 비교하는 데 쓸 수 있는 수단이었다. 연구자들은 결국 이 특징에 기반을 두어 주기율표에 포함된 모든 원소들을 정확하게 분류하게 될 것이지만, 그것은 아직 훗날의 일이었다. 그전에 우선 돌턴 시대의 전문가들은 원자라는 개념을 놓고서 대대적인 논쟁과 이견을 드러냈다. 돌턴의 동포였던 토머스 톰슨처럼 원자 개념을 열광적으로 받아들인 사람도 있었다. 반면 스웨덴의 옌스 야코브 베르셀리우스나 프랑스의 장바티스트 뒤마처럼 탐탁지 않아 한 사람도 있었다. 또 어떤 사람들은 그런 미시적 입자가 존재한다는 직접적인 증거가 없는 형편이므로 원자는 말 그대로 실체를 묘사한 개념이 아니라 유용한 사고 도구로서만 간주되어야 한다고 주장했다.[2]

원자와 분자의 개념을 놓고도 의견이 분분했다. 몇몇 사람들은 두 용어를 같은 것으로 보고 혼용했다. 그러지 않았던 사람들 중에서 주목할 만한 사례는 이탈리아의 아메데오 아보가드로와 프랑스의 앙드레마리 앙페르였는데, 당시에는 아무도 이들의 의견을 진지하게 여기지 않았다. 아보가드로는 많은 기체의 경우 가장 단순한 형태는 원자 두 개가 결합한 분자라고 믿었다. 그러나 돌턴을 비롯한 많은 사람들은 그런 생각을 인정하지 않았다. 같은 원소의 두 원자는 서로 반발할 테니 결합할 수 없다는 게 그들의 주장이었다. 이 점에서는 결국 아보가드로가 옳았던 것으로 드러났지만, 원자나 분자 같은 용어들이 모두 깔끔하게 규정된 것은 한참 뒤인 1860년경으로, 이 무렵에는 물 분자의 화학식이 돌턴이 제안했던 HO가 아니라 수소 원자 두 개와 산소 원자 하나가 결합한 H_2O라는 사실도 밝혀졌다. 이처럼 분자와 원자에 대한 시각을 바꾸는 주장을 내놓았던 것은 역시 이탈리아 사람이었던 스타니슬라오 칸니차로였는데, 이에 따라 돌턴이 제안했던 원자량 중 다수가 바뀌었다. 산소의 원자량은 이제 돌턴이 주장했던 8이 아니라 16으로 여겨졌다.

칸니차로는 새로 정한 원자량값들을 소책자로 정리하여 독일 카를스루에에서 열린 최초의 국제 화학 학회에 배포했고, 직후에 학술 문헌으로도 출간하여 모두가 참고할 수 있게끔 했다. 그리고 이후 10여 년 동안 여러 나라에서 여섯 명 이상의 과학자들이 칸니차로가 수정한 원자량 목록을 이용하여 원소들을 배열함으로써 주기율표를 작성하게 되었다.

그러나 단순히 원소들을 원자량이 작은 것부터 큰 것까지 순서대로 나열한다고 주기율표가 만들어지는 것은 아니다. 주기율표는 또한 규칙적인 간격 혹은 주기마다 원소들의 특징이 반복되는 듯한 패턴을 드러내어 보여줘야 한다. 돌턴이 처음 원자량을 정하기 전에도 사람들은 일부 원소들의 화학적 성질이 서로 비슷하다는 사실을 알고 있었다. 예를 들어 리튬, 나트륨, 칼륨은 모두 부드럽고 회색을 띠며 물과 쉽게 반응하여 수소를 내는 금속이다. 또 다른 예는 염소, 브로민, 아이오딘으로, 이 원소들은 수소와 결합하여 산을 형성하는 성질이나 나트륨 같은 금속과 결합하여 무색의 염 결정을 형성하는 성질이 확연히 비슷하다.

알렉상드르 에밀 브귀에르 드 샹쿠르투아

주기율을 최초로 발견한 사람은 그리 유명하지도 않을뿐더러 발견의 업적도 꽤 오랫동안 인정받지 못한 지질학자 알렉상드르 에밀 브귀에르 드 샹쿠르투아였다. 드 샹쿠르투아가 한 일은 3차원 원통 표면에 나선을 긋고 그 선 위에 원소들을 배열한 것이었다. 리튬, 나트륨, 칼륨처럼 화학적으로 서로 비슷한 원소들은 나선과 교차하는 같은 수직선 위에 놓였다. 표 1.2를 보라.

이 작업으로 드 샹쿠르투아는 주기율 발견에서 단연코 가장 중요한 첫걸음을 내디뎠다. 원소들의 성질은 원자량의 주기에 따라 결정된다는 사실을 처음 알아차린 사람이 바로 그였다. 멘델레예프가 같은 결론에 도달한 때로부터 7년이나 앞선 시점이었다.

그러나 오늘날 드 샹쿠르투아는 그다지 인정받지 못하는 편이다. 그가 자신의 주장을 화학 학술지에 발표하지 않았기 때문이기도 하고, 통찰을 이후 더 발전시키지 않았던 탓도 있다. 사람들이 그의 우선권 선언을 알게 된 것은 논문이 나오고부터 30년이나 지난 뒤, 영국과 프랑스의 몇몇 지지자들이 그의 논문을 새삼스럽게 조명했을 때였다.[3]

드 샹쿠르투아는 원소들의 '숫자'라고 이름 붙인 속성이 커지는 순서대로 나선에 원소들을 배열했다. 그리고 하나의 수직선에 그 숫자들을 적어 넣음으로써 이 원통을 수직으로 읽게끔 유도했다. 원통의 밑면에 해당하는 원은 16등분하여 표시했다. 나선은 수직축과 45도

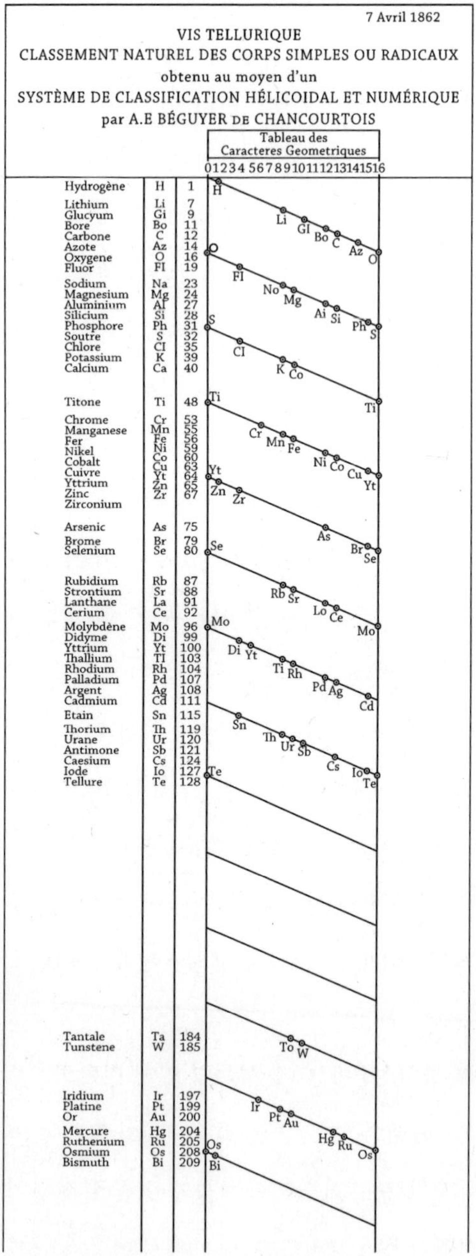

표 1.2 | 드 샹쿠르투아의 나선형 주기율표(A. E. Béguyer de Chancourtois, Vis Tellurique: Classement naturel des corps simples ou radicaux, obtenu au moyen d'un système de classification hélicoïdal et numérique, *Comptes Rendus de L'Académie des Sciences*, 54, 757-761, 840-843, 967-971, 1862).

각도를 이루며 한 바퀴 돌 때마다 그 길이가 16등분되었다. 따라서 나선을 따라 표시된 점들 중에서 열일곱 번째 점은 첫 번째 점 바로 밑에 오고 열여덟 번째 점은 두 번째 점 바로 밑에 왔다. 이런 방식에 따라, 고유 숫자가 서로 16단위씩 차이 나는 원소들이 서로 같은 수직선 위에 놓였다. 가령 원자량이 23인 나트륨은 원자량이 7로 여겨진 리튬으로부터 정확히 한 바퀴를 돌아 바로 밑에 왔다. 그 바로 옆 수직선에는 마그네슘, 칼슘, 철, 스트론튬, 우라늄 그리고 바륨이 놓였다.

나선이 맨 처음 완전히 한 바퀴를 돌면 그 끝에는 산소가 있었고, 두 번째로 돌면 황이 있었다. 따라서 드 샹쿠르투아의 체계에서는 원통 표면을 수직으로 따라 내려옴으로써 원소들의 주기적 관계를, 달리 말해 화학적 성질에 따른 분류를 대략적이나마 확인할 수 있었다. 그렇게 여덟 바퀴를 돌면 원통을 딱 절반 내려오게 되는데, 그 지점에는 텔루륨이 있었다. 드 샹쿠르투아는 딱히 별 의미가 없어 보이는 이 원소의 이름을 따서 자신의 체계를 '텔루륨 나선'이라고 불렀다.[4]

드 샹쿠르투아의 체계는 화학자들에게 아무 인상도 주지 못했다. 처음 발표된 논문에 도표가 포함되지 않았기 때문이다. 출판사가 받쳐주지 못한 탓이 컸다. 나선이라는 특이한 표현 방식 때문에 이 체계가 원소들 간의 화학적 유사성을 그다지 설득력 있게 전달하지 못한다는 점도 문제였다. 드 샹쿠르투아가 묶었던 화학원소 집단들 가운데 일부(가령 알칼리금속, 알칼리토금속, 할로겐족)는 각각 별개의 수직선으로 떨어졌지만 그렇지 않은 집단도 많았고, 그래서 생각만큼 성공적인 체계가 될 수 없었다. 또 다른 단점은 실제로는 원소에 속하지 않는 NH_4^+나 CH_3 같은 라디칼, 사이아노젠 같은 화합물, 심지어 일부 합금까지 포함한 점이었다.

《프랑스 과학 협회보》가 도표를 실어주지 않은 데 실망한 드 샹쿠르투아는 1863년에 개인 출판으로 자신의 주기율 체계를 재발표했다. 그러나 개인 출판이었기 때문에 이전 논문보다도 더 다른 과학자들의 관심을 끌지 못했다.[5] 어쨌든 원소의 속성이 원자량에 따라 주기적으로 정해진다는 사실, 그의 말을 빌리자면 "물질의 속성은 고유 숫자에 따른다"는 사실을 최초로 보여준 사람이 드 샹쿠르투아라는 점만큼은 분명하다.[6]

존 뉴랜즈

존 뉴랜즈는 1837년에 런던 교외 서더크에서 태어났다. 우연의 일치로 그곳은 주기율표의 또 다른 개척자인 윌리엄 오들링이 태어난 곳이기도 하다. 뉴랜즈는 런던 왕립 화학 대학에서 공부한 뒤 왕립 농업학회 수석 화학자의 조수로 채용되었다. 1860년에는 이탈리아에서 혁명전쟁을 이끌던 가리발디에 합류하여 잠시 의용군으로 복무했다. 뉴랜즈가 자진하여 그 전쟁에서 싸웠던 것은 어머니가 이탈리아 혈통이었기 때문인 듯하다. 그러느라 뉴랜즈는 같은 해에 열린 카를스루에 학회에 참석할 수 없었는데, 설령 시간이 났더라도 당시 그는 중요한 화학자가 아니었기 때문에 어차피 초대받지 못했을 것이다. 뉴랜즈는 런던으로 돌아온 뒤 제당소의 화학자로 일하면서 개인 화학 교습을 하여 수입을 보충했다.

뉴랜즈는 먼저 유기화합물 분류 체계를 고안하려 시도했고, 이와 함께 1862년에는 새로운 명명 체계도 제안했다. 그가 원소 분류 체계를 처음 내놓은 것은 이듬해인 1863년이었다. 그런데 당시 그는 1860년 카를스루에 학회에서 배포되었던 새로운 원자량값을 알지 못한 채였고, 대신 카를스루에 학회 이전부터 원자량을 수정해왔던 샤를 제라르가 선호한 다른 원자량값을 이용하여 작업했다. 결국 뉴랜즈는 속성이 서로 비슷하고 원자량이 8 혹은 8의 배수만큼 차이 나는 원소들을 묶은 집단 열한 개를 포함한 표를 그려냈다.

1863년 논문에서 뉴랜즈는 알칼리금속들의 원자량 관계를 설명하면서 이를 통해 나아가 원자량이 163인 새로운 원소가 존재하리라고, 마찬가지로 이리듐과 로듐 사이에도 새로운 원소가 존재하리라고 예측했다. 뉴랜즈에게는 안됐지만 결국 둘 다 발견되진 않았다.[7]

1864년 그는 원소 분류에 관한 두 번째 논문을 발표했다(표 1.3). 이번에는 카를스루에 학회 이후 사용되기 시작한 보다 정확한 원자량값을 썼다. 이제 그는 비슷한 원소들끼리 묶은 집단 여섯 개에서 각각 첫 번째와 두 번째 원소의 원자량 차이가 8 아닌 16 혹은 16에 근사한 값임을 확인했다. 그가 원자번호가 아니라 원자량을 써서 작업했다는 점을 고려하면 이 발견은 뜻밖에도 상당히 정확했다.[8]

1864년에 첫 체계를 발표한 지 한 달도 지나지 않아 그는 또 다른 체계를 선보였다(표 1.4). 이번에는 원소 개수가 더 적었고(총 스물네

집단에서 원자량이 제일 작은 원소		그다음 원소		원자량 차이	
				H = 1	O = 16
Mg	24	Ca	40	16	1
O	16	S	32	16	1
Li	7	Na	23	16	1
C	12	Si	28	16	1
F	19	Cl	35.5	16.5	1.031
N	14	P	31	17	1.062

표 1.3 | 뉴랜즈가 1864년에 발표한 첫 번째 표(J. A. R. Newlands, *Chemical News*, 10, 59-60, 1864. Table on p. 59).

		번호		번호		번호		번호		번호
집단 a	N	6	P	13	As	26	Sb	40	Bi	54
집단 b	O	7	S	14	Se	27	Te	42	Os	50
집단 c	Fl	8	Cl	15	Br	28	I	41	–	–
집단 d	Na	9	K	16	Rb	29	Cs	43	Tl	52
집단 e	Mg	10	Ca	17	Sr	30	Ba	44	Pb	53

표 1.4 | 뉴랜즈가 1864년에 발표한 두 번째 표(J. A. R. Newlands, Relations Between Equivalents, *Chemical News*, 10, 59-60, 1864. Table on p. 59).

개였고 새로운 원소를 위해서 비워둔 자리가 하나 있었다) 원자량은 언급하지 않았다. 그럼에도 이 논문은 상당한 가치가 있다. 그가 모든 원소들에 일련번호를 매김으로써 피상적으로나마 현대적인 원자번호 개념을 예견한 것처럼 보이기 때문이다. 원자량값을 고려하여 원소들을 배치하느라 골머리를 썩였던 앞선 연구자들과 달리, 그는 원자량값 자체는 신경 쓰지 않은 채 그저 원자량이 커지는 순서대로 나열하기만 했다.

뉴랜즈가 세 번째로 발표한 원소 분류 체계에서 핵심은 그가 주기율을 제안했다는 점이다. 달리 말해 그는 어떤 규칙적인 간격을 두고서 원소들의 성질이 반복되는 패턴을 보여주었다. 이것이 바로 주기율의 핵심이다. 이 사실을 그토록 일찍 깨달았다는 점에서 뉴랜즈는 드 샹쿠르투아와 더불어 좀 더 인정받을 자격이 있다.

옥타브 법칙

1865년에 뉴랜즈는 또 다른 체계를 개발했다. 이제 원소를 예순다섯 개 포함했으니 전해의 체계에서 발전한 셈이었다. 그는 원소들을 원자량 오름차순으로 배열했는데, 이번에도 실제 원자량이 아니라 일련번호를 이용했다. 이 체계는 원소들의 화학적 성질이 여덟 개 주기로 반복된다는 그의 유명한 '옥타브 법칙'에 바탕을 두었다.[9] 그는 원소 주기를 음악의 옥타브에 비유했다. 음조는 8도마다 반복되는 성질을 드러내니까 말이다(여기서 8도는 이를테면 어떤 도 음에서 그다음 도 음까지를 말한다). 그의 말을 인용하면 다음과 같다.

> 수록된 표를 보면 알 수 있듯이, 원소들을 그 숫자가 증가하는 순서대로 배열하면 순서가 살짝 바뀌는 대목도 소수 있기는 하지만 보통은 같은 집단에 속하는 원소들이 같은 가로줄에 놓인다. 서로 비슷한

> 원소들의 숫자는 7 혹은 7의 배수만큼 서로 차이 난다는 사실도 알 수 있다. 달리 말해, 같은 집단의 구성원들은 음악에서 하나 혹은 그 이상의 옥타브만큼 떨어진 양끝의 두 음과 같은 관계이다. (……) 어떤 원소로부터 헤아리기 시작하여 여덟 번째에 해당하는 원소는 첫 원소의 반복이라 할 수 있다. 나는 이 특수한 관계를 '옥타브 법칙'으로 부르자고 제안한다.[10]

이 발언은 주기율표의 진화에서 제법 중요한 단계에 해당한다. 원소의 성질이 특정 간격을 주기로 반복된다는 새로운 자연법칙을 처음으로 분명하게 선언한 말이기 때문이다. 뉴랜즈가 화학과 음악의 연관성을 진지하게 제안했던 것인지 아닌지는 알 수 없다. 아무튼 그의 발표 자리에 참석했던 화학자들이 다짜고짜 이 체계를 기각한 이유가 상상력 넘치는 비유 때문만은 아니었다. 다른 화학자들의 반감은 당시 이론적 개념이라면 뭐든 미심쩍게 여기던 영국 학계의 경향성 탓이 크다. 뉴랜즈에 대한 반응 가운데 가장 유명하고 자주 인용되는 것은 조지 캐리 포스터가 했던 말로, 포스터는 뉴랜즈가 차라리 원소들을 알파벳순으로 정렬했더라면 더 나은 분류가 되었을 것이라고 말했다!

런던 화학 협회 모임에 참석했던 화학자들은 뉴랜즈의 논문을 회보에 싣지 않기로 결정했다. 뉴랜즈는 그에 굴하지 않고, 모임에서 발표했던 내용을 포함하여 이후 작성한 논문 여러 편을 명성 높은 학술지《케미컬 뉴스》에 실었다.

1866년 발표한 논문에서 뉴랜즈는 런던 화학 협회 발표 때 자신에게 제기되었던 비판들에 대답하고자 했다. 이 논문에 수록된 표는 그가 화학원소 집단들을 세로줄로 배열한 첫 시도였다. 이번에도 배열은 원자량 오름차순에 따랐지만, 순서가 역전된 부분이 세 군데 있었다(세륨과 란타넘이 지르코늄보다 앞에 왔고, 우라늄이 주석보다 앞에 왔고, 텔루륨이 아이오딘보다 앞에 왔다). 그의 표에는 빈칸이 없었기 때문에 누군가는 향후 새로운 원소들이 발견되면 문제가 생길 것이라고 비판했었는데, 그에 대해 뉴랜즈는 이렇게 대답했다.

> 현재 이렇게 단순한 관계(옥타브 법칙)가 존재한다는 사실은 앞으로 설령 수백 개의 원소가 더 발견되더라도 늘 그런 관계가 존재하리라는 예상을 뒷받침하는 강력한 증거이다. 그렇게 되면 유사한 원소들 사이의 숫자 차이가 7이 아니라 7의 배수, 혹은 8, 9, 10, 20, 기타 다른 어떤 수의 배수로 바뀔지도 모르지만, 어쨌거나 원소들 사이에 단순한 관계가 존재한다는 사실만큼은 여전히 분명할 것이다.[11]

물론 뉴랜즈가 옳았다.[12] 이후 발견된 비활성기체들은 그의 주장을 입증했다. 비활성기체들은 반복 패턴을 깨뜨리기는커녕 이웃 주기 사이의 반복 거리를 7에서 8로 늘리기만 했다.[13] 뉴랜즈가 현대적 주기율표의 진정한 개척자 반열에 오를 만한 인물이라는 사실에는 의심의 여지가 없다. 특히 그는 많은 면에서 화학적 주기성의 요체라 할 수 있는 주기율의 존재를 처음 명시적으로 인식한 사람이었다.

윌리엄 오들링

화학사에서 대체로 주변 인물이었던 다른 발견자들과 달리, 윌리엄 오들링은 경력 중에 중요한 자리를 더러 맡았던 출중한 화학자였다. 가장 돋보이는 경력은 마이클 패러데이의 뒤를 이어 런던 왕립연구소 소장을 지낸 것이었다. 오들링은 카를스루에 학회에 참석했다는 점에서도 다른 발견자들과 달랐다. 그곳에서 그는 통일된 원자량 체계가 필요하다는 기조로 강연했다. 칸니차로가 제안한 권장 원자량값을 모른 채 첫 체계를 고안했던 뉴랜즈와 달리, 오들링은 원소들의 표를 그려보자고 처음 나선 때부터 그 값을 사용했다. 카를스루에 학회 이후에는 영국에서 칸니차로와 아보가드로의 견해를 대변하는 지지자로 행세했다. 따라서 그는 원소를 분류할 때 새로운 원자량값을 쓰는 것이 중요하다는 사실을 다른 누구보다도 일찌감치 인식하고 있었던 셈이다.

주기 체계를 제안한 논문은 오들링이 런던 세인트바살러뮤 병원에서 화학 강사로 일하던 1864년에 나왔다. 같은 해 발표된 뉴랜즈의 체계가 그때까지 알려진 예순 개 원소 중 스물네 개만 포함했던 것에 비해 오들링은 쉰일곱 개를 포함하는 데 성공했다(표 1.5). 게다가 오들링의 논문은 뉴랜즈가 런던 화학 협회에서 화학적 주기성을 주장한 시점보다 앞서 발표되었다. 그렇지만 두 화학자는 서로 무관하게

			Ro 104	Pt 197
			Ru 104	Ir 197
			Pd 106.5	Os 199
H 1	″	″	Ag 108	Au 196.5
″	″	Zn 65	Cd 112	Hg 200
L 7	″	″	″	Tl 203
G 9	″	″	″	Pb 207
B 11	Al 27.5	″	U 120	″
C 12	Si 28	″	Sn 118	″
N 14	P 31	As 75	Sb 122	Bi 210
O 16	S 32	Se 79.5	Te 129	″
F 19	Cl 35.5	Br 80	I 127	″
Na 23	K 39	Rb 85	Cs 133	″
Mg 24	Ca 40	Sr 87.5	Ba 137	″
	Ti 50	Zr 89.5	Ta 138	Th 231.5
	″	Ce 92	″	
	Cr 52.5	Mo 96	V 137	
	Mn 55		W 184	
	Fe 56			
	Co 59			
	Ni 59			
	Cu 63.5			

표 1.5 | 윌리엄 오들링의 주기율표(W. Odling, On the Proportional Numbers of the Elements, *Quarterly Journal of Science*, 1, 642-648, 1864, p. 643).

각자 독자적으로 작업했던 것으로 보인다.

오들링은 논문을 다음과 같이 시작했다.

> 지금까지 확인된 예순 개 남짓한 원소들의 원자량 혹은 그에 비례하는 수를 크기순으로 정렬하면, 그로부터 만들어지는 수치적 연쇄에 뚜렷한 연속성이 존재함을 알 수 있다……[14]

그런 뒤 그가 한 말은 주기율표의 독자적 발견이라고 인정해도 될 만한 것이었다.

> 함께 수록한 표를 보면 알 수 있듯이, 이처럼 순수하게 숫자순으로 늘어놓은 배열은 흔히 집합으로 인정되는 원소들을 수평으로 배열한 결과와 어렵지 않게 들어맞는다. 표에서 첫 세 열은 완벽하게 숫자순으로 배열되었다. 다음 두 열에는 불규칙한 대목이 몇 있지만 극히 적은 데다가 경미한 수준이다.[15]

오들링이 화학적 성질의 주기성을 인식했다는 것은 표에서 가로줄로 묶이는 집단들을 보면 분명히 드러난다. 그는 여기에 화학적으로 유사한 원소들끼리 묶은 쌍이 상당히 많이 존재한다는 사실을 지적했다. 알려진 원소의 절반이 사실상 그렇다고 했는데, 그 쌍들의 원자량 차이는 84.5에서 97 사이였다. 표 1.6은 그 쌍들의 일부이다.

오들링은 그런 사례 중 절반가량은 예전에 3원소라고 불렀던 집합의 첫 번째와 세 번째 구성원이라는 점도 지적했다. 그리고 나머지 절반의 사례에서도 그 중간에 해당하는 구성원이 발견될지 모른다면서 "나머지 쌍들의 일부 혹은 전부에서 가운데 낀 원소가 발견되는 일이 전혀 불가능하지는 않을 것이다"라고 말했다. 이것은 주기율에 의거한 예측인 셈이다. 다소 잠정적인 예측이었고 오들링이 더 이상 발전시키진 않았지만 말이다.

I	–	Cl	즉	127	–	35.5	=	91.5
Au	–	Ag	즉	296.5	–	108	=	88.5
Ag	–	Na	즉	108	–	23	=	85
Cs	–	K	즉	133	–	39	=	97

표 1.6 | 오들링의 첫 번째 원자량 차이 표(W. Odling, *Quarterly Journal of Science*, 1, 642-648, 1864).

나아가 오들링은 카드뮴과 아연처럼 원자량 차이가 48인 원소들이 다른 경우의 원소들보다, 가령 원자량 차이가 41인 아연과 마그네슘보다 화학적 유사성이 더 크다고 주장했다. 어떻게 보면 이것은 그가 (나중에 전이금속이라고 불릴) 특정 원소들을 주기율표의 몸통에서 떼어내야 할 필요성을 깨달은 것으로 여겨지기도 한다. 그렇게 하면 나머지 다수의 원소들에 대해서는 주기성을 지킬 수 있으니 말이다. 오늘날 사용되는 장주기율표가 바로 그런 방식을 쓴다.[16] 단주기율표에서 전이금속을 빼내어 따로 배치하면, 나머지 전형원소들의 1차적인 주기성이 강조될 뿐 아니라 주기 길이가 바뀐다는 사실도 좀 더 자연스럽게 표현된다.

현대 주기율표에서 카드뮴과 아연은 둘 다 전이원소이므로 두 원소 사이에는 1차적인 유사성이 있다. 반면에 아연과 마그네슘은 각각 전이원소와 전형원소에 속하므로 두 원소 사이에는 2차적인 유사성만이 존재한다. 오들링은 아연과 마그네슘을 서로 다른 집단으로 묶고 주기율표에서도 다른 블록에 배치하는 오늘날의 추세를 일찌감치 예견했던 것인지도 모른다.

구스타부스 힌리히스

구스타부스 힌리히스는 여러 주기율 발견자들 가운데 꽤 독특한 경우였다. 과학에 대한 그의 흥미가 워낙 광범위하고 다양했던 터라 어떤 논평가들은 그를 괴짜로 치부한다. 힌리히스는 1836년 당시 덴마크의 일부였으나 훗날 독일에 편입된 홀슈타인 지방에서 태어났다. 그는 코펜하겐 대학에서 공부하던 스무 살에 첫 책을 냈다. 1861년에는 정치적 박해를 피해 미국으로 건너갔고, 고등학교에서 1년을 가르친 뒤 아이오와 대학 현대 언어학부의 학부장으로 임명되었다. 그로부터 또 1년 뒤에는 현대 언어뿐 아니라 자연철학과 화학까지 가르치게 되었다. 1875년에는 미국 최초의 기상관측소를 세워서 이후 14년 동안 소장을 맡았다고 한다.

처음에는 아이오와 주립 대학에 몸담고 나중에는 세인트루이스의 미주리 대학에 몸담는 등 학계에서 여러 직위를 맡았으나, 힌리히스는 이에 개의치 않고 괴짜다운 성미를 맘껏 발휘했던 것 같다. 덧붙이자면, 그는 수많은 출판물에서 자신이 다른 저자들을 참고했다는 사실을 거의 밝히지 않았다. 생산력이 왕성했던 그는 영어뿐 아니라 덴마크어, 프랑스어, 독일어로 3,000여 편의 논문을 발표했으며 영어와 독일어로 약 스물다섯 권의 책도 썼다. 그중 『아토메카닉』은 대단히 괴상한 내용이었는데, 이 책에서 힌리히스는 원소 분류에 관한 견해를 밝혔다. 논문은 영어가 아니라 다른 언어로 발표된 것이 대다수였다. 교정을 꼭 봐야겠다고 우겨서 출간을 지연시키는 미국 편집자들을 그가 짜증스럽게 여겼기 때문이다.

힌리히스에 대해서 쓰인 논문은 몇 되지 않지만, 그중 한 편의 저자는 그를 이렇게 묘사했다.

> 힌리히스의 수많은 출판물을 깊이 들여다볼 것 없이 조금만 살펴보아도 그의 자기중심적인 열정을 쉽게 알아차릴 수 있다. 그는 그 열정 때문에 신뢰할 수 없는 괴상한 짓을 남발함으로써 자신이 이룬 다른 많은 업적을 무색하게 만들었다. 시간이 흘러 오늘날이 되어서야 우리는 진실로 그가 떠올렸던—그리하여 그를 휩쓸어 넘어뜨렸던—통찰과 그가 연구 과정에서 받아들였던 참고 자료를 구분할 수 있게 되었다. 자료의 출처가 무엇이든 그는 여러 언어를 동원한 허세로 그것을 윤색하기 일쑤였다. 심지어 그리스철학을 자신의 생각인 양 내세우는 지경이었다.[17]

그러나 힌리히스의 연구를 면밀하게 살펴보면, 쓸 만한 과학적 내용도 꽤 많았다. 문어발처럼 사방으로 뻗은 연구를 죄다 점검하려면 시간깨나 들겠지만 말이다.

과학에 대한 힌리히스의 접근법은 피타고라스적이라 할 만했다. 그는 대단히 다양한 현상들을 아우르는 수적 관계가 존재한다는 사실에 매료되었고, 제법 기발한 논증을 통해서 원소의 분광 스펙트럼이 원자 크기에 관한 정보를 제공한다고 추측했다.[18] 힌리히스의 폭넓은 관심은 천문학에도 미쳤다. 멀리 플라톤까지 거슬러 올라가는 다른 많은 선배들과 마찬가지로 그는 행성들의 궤도 크기에 수학적 규칙성이 있다는 사실을 알아차렸다. 그가 1864년에 발표한 논문에는 다음 표가 실려 있다.

태양과의 거리	
수성	60
금성	80
지구	120
화성	200
소행성대	360
목성	680
토성	1320
천왕성	2600
해왕성	5160

표 1.7 | 힌리히스가 1864년에 작성한 행성 거리 표(G. D. Hinrichs, *American Journal of Science and Arts*, *2*, 37, 36-56, 1864).

힌리히스는 행성과 태양과의 거리를 $2^x \times n$이라는 공식으로 표현했다. 여기에서 n은 금성에서 태양까지의 거리와 수성에서 태양까지의 거리 차, 즉 20단위를 가리킨다. 이때 x의 값이 얼마인지에 따라서 공식으로부터 다음 거리들이 계산된다.[19]

$2^0 \times 20 = 20$

$2^1 \times 20 = 40$

$2^2 \times 20 = 80$

$2^3 \times 20 = 160$

$$2^4 \times 20 = 320$$

…

그 몇 년 전인 1859년, 독일의 구스타프 키르히호프와 로베르트 분젠은 모든 원소가 빛을 방출하며, 그 빛을 유리 프리즘에 통과시켜서 분산시키면 정량적으로 분석할 수 있다는 사실을 발견했다.[20] 그들은 또 모든 원소가 한 무리의 선들로 구성된 저마다 독특한 스펙트럼을 드러낸다는 사실도 발견했다. 어떤 사람들은 그 스펙트럼선들이 해당 원소에 관한 모종의 정보를 알려줄지도 모른다고 생각했지만, 그렇게 생각하지 않는 사람도 있었다. 특히 분젠은 그런 발상에 끝까지 단호하게 반대했다.[21]

한편 힌리히스는 원소의 분광 스펙트럼을 원자의 속성과 연결 짓는 데 아무런 거리낌이 없었다. 그는 어떤 원소든 그 분광 스펙트럼선들의 진동수가 최소 진동수 차의 정수배로 나타난다는 사실에 흥미를 느꼈다. 가령 칼슘이라면 스펙트럼선들의 진동수가 1:2:4의 비를 보였다. 힌리히스는 행성들의 궤도 크기가 정수배의 규칙적 수열을 이루듯이 여러 원소들의 스펙트럼선 진동수 차도 정수배일 것이라고 말했다. 그리고 이와 같이 정수배가 되는 것은 원소들의 크기가 그러한 비를 이루기 때문일 것이라고 주장했다(표 1.8).

이 발상에 착안하여 그는 원소들을 주기율표로 분류하는 참신한 방법을 고안하는 데 성공했다. 키르히호프와 분젠의 연구를 면밀히 살핀 그는, 일부 스펙트럼선 진동수가 원자량을 통해서 그 원소의 화

천문학에서	행성들의 궤도 크기 비	⇨	정수배
분광 스펙트럼에서	정수배의 비가 관찰됨	⇨	원소들의 원자 크기 비

표 1.8 | 힌리히스의 논증을 정리한 도식.

학적 성질과 연관되며 나아가 예상 '원자 크기'와도 연관된다고 추측했다(표 1.9). 한편 스펙트럼선 진동수 차는 해당 원소의 원자량에 반비례하는 듯했다. 그는 칼슘의 경우 진동수 차가 4.8단위인 데 비해 칼슘과 화학적 성질은 비슷하지만 원자량은 더 큰 바륨의 경우에는 4.4단위라고 지적했다.[22]

그의 원소 분류 작업에서 정점은 표 1.10에 보이는 소용돌이형 주기율표였다. 바퀴처럼 생긴 이 체계의 중심점에서 바깥을 향해 뻗어나간 열한 개의 '살'은 주로 비금속원소로 구성된 세 집단과 금속원소로 구성된 여덟 집단으로 이뤄진다. 오늘날의 관점에서 보면 비금속 집단들은 순서가 부정확한 듯하다. 주기율표에서 6, 5, 7족에 해당하는 세 집단이 소용돌이 상단에 시계 방향으로 배열되어 있으니 말이다. 또한 힌리히스는 탄소와 규소를 포함하는 집단을 금속 집단으로 분류했는데, 아마도 그 속에 니켈, 팔라듐, 백금 같은 금속들도 포함되어 있었기 때문일 것이다.[23]

그러나 전반적으로 힌리히스의 주기율표는 중요한 많은 원소들을 묶는 것에 성공했다고 할 수 있다. 한 가지 큰 장점은 다른 체계에 비해, 가령 뉴랜즈가 1864년과 1865년에 발표했던, 이보다 더 정밀하

	n	A	계산값	결정값	차이
산소 집단	2차방정식			$A = n \times 4^2$	
O	1	1×4^2	= 16	16	0.0
S	2	2×4^2	= 32	32	0.0
Se	5	5×4^2	= 80	80	0.0
Te	8	8×4^2	= 128	128	0.0
알칼리금속 집단	2차방정식과 각뿔			$A = 7 + n \times 4^2$	
Li	0	7		7	0.0
Na	1	$7 + 1 \times 4^2$	= 23	23	0.0
K	2	$7 + 2 \times 4^2$	= 39	39	0.0
Rb	5	$7 + 5 \times 4^2$	= 87	85.4	- 1.6
Cs	8	$7 + 8 \times 4^2$	= 135	133	- 2.0
염소 집단	2차방정식			$A = n \times 3^2 \pm 1$	
F	2	$2 \times 3^2 + 1$	= 19	19	0.0
Cl	4	$4 \times 3^2 - 1$	= 35	35.5	+ 0.5
Br	9	$9 \times 3^2 - 1$	= 80	80	0.0
I	14	$14 \times 3^2 + 1$	= 127	127	0.0
알칼리토금속 집단	2차방정식			$A = n \times 2^2$	
Mg	3	3×2^2	= 12	12	0.0
Ca	5	5×2^2	= 20	20	0.0
Sr	11	11×2^2	= 44	43.8	- 0.2
Ba	17	17×2^2	= 68	68.5	+ 0.5

표 1.9 | 힌리히스가 여러 원소 집단들에 대해서 원자량과 원자 크기를 정리한 표(G. D. Hinrichs, *American Journal of Science and Arts*, 2, 42, 350-368, 1866).

지만 덜 성공적이었던 주기율표에 비해 무엇무엇을 한 집단으로 묶었는지가 더 명확하게 드러난다는 점이다.[24]

힌리히스의 책을 보면 그는 화학에 조예가 깊었으며 광물학에도

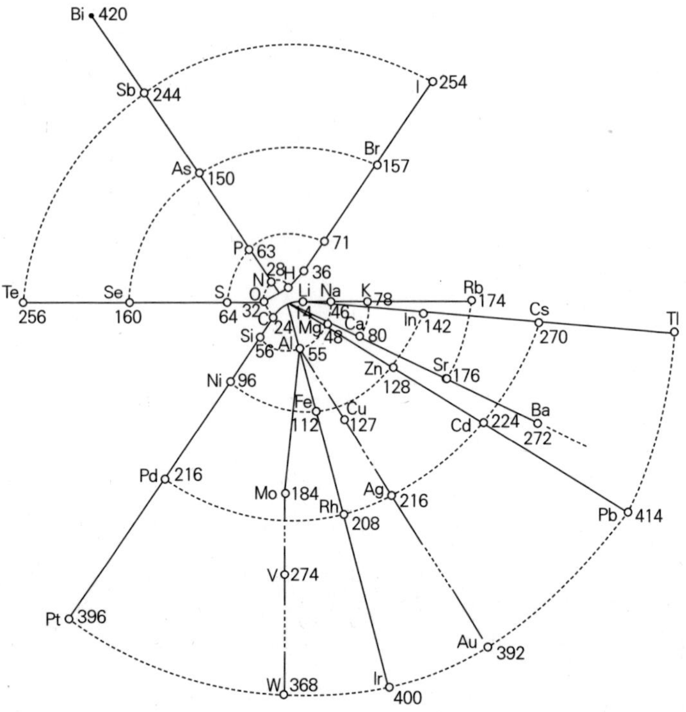

표 1.10 | 힌리히스의 소용돌이형 주기율표(G. D. Hinrichs, *Programm der Atommechanik oder die Chemie eine Mechanik de Pantome*, Augustus Hageboek, Iowa City, IA, 1867).

통달했던 게 분명하다.[25] 그러나 그의 원소 분류법은 부분적으로만 화학적이었다. 모르긴 몰라도 힌리히스는 모든 주기율 발견자들 중에서 가장 다양한 학문을 넘나드는 인물이었으리라. 그가 남들과는 전혀 다른 방향에서 출발하여 나름의 주기율표에 도달했다는 사실은 주기율의 존재를 증명하는 또 하나의 독립적인 증거로 봐도 좋을 것이다. 로타어 마이어의 물리적 주기성 연구도 그런 증거였는데 이 이야기는 잠시 뒤에 하겠다.

1869년 《더 파머시스트》에 발표한 글에서 힌리히스는 자기보다 앞서서 원소 분류를 시도했지만 성공하지 못했던 사례들을 소개했다. 그러나 드 샹쿠르투아, 뉴랜즈, 오들링, 로타어 마이어, 멘델레예프 같은 공동 발견자들은 전혀 언급하지 않았다. 참으로 그답게도 힌리히스는 원자량에 직접 의지하여 원소를 분류하려는 시도는 뭐든 깡그리 무시했던 모양이다. 그가 외국어에 능통했음을 고려할 때 그런 시도들을 아예 몰랐을 것 같지는 않으니까 말이다.[26]

마지막으로, 원소 스펙트럼 분석을 중요하게 여기고 그것을 분류와 연관 지으려고 했다는 점에서 힌리히스는 시대를 앞섰다.[27] 20세기에 발견된 주기율표의 일곱 빈칸에 대해 본격적으로 이야기할 때 다시 말하겠지만, 분광학은 새 원소를 확인하는 기법으로서 아마도 가장 중요한 도구가 되었다.

힌리히스의 작업은 이 책에 소개된 다른 어떤 과학자의 작업보다도 독특하고 미로 같기 때문에, 그의 업적을 제대로 평가하려면 그가 남긴 글을 더 완전하게 조사해보아야 할 것이다.

율리우스 로타어 마이어

율리우스 로타어 마이어는 1830년 독일 파렐에서 태어났다. 의사 아버지와 역시 동네 의사의 딸이었던 어머니 사이에서 태어난 일곱 아이 중 넷째였다. 율리우스와 남동생 오스카어는 가업을 이어 의사가 되고자 공부하기 시작했으나 금세 둘 다 다른 분야로 전향했다. 오스카어는 결국 물리학자가 되었고 율리우스는 당대에 가장 영향력 있는 화학자가 되었다.

오늘날 로타어 마이어는 주기율표를 독자적으로 발견했던 사람으로 잘 알려져 있다. 그보다 멘델레예프에게 늘 더 많은 공이 돌아가기는 하지만 말이다. 두 화학자는 당대에 상당히 치열한 우선권 분쟁을 벌였으며, 승자는 멘델레예프였던 것으로 보인다. 멘델레예프가 성격적으로 좀 더 강했다는 점도 한몫했을 것이다. 물론 멘델레예프는 로타어 마이어에 비해 한층 완전한 체계를 구축했고, 그 체계를 바탕으로 여러 예측까지 내놓았다. 주기율의 근거를 설명하는 문제에서도 로타어 마이어보다 훨씬 더 나아갔다. 그러나 성숙한 주기율표에 1등으로 도달한 이가 누구인지 묻는다면, 여러 결정적인 세부사항에 있어서 로타어 마이어의 체계가 1등이었을 뿐 아니라 더 정확했다고 강력하게 주장할 수 있다.

로타어 마이어는 1860년 카를스루에 학회에 참석하여 칸니차로의 획기적인 원자량 연구를 직접 접했다.[28] 이후 독일에서 오스트발트가 '과학의 고전'이라는 제목으로 시리즈물을 펴낼 때는 그중 한 권으로 포함된 칸니차로의 논문을 손수 편집했는데, 자신이 칸니차로의 논문에서 받은 영향을 로타어 마이어는 이렇게 표현했다. "눈에서 비늘이 벗겨지고 의심이 사라졌으며 그 대신 고요한 확신이 찾아들었다."[29] 1864년에 그는 『현대 화학 이론』이라는 교과서의 첫 판을 출간했다. 칸니차로의 연구에서 깊이 영향받은 책이었다. 책은 다섯 판본을 거치고 영어, 프랑스어, 러시아어로도 번역되어, 물리화학이 등장한 1800년대 말까지 화학 이론을 설명하는 교과서들 가운데 가장 권위 있는 저서로 통했다.

로타어 마이어는 그 책의 원고를 썼던 1862년 무렵에 이미 스물여덟 개 원소를 원자량 오름차순으로 정렬한 표를 그려두었다. 책에는 그 밖의 스물두 개 원소를 소개한—비록 이 원소들은 원자량 순서로 정렬되어 있지 않았지만—다른 표도 함께 실렸다. 카를스루에 학회로부터 불과 2년 만에 이 정도로 작업을 진척시켰던 것이다.[30]

로타어 마이어가 스물여덟 개 원소를 담은 주기율표를 처음 발표한 것은 1864년이었다(표 1.11). 원소들을 원자량 오름차순으로 정렬한 점이나 원소들간의 수평 관계를 분명히 밝힌 점에서, 이 표는 로타어 마이어가 멘델레예프보다 몇 년 앞서 주기율표에 도달했음을 보여주는 또 다른 증거이다.[31]

로타어 마이어의 1864년 주기율표는 원소들의 원자가가 규칙적으로 달라진다는 사실을 처음 확실하게 보여준 표이기도 했다. 표를 보면 원자가가 왼쪽에서 오른쪽으로 갈수록 4에서 1로 줄었다가 1이 한 번 더 반복된 뒤 다시 2로 커진다.[32] 이는 로타어 마이어가 원소들을 원자량뿐 아니라 화학적 성질에 따라서도 배열하려고 노력했다는 사실을 암시한다. 심지어 어떤 대목에서는 엄격한 원자량 순서보다 화학적 성질이 우선하도록 결정했던 것 같다. 텔루륨을 산소와 황과 함께 묶고 텔루륨보다 원자량이 작은 아이오딘을 할로겐원소들과 함께 묶은 것이 한 예다. 로타어 마이어는 또 오늘날 우리가 전형원소

	원자가 4	원자가 3	원자가2	원자가 1	원자가 1	원자가 2
	–	–	–	–	Li = 7.03	(Be = 9.3?)
차이 =	–	–	–	–	16.02	(14.7)
	C = 12.0	N = 14.04	O = 16.00	Fl = 19.0	Na = 23.05	Mg = 24.0
차이 =	16.5	16.96	16.07	16.46	16.08	16.0
	Si = 28.5	P = 31.0	S = 32.07	Cl = 35.46	K = 39.13	Ca = 40.0
차이 =	89.1/2 = 44.55	44.0	46.7	44.51	46.3	47.6
	–	As = 75.0	Se = 78.8	Br = 79.97	Rb = 85.4	Sr = 87.6
차이 =	89.1/2 = 44.55	45.6	49.5	46.8	47.6	49.5
	Sn = 117.6	Sb = 120.6	Te = 128.3	I = 126.8	Cs = 133.0	Ba = 137.1
차이 =	89.4 = 2×44.7	87.4 = 2×43.7	–	–	(71 = 2×37.5)	–
	Pb = 207.0	Bi = 208.0	–	–	(Tl = 204?)	–

표 1.11 | 로타어 마이어의 1864년 주기율표(J. Lothar Meyer, *Die Moderne Theoriene der Chemie*, Breslau(Wroklaw), 1864).

와 전이원소를 분리하는 것과 비슷한 방식으로 원소들을 두 표로 나누었다.[33]

로타어 마이어가 1862년에 작성했던 표에서(발표된 해는 1864년이었다) 또 하나 주목할 특징은 미발견 원소를 뜻하는 빈칸을 많이 남겨두었다는 점이다. 그러니 빈칸을 남겨두는 것 또한 멘델레예프가 처음 시도한 일이 아니었던 셈이다. 멘델레예프가 주기율표를 발표하고 그로부터 그가 누린 명성의 근거인 구체적 예측을 끌어냈던 시점은 이보다 족히 5년은 더 지난 뒤였으니까.

로타어 마이어의 표에는 이웃한 원소들로부터 추측한 예측이 담겨 있었다. 가령 그는 규소 바로 밑 빈칸에 규소보다 원자량이 44.55만큼 더 큰 원소가 존재해야 한다고 적어두었다. 미지의 그 원소는 원자량이 73.1일 것이라는 뜻이었는데, 훗날 발견된 그 원소의 실제 원자량은 72.3이었다. 1886년에 분리된 그 원소, 즉 저마늄은 흔히 멘델레예프가 예측했던 원소라고 일컬어지지만, 실제로는 로타어 마이어가 그보다 먼저 1864년의 표에서 분명히 예측했다.[34]

그러나 로타어 마이어의 최대 강점은 무엇보다도 그가 원소들의 물리적 성질에 관한 지식을 풍부하게 갖고 있었으며 이를 활용하여 주기율표의 표현 방식을 설계했다는 점이다. 그는 원자 부피, 밀도, 용융성에 관심을 쏟았다. 여러 원소들의 원자 부피에서 드러나는 주기성을 그래프로 정리하기도 했는데(표 1.12), 이 그래프는 원소들의 주기성을 한눈에 살펴보게 함으로써 주기율이 널리 받아들여지도록 하는 데 크게 기여했다.

멘델레예프와 로타어 마이어가 각각 주기율표를 발표한 뒤 벌어졌던 둘 사이의 논쟁에서 승자는 멘델레예프였던 듯하다. 그런데 그로부터 한참 지난 뒤 꽤 흥미로운 일화가 하나 밝혀졌는데, 만약 이 이야기가 좀 더 일찍 알려졌다면 분쟁의 결과는 상당히 달라졌을지도 모르겠다. 로타어 마이어는 1868년 저서의 개정판을 준비하면서 기존 주기율표에 원소 스물네 개를 추가하고 세로 열도 아홉 개 추가

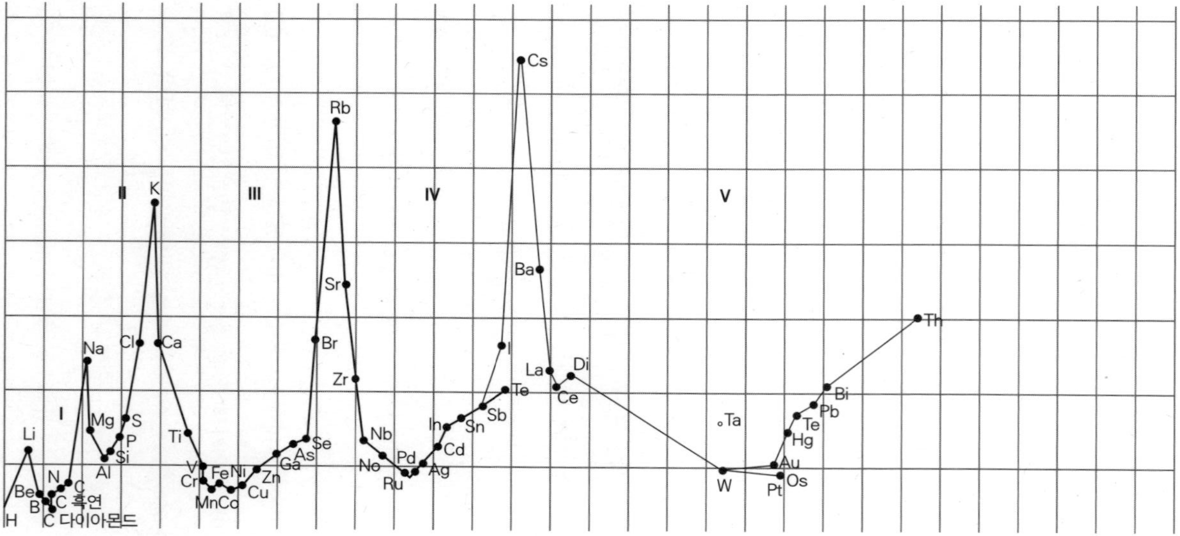

표 1.12 | 로타어 마이어의 원자 부피 그래프(J. Lothar Meyer, Die Natur der chemischen Elemente als Funktion ihrer Atomgewichte, *Lieb. Ann. Suppl.* *7*, 354-364, 1870).

하여 대폭 확장시킨 새 주기율표를 그렸다(표 1.13). 이 표는 훗날 궁극의 주기율표로 인정받게 되는 멘델레예프의 유명한 1869년 표보다 앞선 것이었다. 게다가 로타어 마이어의 체계는 멘델레예프의 체계보다 더 정확했다. 일례로 멘델레예프는 수은과 카드뮴, 납과 주석, 탈륨과 붕소의 연관성을 깨닫지 못했던 반면에 로타어 마이어는 그것들을 모두 정확한 자리에 배치했다.[35]

어떤 이유 때문인지는 몰라도 로타어 마이어는 1868년 표를 발표

1	2	3	4	5	6	7	8
		Al=27.3 28.7/2= 14.8	Al=27.3				C=12.00 16.5
							Si=28.5 89.1/2= 44.5
Cr=52.6	Mn=55.1 49.2	Fe=56.0 48.9	Co=58.7 47.8	Ni=58.7	Cu=63.5 44.4	Zn=65.0 46.9	89.1/2= 44.5
	Ru=104.3 92.8= 2×46.4	Rh=103.4 92.8= 2×46.4	Pb=106.0 93=2× 46.5		Ag=107.9 88.8= 2×44.4	Cd=111.9 88.3= 2×44.5	Sn=117.6 89.4= 2×41.7
	Pt=197.1	Ir=197.1	Os=199.0		Hg=196.7	Hg=200.2	Pb=207.0

9	10	11	12	13	14	15	16
			Li=7.03 16.02	Be=9.3 14.7			
N=14.4 16.96	O=16.00 16.07	F=19.0 16.46	Na=23.05 16.08	Mg=24.0 16.0			
P=31.0 44.0	S=32.07 46.7	Cl=35.46 44.5	Na=39.13 46.3	Ca=40.0 47.6	Ti=48 42.0	Mo.=92.0 45.0	
As=75.0 45.6	Se=78.8 49.5	Br=79.9 46.8	Rb=85.4 47.6	Sr=87.6 49.5	Zr=90.0 47.6	Vd=137.0 47.0	
Sb=120.6 87.4= 2×43.7	Te=128.3	I=126.8	Cs=133.0 71=2× 35.5	Ba=137.6	Ta=137.6	W=184.0	
Bi=208.0			Te=204.0				

표 1.13 | 로타어 마이어의 1868년 미발표 주기율표.

하지 않았던 모양이다. 그로부터 훌쩍 시간이 흘러 25년이 뒤 또 다른 독일 화학자 아돌프 레멜레가 그 표를 로타어 마이어에게 보여주었는데, 이즈음 로타어 마이어는 표의 존재 자체를 까맣게 잊고 있었다. 그리고 로타어 마이어가 죽은 뒤인 1895년에야 또 다른 동료였던 카를 조이베르트가 잊혔던 그 표를 마침내 발표했다. 따라서 로타어 마이어의 우선권을 주장하는 것은 상당히 일리 있는 일이지만, 너무나 뒤늦게 이뤄진 이 시도로는 성공할 수 없었다.

드미트리 멘델레예프

드미트리 이바노비치 멘델레예프는 현대 러시아 과학자 가운데 가장 유명한 인물이다. 주기율표의 공동 발견자들 중에서 가장 중요한 사람이었거니와 이 표가 자연의 숨은 법칙, 즉 주기율을 드러낸다는 사실도 제대로 인식했으니 말이다. 그는 이후 몇 년을 더 바쳐서 주기율의 온전한 의미를 끌어내는 연구에 몰두했는데, 제일 주목할 만한 작업은 수많은 새로운 원소들의 존재와 성질을 예측한 것이었다. 그는 또 이미 알려진 원소들 중에서도 몇 종의 원자량을 정확하게 수정했고, 주기율표에서 몇몇 원소들의 위치를 제 위치로 바꾸어놓았다.

그러나 무엇보다도 중요한 사실은 멘델레예프가 다양한 분야에서 다른 연구를 하면서도 생애의 여러 시점에 주기율표 연구를 이어가고 더욱 발전시킴으로써 이를 자신의 소유물로 확립했다는 것이다. 그와는 달리, 그보다 앞서서 혹은 동시에 주기율표를 발견했던 다른 연구자들은 발견을 후속 연구로 이어가지 않은 경우가 많았다. 자연 선택을 통한 진화 이론과 상대성 이론에 각각 다윈과 아인슈타인의 이름이 붙어 있는 것처럼 주기율표에 멘델레예프의 이름이 언제까지나 따라붙게 된 것은 그 때문이었다.

멘델레예프의 아버지는 멘델레예프가 어렸을 때 눈이 먼 뒤 얼마 지나지 않아 사망했다. 열네 형제자매 중 막내였던 멘델레예프는 애정 넘치는 어머니의 손에서 자랐는데, 어머니는 아들에게 가능한 한 최고의 교육을 제공하겠다는 결의가 대단했다. 어린 멘델레예프를 수백 킬로미터 떨어진 모스크바로 데려가서 모스크바 대학에 입학시키려고 했을 정도였다. 그러나 퇴짜였다. 대학은 러시아인만 받아주었는데 그는 시베리아 혈통이었기 때문이다. 어머니는 전혀 굴하지 않고 그를 페테르부르크 대학에 들여보냈고, 그곳에서 그는 화학, 물리학, 생물학을 공부했다. 안타깝게도 어머니는 그가 대학에 들어가자마자 사망했다.

멘델레예프는 학업을 마친 뒤 프랑스에서 잠시 체류하다가, 이후 독일로 가서 로베르트 분젠의 실험실에 적을 두었다. 그러나 그는 집에서 혼자 기체의 속성에 관해 실험하는 편을 더 좋아했다. 그 시절에 그는 운 좋게도 1860년 카를스루에 학회에 참석했는데, 그가 출중한 화학자여서가 아니라 알맞은 시기에 알맞은 장소에 있었던 덕분이었다. 그 학회는 결정적 순간이었다. 유수의 유럽 과학자들이 원자량에 대한 견해와 원자 및 분자의 속성에 대한 견해를 그곳에서 발표했다. 로타어 마이어처럼 멘델레예프도 칸니차로의 발상이 대단히 중요하다는 사실을 단박에 파악했지만, 칸니차로의 원자량을 쓰기까지는 로타어 마이어보다 더 긴 시간이 걸렸던 듯하다.

1865년 멘델레예프는 알코올과 물의 상호작용을 주제로 한 박사 논문을 무사히 제출한 뒤, 그 주제를 학생들에게 효과적으로 가르치기 위해서 직접 무기화학 책을 쓰기 시작했다. 첫 권에서 그는 흔한 원소들을 별다른 순서 없이 소개했다. 1868년까지 1권을 다 쓴 그는 이제 2권에서 나머지 원소들을 어떻게 소개할지 고민하기 시작했다.

멘델레예프의 주기율 발견

멘델레예프는 원소, 원자량, 분류의 문제를 어언 10년을 고민하다가, 1869년 2월 17일에야 마침내 유레카의 순간을 맛본 것 같다. 그는 그날 상담 업무를 보러 가기로 했던 것을 취소하고, 결국 주기율표를 탄생시키게 될 연구에 몰두하기로 했다.

그는 우선 한 줌의 원소들의 기호를 두 줄로 나열했다.

Na K Rb Cs

Be Mg Zn Cd

그러고는 열여섯 개 원소로 더 큰 행렬을 짰다.

F Cl Br I

Na	K	Rb	Cs			Cu	Ag
Mg	Ca	Sr	Ba	Zn	Cd		

그날 저녁까지 멘델레예프는 알려진 원소 예순세 개를 포함한 주기율표의 밑그림을 그려나갔다. 미발견 원소들을 위한 빈칸도 여러 군데 포함시켰고, 그중 일부에 대해서는 원자량까지 예측했다. 그렇게 제작한 첫 주기율표를 총 200부 인쇄하여 유럽 전역의 화학자들에게 보냈고, 같은 해 3월 6일에는 갓 출범한 러시아 화학 협회 모임에서 발견을 알렸다. 한 달 뒤 신설 협회의 회보에 논문이 실렸고, 그보다 더 긴 다른 글은 독일에서 발표되었다.

멘델레예프의 접근법은 경쟁자 로타어 마이어의 방법과 자못 달랐다. 멘델레예프는 모든 물질의 근본적 통일성을 믿지 않았다. 즉 모든 원소는 더 작은 구성 성분으로 이뤄진 합성물이라는 프라우트의 가설을 지지하지 않았다. 또 3원소 개념과도 조심스레 거리를 두었다. 가령 그는 플루오린을 염소, 브로민, 아이오딘과 함께 묶어야 한다고 제안했는데, 그렇게 하면 기존의 3원소를 넘어서 최소 네 원소로 구성된 집합을 만들게 되는 셈이었다(표 1.14).

로타어 마이어가 물리 원칙에 집중했고 원소의 성질에서도 주로 물리적 성질에 집중한 데 비해 멘델레예프는 화학적 성질에 집중했다. 그러나 원소 분류에서 최우선 기준이 무엇인지 정해야 하는 상황에서는 멘델레예프도 원자량 순서에 예외를 허용하지 않는 편을 고집했다. 원자량에 따른 배열의 중요성을 인식한 점에서는 앞선 연구

멘델레예프의 1871년 주기율표

계열	1족 R_2O	2족 RO	3족 R_2O_3	4족 RH_4 RO_2	5족 RH_3 R_2O_5	6족 RH_2 RO_3	7족 RH R_2O_7	8족 RO_4
1……	H=1							
2……	Li=7	Be=9.4	B=11	C=12	N=14	O=16	F=19	
3……	Na=23	Mg=24	Al=27.3	Si=28	P=31	S=32	Cl=35.5	
4……	K=39	Ca=40	—=44	Ti=48	V=51	Cr=52	Mn=55	Fe=56, Ce=59 Ni=59, Cu=63
5……	(Cu=63)		—=68	—=72	As=75	Se=78	Br=80	
6……	Rb=85	Sr=87	? Y=88	Zr=90	Nb=94	Mo=96	—=100	Ru=194, Rh=104 Pb=106, Ag=108
7……	(Ag=108)	Cd=112	In=113	Sn=118	Sb=122	Te=125	I=127	
8……	Cs=133	Ba=137	? Di=138	? Ce=140	……	……	……	……
9……	……	……	……	……	……	……	……	…………
10……	……	……	? Er=178	? La=180	Ta=182	W=184	……	Os=195, In=197 Pt=198, Au=199
11……	(Au=199)	Hg=200	Tl=204	Pb=207	Bi=208	……	……	
12……	……	……	……	Th=231	……	U=240	……	……

표 1.14 | 멘델레예프의 1871년 주기율표(D. Mendeleev, *Zhurnal Russkoe Fiziko-Khimicheskoe Obshchestvo 3*, 25, 1871).

자들과 마찬가지였지만, 더 나아가 원자량과 원소의 성질을 철학적으로 깊이 이해했기 때문에 멘델레예프는 아무도 발 들이지 못했던 영역으로 진출할 수 있었다.

원소의 성질에 관한 멘델레예프의 의견

화학에는 오래된 수수께끼가 하나 있었다. 예를 들어 설명해보자. 나트륨과 염소가 결합하면 전혀 새로운 물질인 염화나트륨이 생긴다. 이때 애초에 존재했던 원소들은 그 화합물 속에서 살아남은 것처럼 보이지 않는다. 적어도 겉보기는 그렇다. 이것이 바로 화학결합이다. 이 현상은 가령 황가루와 철가루를 섞는 물리적 혼합과는 전혀 다르다.

관건은 결합한 원소들이 화합물 속에서 어떻게 살아남는가를 이해하는 것이었다. 어떻게든 살아남는다면 말이지만. 문제는 영어를 비롯한 여러 언어에서 '원소'라는 단어 element를 이미 결합한 물질을 가리킬 때도 쓴다는 점 때문에 더욱 복잡해졌다. 이를테면 염화나트륨 속 염소를 일컬을 때도 원소라고 하는 것이다. 게다가 영어에서는 결합하지 않은 녹색 염소 기체와 결합한 염소가 공통으로 지니고 있는 어떤 기본 성질을 가리킬 때도 '원소'라고 말한다. 우리가 주기율표를 통해 분류하려고 애쓰는 물질들을 뜻하는 이 핵심 화학 용어에 무려 세 가지 뜻이 있는 셈이다.

방금 말한 '원소'의 세 번째 의미는 형이상학적 원소, 추상 원소, 초

월적 원소라고도 불렸으며 최근에는 '기본 물질로서의 원소'라고도 불린다. 곧 고유의 어떤 성질을 지닌 추상적 존재로서의 원소라는 개념인데, 여기서 염소의 초록색과 같은 현상적인 성질들은 포함되지 않는다. 말이 나왔으니 덧붙이자면, 초록 염소 기체와 같은 물질을 우리는 '홑원소물질'이라고 부른다.[36]

18세기 말 화학을 혁신했던 앙투안 라부아지에의 업적 중 하나는 홑원소물질로서의 원소, 즉 분리된 형태의 원소에 사람들의 관심을 집중시킨 것이었다. 이것은 화학이 짊어졌던 과도한 형이상학적 짐을 덜어냄으로써 화학을 발전시키려는 의도였고 실제 위대한 진전이었다. 라부아지에에 따르면 원소란 어떤 화합물의 구성 성분을 낱낱이 분리했을 때 맨 마지막에 남는 물질이었다. 라부아지에가 정말로 더 추상적이고 철학적인 원소 개념을 없애려고 했던 것인지에 대해서는 논란의 여지가 있지만, 어쨌든 그 덕분에 실제로 분리할 수 있는 원소보다 추상적 의미의 원소가 덜 중요하게 여겨지게 된 것만은 사실이다.

그러나 추상적 의미의 원소 개념이 완전히 잊힌 것은 아니었으니, 그 개념의 지위를 격상시키자고 제안했던 화학자 중 하나가 바로 멘델레예프였다. 그는 주기율표란 1차적으로 추상적 의미의 원소들을 분류하는 체계이지 실제로 분리가 가능한 구체적 원소들을 분류하는 체계는 아닐지도 모른다고 거듭 주장했다.

이런 견해를 갖고 있었기 때문에, 멘델레예프는 실제로 분리할 수 있는 구체적 원소에게만 집중하는 화학자들보다 원소를 더 깊이 들여다볼 수 있었다. 깊은 철학적 시각으로 원소들의 외관을 넘어선 것이다. 어떤 원소가 특정 집단에 맞지 않는 것처럼 보이는 경우, 멘델레예프는 더 깊은 차원의 원소 개념에 의지함으로써 분리된 형태 혹은 홑원소물질 형태의 원소가 드러내는 외견상의 성질을 어느 정도 무시할 수 있었다.

예측

멘델레예프의 위대한 성공 중 하나이자 아마도 그의 명성에 제일 크게 기여한 요소는 그가 여러 새로운 원소들의 존재를 정확하게 예측했다는 사실이다. 더불어 그는 몇몇 원소들의 원자량을 올바르게 조정했고, 다른 원소들의 주기율표상 위치를 올바르게 옮겼다. 앞에서 말했듯이, 그가 그렇게 멀리 내다볼 수 있었던 것은 원소의 성질에 대한 철학적 이해가 경쟁자들보다 더 깊었기 때문일지도 모른다. 그는 원소의 추상적 개념에 집중함으로써, 실제 분리된 원소의 성질을 액면 그대로 받아들일 때 발생하는 외견상의 장애물을 극복할 수 있었다.

멘델레예프는 물론 원자량을 제일 중요한 기준으로 여겼지만 화학적 성질, 물리적 성질, 한 족 내에서의 유사성도 함께 고려했다. 로타어 마이어가 원소의 물리적 성질에 집중했던 데 비해 멘델레예프는 화학적 성질에 좀 더 주의를 기울였다. 멘델레예프가 사용한 또 다른 기준은 주기율표의 한 칸에 하나의 원소만 들어가야 한다는 것이었는데, 다만 그가 8족으로 분류했던 지점에서는 한 칸에 최대 네 원소를 집어넣음으로써 원칙을 선뜻 깨뜨렸다(표 1.14). 어쨌거나 그보다 더 중요한 기준은 원소를 원자량 오름차순으로 정렬하는 것이었다. 그가 이 원칙마저 깨뜨린 듯 여겨지는 지점이 한두 군데 있긴 하지만, 면밀히 따져보면 그렇게 단순하게 볼 일은 아니다.

텔루륨과 아이오딘은 주기율표에 등장하는 다섯 쌍의 원자량 역전 사례 중 하나다. 순서 역전 쌍이란 연속된 두 원소가 원자량 오름차순으로 배치했을 때와는 뒤집힌 순서로 나타나는 경우를 말한다(텔루륨의 원자량은 127.6이고 아이오딘은 126.9이지만 텔루륨이 아이오딘 앞에 온다). 많은 사람들은 멘델레예프가 원자량 순서보다 화학적 성질을 우선함으로써 두 원소의 위치를 뒤집은 것이야말로 그의 지혜를 보여주는 예라고 말한다. 그러나 그것은 잘못된 주장이다. 우선 멘델레예프는 이 쌍을 역전시킨 최초의 화학자가 아니었다. 멘델레예프가 논문을 발표하기 한참 전에 오들링, 뉴랜즈, 로타어 마이어가 발표한 표에서도 텔루륨과 아이오딘의 위치는 모두 뒤집혀 있었다. 둘째로 멘델레예프는 원자량 순서보다 화학적 성질을 더 강조하지 않았다.

사실 멘델레예프는 원소를 원자량 오름차순으로 정렬한다는 기준을 고집했으며 이 원칙에 결코 예외가 허락되어서는 안 된다는 견해도 거듭 밝혔다. 그보다 그는 두 원소 중 하나 혹은 둘 다의 원자량이 잘못 결정된 것이라고 믿었고, 향후 연구를 통해서 설령 원자량 순으로 배열하더라도 텔루륨이 아이오딘 앞에 오는 게 옳다는 결론이 확인될 것이라고 믿었다. 안타깝지만 그가 견지했던 이런 견해는 완전히 틀린 것이었다.

멘델레예프가 두 번째 주기율표를 발표했을 때 통용되던 텔루륨과 아이오딘의 원자량은 각각 128과 127이었다. 원소 정렬의 기본 원칙은 원자량이라고 믿었던 그는 이 값의 정확성을 의심하는 수밖에 다른 도리가 없었다. 화학적 성질을 따지자면 텔루륨이 6족으로 묶이고 아이오딘이 7족으로 묶여야 하는 게 확실했기 때문이다. 그래서 그는 이 쌍의 위치는 "뒤집혀야" 한다고 주장했다.

처음에 그는 아이오딘의 원자량은 정확한데 텔루륨의 원자량이 틀렸다고 보았다. 몇몇 주기율표에서 텔루륨의 원자량을 125라고 기록하기도 했다. 또 한번은 흔히 통용되는 원자량 128은 자신이 에카텔루륨이라고 불렀던 미지의 새로운 원소와 텔루륨이 섞인 혼합물을 측정한 결과라고 주장했다. 멘델레예프의 이런 주장에 약간 자극을 받아, 체코 화학자 보후슬라프 브라우네르는 텔루륨 원자량을 다시 결정하기 위한 실험을 수행했다. 1883년 브라우네르는 텔루륨의 원자량을 125로 수정해야 한다고 발표했고, 1889년에는 그 주장을 더욱 든든하게 지지하는 듯한 새로운 결과를 얻었다. 멘델레예프는 당연히 이 결과에 흡족해했다.

그러나 1895년 브라우네르는 텔루륨의 원자량이 아이오딘보다 크다는 결론을 발표하여 사태를 원점으로 되돌렸다. 그러자 멘델레예프는 이제 텔루륨 대신 아이오딘의 통용 원자량을 의심하기 시작했다. 그는 아이오딘의 원자량을 다시 결정하기를 요청했고 그 값이 기존보다 높게 나오기를 바랐다. 이후 몇몇 주기율표에서는 텔루륨과 아이오딘의 원자량을 둘 다 127으로 표시하기도 했다. 이 문제는 1913~1914년에 모즐리가 원자량이 아니라 원자번호에 따라 원소들을 정렬해야 한다는 것을 보여준 뒤에야 해결되었다. 텔루륨은 아이오딘보다 원자량은 크지만 원자번호는 작기 때문에 화학적 행동에 어울리게끔 아이오딘 앞에 배치하는 게 옳았다.

멘델레예프의 예측

멘델레예프의 예측이 기적처럼 보일 수도 있겠지만, 사실 그것은 미발견 원소 양옆에 놓인 원소들의 성질을 바탕으로 조심스럽게 외삽한 결과였다. 그는 1869년에 발표한 첫 주기율표 논문에서부터 예측을 제기했다. 다만 그에 대해 한층 상세한 설명을 내놓은 것은 1871년 발표한 좀 더 긴 논문에서였다. 그는 먼저 알루미늄과 규소 밑의 두 빈칸에 주목하며 그 자리에 올 두 원소에 각각 에카알루미늄과 에카규소라는 임시명을 부여했다. 산스크리트어로 '하나'를 뜻하는 접두사 eka를 붙인 이름이었다(산스크리트 문자에서 1은 에카, 2는 드비, 3은 트리[트라이]라고 하는데, 멘델레예프는 어느 원소의 한 칸 밑에 오면 '에카-', 두 칸 밑에 오면 '드비-', 세 칸 밑에 오면 '트라이-'라는 식으로 임시명을 붙였으므로 가령 에카규소라면 규소 바로 아래, 드비규소라면 두 칸 아래 원소를 가리킨다—옮긴이). 1869년 논문에서 그는 이렇게 썼다.

우리는 아직 알려지지 않은 원소들을 발견하리라고 예상해야 한다. 가령 알루미늄과 규소와 비슷하지만 원자량은 65~75인 원소를.

1870년에 그는 세 번째 원소를 예측했다. 주기율표에서 붕소 밑에 놓이는 원소였다. 이듬해에는 그 원소들의 원자량을 다음과 같이 예측했다.

에카붕소	에카알루미늄	에카규소
44	68	72

그리고 이들의 화학적, 물리적 성질도 상세히 예측했다. 그가 이렇

성질	에카규소에 대한 예측값(1871년)	실제 발견된 저마늄의 값(1886년)
상대 원자 질량	72	72.32
비중	5.5	5.47
비열	0.073	0.076
원자 부피	$13cm^3$	$13.22cm^3$
색깔	진회색	회백색
이산화물의 비중	4.7	4.703
사염화물의 끓는점	100°C	86°C
사염화물의 비중	1.9	1.887
테트라에틸 유도체의 끓는점	160°C	160°C

표 1.15 | 에카규소(저마늄)의 성질에 대한 멘델레예프의 예측값과 실제 관측값.

게 예측한 원소들이 확인된 것은 6년 뒤로, 첫 타자는 후에 갈륨이라고 명명되는 원소였다. 멘델레예프의 예측은 약간의 사소한 예외를 제외하고는 거의 전부 대단히 정확했다. 그가 에카규소라고 불렀던 원소, 즉 나중에 독일 화학자 클레멘스 빈클러가 분리에 성공하여 저마늄으로 명명한 원소의 경우만 보아도 그 정확성이 분명히 드러난다(표 1.15).

멘델레예프의 덜 성공적인 예측

멘델레예프의 모든 예측이 갈륨, 저마늄, 스칸듐에 대한 예측처럼 성공적인 것은 아니었다. 표 1.16에 나와 있듯이, 그가 발표했던 총 열여덟 가지 예측 중 최대 아홉 개는 맞지 않았다. 물론 모든 예측에 똑같은 중요성을 부여할 수는 없다. 그 이유는 일부 원소가 희토류에 해당했기 때문인데, 희토류는 서로 성질이 몹시 비슷한지라 이후에도 오랫동안 주기율표가 제대로 처리하지 못하는 어려운 과제였다.[37]

게다가 멘델레예프의 실패한 예측은 철학적으로 흥미로운 질문을 제기한다. 한때 과학사와 과학철학을 연구하는 학자들이 이미 알려진 데이터를 성공적으로 설명한 연구와 새로운 예측을 성공적으로 해낸 연구 중에서 어느 쪽을 더 높게 쳐야 하는지 토론한 적이 있다. 성공한 예측이 우리에게 심리적으로 크나큰 감흥을 일으킨다는 것은 반박할 수 없는 사실이다. 그것은 과학자가 미래를 예견할 수 있다는 뜻이니까. 하지만 이미 알려진 데이터를 성공적으로 설명하는 것 또

멘델레예프가 불렀던 이름	그가 예측했던 원자량	측정된 원자량	실제 부여된 이름
코로늄	0.4	발견되지 않음	발견되지 않음
에테르	0.17	발견되지 않음	발견되지 않음
에카붕소	44	44.6	스칸듐
에카세륨	54	발견되지 않음	발견되지 않음
에카알루미늄	68	69.2	갈륨
에카규소	72	72.0	저마늄
에카망가니즈	100	99	테크네튬(1939년)
에카몰리브데넘	140	발견되지 않음	발견되지 않음
에카나이오븀	146	발견되지 않음	발견되지 않음
에카카드뮴	155	발견되지 않음	발견되지 않음
에카아이오딘	170	발견되지 않음	발견되지 않음
에카세슘	175	발견되지 않음	발견되지 않음
트라이망가니즈	190	186	레늄(1925년)
드비텔루륨	212	210	폴로늄(1898년)
드비세슘	220	223	프랑슘(1939년)
에카탄탈럼	235	231	프로트악티늄(1917년)

표 1.16 | 멘델레예프의 예측. 성공한 것도 있고 아닌 것도 있다(저자가 취합한 표).

한 인상적인 작업이다. 보통은 기존에 알려진 정보, 즉 새로운 이론으로 통합해내야 할 정보의 양이 훨씬 더 많기 때문이다. 멘델레예프와 주기율표의 경우가 그랬다. 그는 그 시점까지 알려진 최대 예순세 개 원소 전부를 완전하고 일관된 체계 내에 잘 포함시켜야 했다.

주기율표가 발견된 시점은 아직 노벨상이 아직 제정되기 전이었다. 당시 화학계에서 가장 영예로운 상은 영국 왕립 화학 협회가 화학자 험프리 데이비의 이름을 따서 수여하는 데이비 메달이었는데, 1882년 데이비 메달은 로타어 마이어와 멘델레예프에게 공동으로 돌아갔다. 이 사실을 보건대, 수상자를 결정했던 화학자들은 이렇다 할 예측을 내놓지 않았던 로타어 마이어의 업적도 기꺼이 인정했던 셈이다. 게다가 두 사람에게 상을 주면서 밝혔던 시상 이유에서 멘델레예프의 성공적인 예측에 관한 언급은 전혀 없었다. 그 저명한 영국 화학자들은 성공적인 예측이 주는 심리적 감흥이 이미 알려진 원소들을 잘 해설한 능력보다 우월하다는 논리를 납득할 수 없었던 모양이다.

비활성기체

19세기 말에 윌리엄 램지와 레일리 경이 발견한 비활성기체는 주기율표에 흥미로운 도전 과제였다. 여러 원소들에 대해서 놀라운 예측을 내놓았던 멘델레예프도 이 원소 집단(헬륨, 네온, 아르곤, 크립톤, 제논)은 전혀 예견하지 못했다. 그만이 아니라 다른 누구도 이 원소들을 예측하지 못했고, 심지어 그 존재조차 짐작하지 못했다.

맨 처음 분리된 비활성기체는 아르곤이었다. 1894년 런던의 유니버시티 칼리지에서 레일리 경과 램지가 질소 기체로 작업하던 중 소량의 아르곤을 획득했다. 그런데 그들이 이전에 다뤘던 다른 원소들과 달리 이 원소는 모든 특징들이 마치 작당이라도 한 듯이 주기율표에서 제자리를 찾아주기가 극도로 어려운 성격을 드러냈다. 무엇보다 중요한 원자량도—주기율표에서 원소에게 제자리를 찾아주려면 꼭 알아야 하는 성질이었다—쉽게 알 수 없었다. 원자 몇 개가 결합하여 분자를 이루는지를 정확히 알 수 없었기 때문이다. 당시 알려진 모든 기체 원소들이 2원자분자였던 데 반해(가령 H_2, N_2, O_2, F_2, Cl_2) 아르곤에 대한 측정 결과는 대체로 단원자분자일 것이라는 결론으로 이어졌다. 아르곤이 정말로 단원자분자라면 원자량은 약 40일 텐데, 그러면 주기율표에 끼워 넣기가 좀 난감했다. 주기율표에서 그 값에 해당하는 빈칸이 없었기 때문이다(표 1.14). 칼슘의 원자량이 약 40이었고 그다음 원소, 즉 멘델레예프가 성공적으로 예측한 원소 중 하나였던 스칸듐은 44였으므로 원자량이 40인 새 원소에게 내줄 자리는 없는 듯 보였다.

근처에 제법 널찍한 빈틈이 있기는 했다. 염소(원자량 35.5)와 칼륨(39) 사이였다. 그러나 아르곤을 그 자리에 두면 상당히 두드러진 순서 역전이 발생했다. 당시에 알려졌던 순서 역전 쌍은 텔루륨과 아이오딘밖에 없었다는 사실을 상기할 필요가 있다. 더구나 그 현상은 대단히 변칙적인 사례로 여겨지는 터였다. 앞에서 말했듯이, 멘델레예프는 텔루륨과 아이오딘의 순서 역전이 텔루늄 아니면 아이오딘의 원자량이 잘못 결정된 탓이라고, 혹은 둘 다 잘못된 탓이라고 결론 내렸다. 그러니 아르곤과 칼륨도 그런 희귀한 사례라는 가정은 상당히 미심쩍게 여겨질 수밖에 없었다.

아르곤의 또 다른 특이한 성질은 화학적 활성이 전혀 없다는 점이었다. 이는 곧 화학자들이 아르곤 화합물을 조사할 수 없다는 뜻이었다. 존재하질 않으니까. 이런 비활성은 이 기체가 진정한 원소가 아니라는 뜻이니 주기율표에서 자리를 찾아줘야 할 필요가 없다고 생각하는 이들도 있었다.

그러나 몇몇 사람들은 이 원소를 주기율표에 집어넣으려는 시도를 그만두지 않았고, 아르곤의 위치는 1885년 왕립 학회 총회의 주요 안건이었다. 발견자인 레일리와 램지는 이 원소가 단원자분자일 것이라고 주장했지만 확실하진 않다고 인정했다. 그들은 또 이 기체가 혼합물이 아니라는 사실도 확신할 수 없다고 했는데, 그렇다면 원자량이 40이 아닐지도 모른다는 뜻이었다. 한편 윌리엄 크룩스는 아르곤의 끓는점과 녹는점이 모호하지 않음을 시사하는 증거를 제시하여 아르곤이 혼합물이 아니라 단일 원소라는 주장을 어느 정도 뒷받침했다. 출중한 화학자 헨리 암스트롱은 아르곤이 질소처럼 작용할지도 모른다고 주장했다. 개별 원자는 반응성이 극히 높더라도 2원자분자를 이뤘을 때는 활성이 없을 수도 있다는 말이었다. 물리학자 아서 루커는 약 40이라는 원자량은 정확한 값이며 우리가 이 원소를 주기율표에 집어넣을 수 없다면 잘못된 것은 주기율표 자체라고 주장했다.

이런 형편이었으니 왕립 학회 모임에서 제시된 사실들만 갖고서 새 원소의 운명을 결정하기는 역부족이었다. 아르곤을 새 원소로 간주해야 하느냐 아니냐조차 분명하지 않았다. 모임에 참석하지 않았던 멘델레예프는 런던에서 발행되는《네이처》에 투고한 글에서 아르곤은 질소 원자 세 개로 이뤄진 3원자분자라고 주장했다. 그가 그렇게 주장한 근거는 40으로 추정되는 원자량을 3으로 나누면 약 13.3이 되는데 이것이 질소의 원자량 14와 크게 다르지 않다는 점이었다. 아르곤이 질소 기체를 사용한 실험에서 발견되었다는 사실도 3원자분자 가설에 어느 정도 타당성을 부여했다.

마침내 문제가 해결된 것은 1900년에 이르러서였다. 새 기체의 공동 발견자인 램지는 멘델레예프에게 편지를 써서, 그즈음에는 벌써 헬륨, 네온, 크립톤, 제논까지 포함하며 불어난 새로운 원소 집단을 할로겐족과 알칼리금속 사이에 여덟 번째 족으로 끼워 넣으면 된다고 알렸다. 새 집단의 원소들 중 첫 번째로 발견되었던 아르곤이 유달리 까다로운 사례였던 것은 이 원소가 정말로 새로운 순서 역전 쌍의 사례였기 때문이다. 아르곤은 원자량이 약 40이지만 원자량이 약 39인 칼륨보다 앞에 온다. 멘델레예프는 제안을 흔쾌히 받아들였고 나중에 이렇게 썼다.

> 이 일은 그(램지)에게는 새로 발견한 원소들의 위치를 확증한다는 점에서, 내게는 주기율의 보편적 응용성이 멋지게 확인된 사건이라는 점에서 대단히 중요했다.

새로 발견된 비활성기체들은 주기율을 위협하기는커녕 성공적으로 주기율표에 포섭됨으로써 멘델레예프가 주장한 주기율의 힘과 보편성을 더욱 강화했던 것이다.

2장

주기율표를 침략한 물리학

존 돌턴이 과학에 원자 개념을 재도입한 뒤에도 화학자들은 논쟁을 이어갔는데, 대부분은 원자가 말 그대로 실존하는 실체라는 생각을 받아들이지 않았다. 멘델레예프도 그런 회의적인 화학자 중 한 명이었지만, 1장에서 보았듯이 그럼에도 불구하고 그가 당시 제안된 숱한 주기율표 가운데 가장 성공적인 주기율표를 발표하는 데는 아무런 지장이 없었다. 20세기에 들어설 무렵에는 아인슈타인이나 페랭과 같은 물리학자들의 연구에 힘입어 원자가 실체라는 사실이 점점 더 굳어졌다. 아인슈타인이 통계 기법을 사용하여 브라운운동을 설명했던 1905년 논문은 원자의 존재에 결정적인 이론적 근거를 제공했지만, 실험 면에서는 아직 근거가 없었다.[1] 그 근거는 곧 프랑스 실험물리학자 장 페랭이 제공했다.[2]

이러한 작업은 원자구조를 탐구하는 다방면의 연구로 발전했고,

그 결과들은 주기율을 이론적으로 이해하려는 노력에 큰 영향을 미칠 것이었다. 이 장에서는 '물리학의 주기율표 침략'이라고 말해도 좋을 듯한 발전에 기여했던 원자 연구와 기타 20세기 물리학의 여러 중요한 발견들을 살펴보겠다.

물리학의 전자 발견

원자에 하위 구조가 존재한다는 사실을 암시한 최초의 단서였던 전자는 1897년 케임브리지의 캐번디시 연구소에서 일하던 전설적인 물리학자 J. J. 톰슨이 발견했다. 그 얼마 전인 1895년에는 독일 뷔르츠부르크에서 빌헬름 콘라트 뢴트겐이 엑스선을 발견했다. 새로운 엑스선은 원래 맨체스터에 있다가 옥스퍼드로 옮겨서 짧은 과학자 경력의 마지막까지 연구를 이어갔던 헨리 모즐리가 곧 아주 유용하게 활용할 것이었다.

뢴트겐이 엑스선의 발견을 기록한 때로부터 불과 1년 뒤, 파리의 앙리 베크렐도 어마어마하게 중요한 현상을 발견했다. 일부 원자들이 자발적으로 쪼개지면서 처음 보는 종류의 여러 방사선을 방출하는 방사능 현상이었다. '방사능'이라는 용어를 만든 사람은 폴란드 출신의 마리 스크워도프스카(결혼 후 성은 퀴리)였다. 그녀는 남편 피에르 퀴리와 함께 이 위험하고도 새로운 현상을 연구하는 데 매진했고, 곧 새로운 두 원소를 발견하여 폴로늄과 라듐이라고 이름 붙였다.

과학자들은 원자가 방사성 붕괴를 겪는 동안 어떻게 쪼개지는지 연구함으로써 원자의 구성 성분을 더 효과적으로 탐구할 수 있었으며, 한 원자가 다른 원자로 변하는 현상에 관여하는 법칙들도 탐구할 수 있었다. 주기율표에 포함된 화학원소들은 각자 서로 다른 종류의 원자이지만, 특정 조건에서는 한 원소의 원자가 다른 원소의 원자로 바뀔 수 있는 듯했다. 가령 어느 원소가 알파입자, 즉 양성자 두 개로 이뤄진 헬륨 원자핵과 동일한 입자를 잃으면 그 원소는 원자번호가 그보다 두 단위 낮은 원소로 바뀌었다.

역시 크나큰 영향력을 미쳤던 당대의 또 다른 물리학자는 어니스트 러더퍼드였다. 뉴질랜드 출신인 러더퍼드는 연구원이 되려고 케임브리지로 왔다가 캐나다 몬트리올의 맥길 대학과 영국의 맨체스터 대학에서도 체류했고, 그 후 케임브리지로 돌아와서 J. J. 톰슨의 후임으로 캐번디시 연구소의 소장이 되었다. 러더퍼드가 핵물리학에 남긴 업적은 많고 다양했는데, 그중에는 방사성 붕괴에 관여하는 법칙들을 발견한 것뿐 아니라 '원자를 쪼갠 것'도 있었다. 그는 또한 한 원소를 다른 원소로 '변성'시키는 데 최초로 성공한 사람이었다. 그 작업으로 러더퍼드는 방사성 붕괴와 비슷한 현상을 인공적으로 만들어낸 셈이다. 변성 과정에서도 역시 전혀 다른 종류의 원소가 만들어졌기 때문이다. 이 현상은 모든 물질이 근본적으로는 동일하다는 생각에 새삼 힘을 실어주었다.[3]

러더퍼드의 또 다른 발견은 원자핵 모형을 고안한 것이었다. 원자 한가운데 핵이 있고 그 주변을 둘러싼 궤도에서 음전하를 띤 전자들이 돌고 있다는 그의 발상은 이제 거의 당연한 것으로 인정된다.[4]

그러나 축소판 태양계 같은 원자핵 모형을 처음 제시한 사람은 사실 러더퍼드가 아니었다. 그 영예는 프랑스 물리학자 장 페랭에게 돌아간다. 페랭은 일찍이 1900년에 음전하를 띤 전자들이 마치 태양을 도는 행성들처럼 양전하를 띤 원자핵 주변을 돈다는 가설을 제시했다. 그리고 1903년 나가오카 한타로는 이 천문학적 비유에 새로운 요소를 더했다. 전자들이 마치 토성의 고리처럼 널찍한 고리 속에서 제각각 한자리씩 차지하고 있을 것이라는 토성 모형을 제안한 것이다. 그러나 페랭도 나가오카도 자신의 원자모형을 뒷받침하는 확실한 실험적 증거는 내놓지 못했다.

러더퍼드는 자신의 지도를 받던 한스 가이거와 어니스트 마스든과 함께 얇은 금박에 알파입자선을 쏘는 실험을 했다가 몹시 놀라운 결과를 얻었다. 대부분의 알파입자들은 금박을 거리낌 없이 통과해 지나갔지만, 그러지 않고 큰 각도로 꺾이는 입자도 적잖은 수가 있었다. 러더퍼드의 결론은 금 원자가, 나아가 다른 어떤 원자라도, 밀도가 높은 정중앙의 핵을 제외하고는 대체로 텅 빈 공간으로 구성되어 있으리라는 것이었다. 일부 알파입자가 뜻밖에도 금박을 향해 발사되는 알파선 쪽으로 도로 튕겨 나온다는 사실은 원자의 한가운데 아주 작은 핵이 존재한다는 증거였다.

그렇다면 자연은 과학자들이 그때껏 생각했던 것보다 더 융통성이 있는 셈이었다. 가령 멘델레예프는 모든 원소들은 엄격하게 구분된 개별적 존재라고 믿었다. 그는 한 원소가 다른 원소로 바뀔 수 있다는 발상을 받아들이지 못했다. 퀴리 부부가 원자를 쪼갠 것처럼 보이는 실험 결과를 발표한 뒤, 말년에 가까웠던 멘델레예프는 직접 그 증거를 보기 위해서 파리로 찾아갔다. 그가 퀴리 부부의 실험실을 방문한 뒤에라도 그 새롭고 급진적인 개념을 받아들였는지는 알 수 없다.

엑스선

1895년 독일 물리학자 뢴트겐은 마흔의 나이에 엄청난 발견을 해냈다. 그때까지 그의 연구 성과는 별 볼 일 없는 편이었다. 훗날 핵물리학자 에밀리오 세그레는 뢴트겐에 대해서 이렇게 썼다.

> 뢴트겐은 1895년 초까지 마흔여덟 편의 논문을 썼지만 지금 그 논문들은 사실상 전부 잊혔다. 그러나 마흔아홉 번째 논문으로 그는 노다지를 캤다.

뢴트겐은 크룩스관이라고 불리는 진공 유리관 속에서 전류가 어떻게 활동하는지 탐구하고 있었다. 그러던 중 실험과는 무관하게 실험실 저편에 놓여 있던 어느 물체가 빛을 발하는 것을 목격했다. 그는 그 빛이 전류 때문에 발생하는 것은 아니라는 사실을 금세 확인했고, 따라서 크룩스관 내부에서 모종의 새로운 선이 방출되는 것일지도 모른다고 추론했다. 그는 곧 엑스선의 가장 유명한 성질도 발견했다. 그 선을 손에 쬐면 뼈의 윤곽만 선명하게 드러난 영상을 얻을 수 있다는 사실이었다. 앞으로 의학에서 무수한 방식으로 응용될 강력한 신기술의 등장이었다. 뢴트겐은 7주 동안 비밀리에 작업하여 준비한 뒤 뷔르츠부르크 물리 의학 협회에서 결과를 발표했다. 새로운 엑스선이 바로 그 두 분야, 물리와 의학에 큰 영향을 미치리라는 점을 고려하면 퍽 흥미로운 우연의 일치였다.

뢴트겐이 찍은 엑스선 사진들 중 일부는 파리로 보내져 앙리 베크렐의 손에 들어갔다. 베크렐은 인광, 즉 일부 물질이 햇빛에 노출되면 빛을 방출하는 현상과 엑스선 사이에 무슨 관계가 있는지를 살펴보고 싶었다. 그 가설을 시험하기 위해서 그는 약간의 우라늄염 결정을 두꺼운 종이로 감쌌는데, 마침 해가 나지 않았던지라 며칠 그 물질을 서랍에 넣어두기로 했다. 그런데 또 한 번 운이 좋아서, 그는 무심코 그 결정을 현상하지 않은 사진판 위에 올린 채 서랍을 닫고는 파리의 날씨가 우중충했던 다음 며칠 동안 다른 일을 보았다.

마침내 서랍을 열었을 때, 베크렐은 서랍 속에 햇빛이 전혀 닿지 않았는데도 우라늄 결정의 모습이 사진판에 찍힌 것을 보고 깜짝 놀랐다. 이것은 인광과는 무관한 현상이었고, 우라늄염이 스스로 모종의 선을 방출한다는 사실을 분명히 암시하는 결과였다. 그가 발견한 것은 바로 방사능, 즉 일부 물질의 원자들이 자발적으로 붕괴하면서 강력하고 위험한 방사선을 내놓는 자연적 과정이었다. 그러나 이 현상에 '방사능'이라는 이름이 붙은 것은 몇 년 뒤 마리 퀴리에 의해서였다.

이 실험과 엑스선이 모종의 관계가 있을 것이라고 보았던 가설은 틀린 것으로 드러났다. 베크렐은 엑스선과 인광 사이에서 어떤 연관성도 찾아내지 못했다. 사실 엑스선은 그의 실험에 등장하지조차 않았다. 얄궂게도 그가 발견한 또 다른 현상이 향후 다양한 방면에서 엄청난 중요성을 띨 것이었지만 말이다. 방사능은 우선 물질과 복사를 탐구하는 과정에서 등장한 초기의 중요한 발전이었고, 둘째로 간접적으로나마 핵무기와 핵에너지의 개발로 이어질 것이었다.

러더퍼드로 돌아가서

1911년 무렵 러더퍼드는 원자 산란 실험의 결과를 분석함으로써 원자핵의 전하는 그 원자량의 약 절반과 같다는 결론에 도달했다. 달리 말해, '$Z \approx A/2$'였다. 옥스퍼드 물리학자 찰스 바클라의 연구도 러더퍼드의 결론을 지지했다. 바클라는 러더퍼드와는 전혀 다르게 엑스선을 사용한 실험을 통해서 같은 결론에 도달했다.

그동안 이 분야와 전혀 무관한 인물이었던 네덜란드 계량경제학자 안토니위스 판덴브룩은 멘델레예프의 주기율표를 개량할 여지를 궁리하고 있었다. 1907년 그는 비록 빈칸이 많기는 해도 무려 120개 원소를 포함한 새 주기율표를 제안했다.[5] 빈칸 중 상당수는 새롭게 발견되었지만 아직 원소로서의 지위가 확인되지 않은 물질들로 채워져 있었다. 토륨 에마네이션(고체 물질로부터 방출되는 방사성 기체를 총칭하는 이름이다—옮긴이), 우라늄 X(미지의 우라늄 붕괴 생성물), Gd_2(가돌리늄 붕괴 생성물), 기타 등등의 새로운 물질들이었다.

그런데 판덴브룩의 연구에서 정말로 참신한 대목은 모든 원소들이 사실은 합성물이며 그 구성 요소는 그가 '알폰'이라고 명명한 입자, 즉 헬륨 원자의 절반에 해당하는 두 단위의 원자량을 지닌 입자라는 그의 가설이었다. 1911년에 그는 후속 논문을 발표했다. 이 논문에서는 더 이상 알폰을 언급하지 않았지만, 원소들의 원자량은 모두 두 단위를 기준으로 차이 나게 되어 있다는 가설은 고수했다. 그는 런던의 《네이처》에 보낸 스무 줄짜리 편지에서 다음과 같이 씀으로써 원자번호 개념에 한발 더 다가갔다.[6]

가능한 원소의 가짓수는 가능한 영구 전하의 가짓수에 달려 있다.

판덴브룩은 원자의 핵전하가 원자량의 절반이고 연속된 원소들의 원자량은 두 단위씩 증가하므로 주기율표에서 원소의 위치는 핵전하에 따라 결정된다고 주장했던 것이다. 달리 말하자면, 주기율표에서 모든 원소들은 각자 바로 앞 원소보다 핵전하가 하나씩 더 많을 터였다.

1913년 발표된 판덴브룩의 후속 논문은 닐스 보어의 눈길을 끌었다. 보어는 같은 해 발표한 유명한 3부작 논문, 즉 수소 원자와 다전자원자들의 전자배치를 다룬 논문에서 판덴브룩을 인용했다.[7] 역시 같은 해 판덴브룩도 또 다른 논문을 《네이처》에 실었는데, 이번에는 원자들의 일련번호가 전하와 관계되어 있다는 사실을 명시적으로 밝혔다. 여기서 보다 중요한 것은 그가 일련번호와 원자량의 연관 관계를 끊어버렸다는 점일 것이다. 소디와 러더퍼드를 비롯하여 물리학계의 많은 전문가들이 판덴브룩의 기념비적인 논문을 칭송했다. 그들 모두가 그때까지 아마추어인 판덴브룩보다도 사태를 명료하게 보지 못했던 것이다.

모즐리

아마추어가 먼저 원자번호 개념에 도달함으로써 전문가들을 당혹시키긴 했지만, 이 새로운 정량적 성질을 확고하게 구축하는 임무를 완성한 사람은 판덴브룩이 아니었다. 그 일을 마무리한 사람은, 그리고 거의 언제나 원자번호의 발견자로 인정받는 사람은 제1차 세계대전 중에 스물여섯의 나이로 사망한 영국의 물리학자 헨리 모즐리다. 모즐리의 명성은 단 두 편의 논문에서 기인한다. 두 논문에서 그는 원소 정렬 기준으로서 원자번호가 원자량보다 더 낫다는 사실을 실험적으로 확증했다.[8] 이 연구는 자연 상태로 존재하는 원소들 가운데 (즉 수소에서 우라늄까지) 아직 발견되지 않은 원소가 몇 개인가 하는 질문에 대답해준다는 점에서도 중요했다.

모즐리는 맨체스터 대학에서 러더퍼드의 제자로 물리학을 공부했다. 모즐리의 실험은 다양한 원소들의 샘플 표면에 빛을 쏜 뒤 원소가 내놓는 특징적인 엑스선의 진동수를 기록하는 것이었다. 빛을 받은 원자에서 안쪽 전자가 탈출하고, 그러면 바깥쪽 전자가 안으로 떨어져 빈 공간을 채우는 과정에서 엑스선을 낸다는 것이 실험의 원리였다. 모즐리는 우선 열네 가지 원소를 골랐다. 그중 아홉 가지는 주기율표에서 죽 연속된 타이타늄부터 아연까지였다. 그는 방출된 엑스선의 진동수와 해당 원소가 주기율표에서 차지하는 위치를 뜻하는 정수의 제곱을 양 축으로 삼아서 그래프를 그리면 직선이 그려진다는 사실을 발견했다. 이것은 '수소는 1, 헬륨은 2' 하는 식으로 원소마다 정수로 된 일련번호를 부여하여 그 순서로 나열하면 된다는 판덴브룩의 가설을 확인하는 결과였다. 바로 그 정수 일련번호가 나중에 원자번호라고 불리게 될 것이었다. 모즐리는 두 번째 논문에서 추가로 살펴본 서른 가지 원소에서도 이러한 관계를 확인함으로써 가설의 타당성을 굳게 다졌다.

그러니 이제 누군가 새 원소를 발견했다고 주장할 때 모즐리는 비교적 쉽게 그 주장의 유효성을 판별할 수 있었다. 일례로 일본 화학자 오가와 마사타카가 주기율표에서 망가니즈 밑 빈칸을 메울 원소를 분리했다고 주장했을 때, 모즐리는 오가와의 샘플이 내는 엑스선의 진동수를 측정하여 그것이 43번 원소에서 기대되는 값과는 다르다는 것을 확인해 보였다.

그때까지 화학자들은 원자량을 기준으로 원소들을 정렬했는데, 그러다보니 앞으로 발견할 원소가 정확히 몇 개 더 남았는가 하는 문제는 불확실했다. 주기율표에서 연속된 원소들의 원자량 차이가 고르지 않고 불규칙했기 때문이다. 그런데 모즐리의 원자번호를 쓰기로 하는 순간, 이 골치 아픈 문제가 사라졌다. 이제 연속된 원소들 사이의 간격은 완벽하게 일정해졌다. 모두 원자번호 한 단위 차이였다.

모즐리가 죽은 뒤, 여러 화학자와 물리학자가 그의 기법을 써서 고른 간격으로 배열된 원자번호 수열 중 43, 61, 72, 75, 85, 87, 91번에 해당하는 미발견 원소들을 찾아냈다. 그 발견의 이야기가 다음 장부터 이 책의 내용이다.

동위원소

핵물리학의 여명기에 등장한 발견 가운데 역시 주기율표를 이해하는 데 결정적인 단계로 작용한 것은 동위원소의 발견이었다. 동위원소(isotopes)라는 용어는 그리스어로 **같다**(iso)를 뜻하는 단어와 **장소**(topos)를 뜻하는 단어에서 온 말로, 원자량이 다른데도 주기율표에서 같은 **장소**를 차지하는 원자들을 가리킨다. 동위원소의 발견은 일면 필요에 따른 것이었다. 핵물리학이 발전하면서 새롭게 발견된 원소들 중에는 라듐, 폴로늄, 악티늄처럼 주기율표에서 쉽게 제자리를 찾아줄 수 있는 원소도 있었지만 그 외에도 역시 새로운 원소로 보이는 물질 약 서른 가지가 짧은 기간 동안 줄줄이 발견되었다. 이런 물질들에는 토륨 에마네이션, 라듐 에마네이션, 악티늄 X, 우라늄 X, 토륨 X 하는 식으로 해당 물질의 모체로 추정되는 원소의 이름을 포함한 임시명이 붙었다.[9]

앞에서 보았듯이, 판덴브룩 같은 몇몇 주기율표 설계자들은 주기율표를 확장함으로써 이런 새로운 '원소'들을 모두 포함시키려고 했다. 한편 스웨덴 연구자 다니엘 스트룀홀름과 테오도르 스베드베리는 이 특이하고 새로운 물질들 중 일부를 주기율표에서 한자리에 욱여넣었다. 예를 들어 비활성기체인 제논 밑에 라듐 에마네이션, 악티늄 에마네이션, 토륨 에마네이션을 한데 배치했다. 이것은 꼭 동위원소를 예견한 표현이었던 것처럼 보이지만, 사실 그들이 아직 그 현상을 명료하게 인식하지는 못했다.

멘델레예프가 죽은 1907년, 미국 방사화학자 허버트 맥코이는 "방사성 토륨과 토륨을 화학적 과정으로 서로 분리하는 것은 절대 불가능하다"라고 결론 내렸는데, 이것은 결정적인 관찰이었다. 과학자들은 곧 이전에는 새로운 원소라고 여겨졌던 다른 많은 물질들에 대해서도 똑같은 관찰을 했고, 이런 관찰들의 의미를 온전히 인식한 사람은 역시 러더퍼드의 제자였던 프레더릭 소디였다.

소디가 보기에, 어떤 두 물질이 화학적으로 분리될 수 없다는 것은 그것들이 한 원소의 두 형태 혹은 둘 이상의 형태라는 뜻이었다. 1913년 그는 한 원소에 해당하고 화학적으로 분리할 수 없지만 원자량이 서로 다른 원자들을 뜻하는 용어로 '동위원소'라는 말을 만들었다. 한편 러더퍼드로부터 납과 '방사성 납'을 화학적으로 분리하라는 과제를 받았던 프리드리히 파네트와 죄르지 헤베시도 두 물질을 화학적으로 분리하기가 불가능하다는 사실을 확인했다. 그들은 스무 가지 화학적 접근법을 동원하여 묘기를 시도했지만 끝내 참패를 시인할 수밖에 없었다. 그 실험은 어떤 측면에서는 물론 실패였지만, 한 원소가—이 경우에는 납이—화학적으로 분리할 수 없는 여러 동위원소의 형태로 존재한다는 개념을 더욱 굳히는 계기였다.[10]

1914년, 동위원소 개념은 하버드 대학의 시어도어 윌리엄 리처즈의 연구로 더욱 큰 지지를 얻게 되었다. 그는 한 원소의 두 동위원소에 대해서 각각의 원자량을 측정해보았다. 그가 고른 대상도 납이었다. 납은 다수의 방사성 붕괴 계열에서 생성되는 원소였기 때문이다. 확인 결과, 서로 다른 경로로 서로 상당히 다른 중간 원소들을 거치면서 생성된 납 원자들은 무려 0.75만큼 원자량이 서로 차이 났다.

더 중요한 점으로, 동위원소의 발견은 멘델레예프를 괴롭혔던 텔루륨과 아이오딘처럼 주기율표에 순서 역전 쌍이 출현하는 이유를 명확히 밝혀주었다. 텔루륨이 아이오딘보다 원자량이 큰데도 주기율표에서 아이오딘 앞에 오는 것은 텔루륨의 동위원소들 모두의 원자량 평균이 아이오딘 동위원소들의 원자량 평균보다 더 크기 때문이었다. 원자량이란 동위원소들의 양이 상대적으로 얼마나 되는가에 달려 있는, 말하자면 꽤 우연적인 정량적 속성이었다. 그리고 주기율표에 관한 한 원자량보다 더 근본적인 속성은 원자번호, 즉 훗날 과학자들이 깨달았듯이 원자핵 속 양성자의 개수였다. 원소의 정체성이 담긴 성질은 원자량이 아니라 원자번호였던 것이다. 원자량은 그 원소를 어떤 샘플에서 분리했느냐에 따라 달라질 수 있으니까.

텔루륨은 아이오딘보다 평균 원자량은 더 크지만 원자번호는 한 단위 작다. 만일 원소를 정렬하는 기준으로 원자량이 아니라 원자번호를 쓴다면, 텔루륨과 아이오딘은 둘 다 각자의 화학적 행동에 어울리는 집단에 속하게 된다. 따라서 순서 역전이란 20세기 이전의 모든 주기율표들이 잘못된 정렬 기준을 이용했기 때문에 발생했던 현상에 지나지 않았던 셈이다.

전자구조

지금까지 우리가 살펴본 고전물리학의 발견들은 대체로 양자 이론을 필요로 하지 않는 내용이었다. 엑스선도 그랬고 방사능도 그랬다. 훗날 이런 현상들의 특정 측면을 밝히는 데 양자 이론이 이용되긴 하지만, 양자 개념 없이도 이런 현상들은 그럭저럭 연구할 수 있었다. 지금까지 살펴본 물리학은 또 주로 핵에서 기인하는 과정들을 다루었다. 방사능은 기본적으로 핵이 쪼개지는 과정이고, 원소 변환도 핵에서 벌어지는 현상이다. 원자번호는 핵의 속성이고, 동위원소는 한 원소에서 질량이 서로 다른 여러 원자들을 말하는데 그 질량이란 거의 전적으로 핵의 질량이다.

이와 달리 지금부터 우리는 핵이 아니라 전자에 관한 발견들을 살펴볼 텐데, 이 분야를 연구할 때는 반드시 태동기의 양자 이론이 사용되어야만 했다. 먼저 양자 이론 자체의 기원을 살펴보고 넘어가자. 양자 이론은 20세기에 들어설 무렵 독일에서 시작되었다. 그곳 물리학자들은 사방이 까만 벽으로 둘러싸인 작은 공동(空洞)에서 복사가 어떻게 일어나는지 이해하려고 애쓰고 있었다. 과학자들은 '흑체복사'라고 불리는 이 현상의 복사 스펙트럼을 여러 온도에서 자세히 기록한 뒤 그 결과로 얻은 그래프를 설명할 수학모형을 구축하려고 했다. 이 문제는 상당히 오랫동안 풀리지 않았는데, 그러던 중 1900년 막스 플랑크가 이 복사에너지는 이산적인 덩어리, 즉 '양자'로 구성된다는 대담한 가설을 제기함으로써 문제를 풀었다. 그러나 막상 플랑크 자신은 스스로 제안한 양자 이론의 의미를 흔쾌히 받아들이기를 주저했고, 그저 남들이 그 이론을 새롭게 응용하도록 내버려두었다.

양자 이론은 에너지가 이산적인 꾸러미로만 존재하며 기본 양자 에너지의 정수배만 가능할 뿐 그 사이의 값은 취할 수 없다고 선언했다. 그리고 1905년 이 이론을 적용하여 광전효과를 멋지게 설명해낸 사람은 다름 아닌 20세기 최고의 물리학자 알베르트 아인슈타인이었다. 아인슈타인은 빛을 양자화된 것으로, 달리 말해 입자화된 것으로 간주해도 좋다고 결론지었다.[11]

1913년 덴마크 물리학자 닐스 보어는 양자 이론을 수소 원자에 적용했다. 러더퍼드처럼 보어도 수소 원자는 중심에 핵이 있고 전자 하나가 그 주변을 도는 구조라고 생각했는데, 이때 전자가 취할 수 있는 에너지는 이산적인 특정 값들에만 국한된다고 가정했다. 시각적으로 표현하자면 전자가 핵을 둘러싼 특정 껍질 혹은 궤도에만 존재할 수 있다는 것이었다. 이 모형은 수소 원자에서, 나아가 모든 원소들의 원자에서 드러나는 두어 가지 속성을 어느 정도 설명해주었다. 첫째로 이 모형은 우리가 수소 원자에 전기에너지를 가했을 때 수소로부터 방출되는 에너지가 비교적 일정한 몇몇 진동수로만 나타나서 불연속 스펙트럼을 이루는 현상을 설명해주었다. 이 현상에 대한 보어의 가설은 전자가 허용된 한 에너지준위로부터 다른 허용된 에너지준위로 이행하기 때문에 그렇다는 것이었다. 전자가 정말 그렇게 이동한다면, 이 과정에서는 두 에너지준위의 에너지 차이에 해당하는 특정 크기의 에너지만이 방출되거나 흡수될 수 있었다.

두 번째로, 설명이 약간 부족하기는 했지만, 이 모형은 왜 전자가 에너지를 모두 잃고 핵으로 떨어지는 현상이 발생하지 않는가 하는 의문도 어느 정도 설명해주었다. 과학자들이 원운동을 하는 하전입자에 고전역학을 적용하여 그 미래를 예측해보면 그런 결과가 나왔기 때문에, 전자가 실제로는 그러지 않는다는 사실은 수수께끼였다. 이에 대한 보어의 가설은 전자가 고정된 궤도에 머무르는 동안에는 에너지를 잃지 않는다는 것이었다. 그는 또 전자가 취할 수 있는 에너지준위에는 최저값이 있기 때문에 전자가 그보다 더 낮은 에너지로 이동할 수는 없다고 가정했다.[12]

보어는 이후 수소만이 아니라 다전자원자들까지 모두 설명할 수 있도록 모형을 일반화했다. 또 원자 내에서 전자들이 배열되는 방식도 알아보기 시작했다. 단전자 모형에서 다전자 모형으로 도약하는 것이 이론적으로 타당한지에 의문이 있었지만, 보어는 아랑곳하지 않고 나아갔다. 그가 생각했던 전자배치는 표 2.1과 같다.

그러나 보어가 어떤 수학적 근거에 따라 전자들을 배정한 것은 아니었다. 양자 이론으로부터 명시적인 도움을 받은 것도 아니었다. 대신 그는 화학적 증거에 의지했다. 이를테면 붕소 원자는 화학결합을 세 개까지 할 수 있고 같은 족의 다른 원소들도 그렇다는 사실에 근거하여, 그러기 위해서는 붕소 원자의 최외각전자가 세 개여야 한다는 결론을 끌어내는 식이었다. 이렇게 기본적이고 비연역적인 이론만을 썼음에도 불구하고 보어는 왜 리튬, 나트륨, 칼륨 등이 주기율표에서 같은 족에 속하는가, 나아가 왜 모든 원소가 주기율표에서 특

1	H	1				
2	He	2				
3	Li	2	1			
4	Be	2	2			
5	B	2	3			
6	C	2	4			
7	N	4	3			
8	O	4	2	2		
9	F	4	4	1		
10	Ne	8	2			
11	Na	8	2	1		
12	Mg	8	2	2		
13	Al	8	2	3		
14	Si	8	2	4		
15	P	8	4	3		
16	S	8	4	2	2	
17	Cl	8	4	4	1	
18	Ar	8	8	2		
19	K	8	8	2	1	
20	Ca	8	8	2	2	
21	Sc	8	8	2	3	
22	Ti	8	8	2	4	
23	V	8	8	4	3	
24	Cr	8	8	2	2	2

표 2.1 | 보어가 1913년에 처음 제안했던 원자들의 전자배치도(N. Bohr, On the Constitution of Atoms and Molecules, *Philosophical Magazine, 26*, 476-502, 1913, 497).

정 족에 속하는가 하는 문제에 대하여 처음으로 전자에 기반한 성공적인 설명을 제공했다. 리튬, 나트륨, 칼륨의 경우에는 그 원자들의 최외각 껍질에 나머지 전자들과는 동떨어진 전자가 딱 하나 들어 있기 때문이라는 것이었다.

보어의 이론에는 한계도 있었다. 그중 하나는 이 모형이 수소 같은 단전자원자나 He^+, Li^{2+}, Be^{3+}과 같은 단전자 이온에만 엄밀하게 적용된다는 점이었다. 게다가 이런 '수소적' 스펙트럼에서도 일부 스펙트럼선이 예상과는 달리 쌍으로 갈라진다는 관찰 결과도 등장했다. 그래서 독일의 아르놀트 조머펠트는 원자핵이 원의 한가운데 놓여 있는 것이 아니라 타원의 한 초점에 놓여 있는 것일지도 모른다고 주장했다. 조머펠트의 계산에 따르면, 보어의 모형에서 주 전자껍질 내부에 부껍질을 도입할 필요가 있었다. 보어의 모형에서는 하나의 양자수가 하나의 껍질 혹은 궤도를 규정했던 데 비해, 조머펠트가 수정한 모형에서는 두 개의 양자수를 동원해야만 전자의 타원 경로를 규정할 수 있었다. 보어는 새로 도입된 양자수를 받아들여 1923년에 보다 상세한 전자배치도를 작성했다. 표 2.2가 그것이다.

몇 년 뒤 영국 물리학자 에드먼드 스토너는 수소를 비롯한 여러 원자들의 스펙트럼에 드러나는 세부 사항을 설명하기 위해서는 세 번째 양자수가 필요하다는 것을 발견했다. 이어서 1924년에는 오스트리아 출신 물리학자 볼프강 파울리가 네 번째 양자수의 필요성을 발견했다. 네 번째 양자수는 모든 전자가 고유의 각운동량을 지니며 그 값은 둘 중 하나만 가능하다는 개념으로 설명되었다. 전자의 이 새로운 운동량은 결국 '스핀'이라고 불리게 되었는데, 그렇다고 해서 지구가 태양을 공전하는 동시에 자전도 하는 것처럼 전자가 말 그대로 자전한다는 뜻은 아니었다.

네 양자수는 내포 관계로 서로 이어져 있다. 달리 말해 세 번째 양자수는 두 번째 양자수가 얼마인지에 달려 있고, 두 번째 양자수는 첫 번째 양자수가 얼마인지에 달려 있다. 다만 파울리의 네 번째 양자수

H	1				
He	2				
Li	2	1			
Be	2	2			
B	2	3			
C	2	4	1		
N	2	4	2		
O	2	4	3		
F	2	4	4		
Ne	2	4	4		
Na	2	4	4	1	
Mg	2	4	4	2	
Al	2	4	4	2	1
Si	2	4	4	4	
P	2	4	4	4	1
S	2	4	4	4	2
Cl	2	4	4	4	3
Ar	2	4	4	4	4

표 2.2 | 보어가 1923년에 두 가지 양자수를 사용하여 작성한 전자배치도(N. Bohr, Linienspektren und Atombau, *Annalen der Physik, 71*, 228-288, 1923, 260).

만은 좀 다르다. 다른 세 양자수의 값과는 무관하게 무조건 +1/2이나 -1/2 중 하나를 취하기 때문이다. 네 번째 양자수가 특히 중요한 것은 이 양자수가 도입됨으로써 왜 전자껍질들이 각각 정해진 개수의 전자만을 품을 수 있는가(핵에서 가까운 껍질부터 시작해서 2, 8, 18, 32개…… 하는 식으로 나아간다) 하는 문제를 설명할 수 있었기 때문이다.

왜 그런지 살펴보자. 첫 번째 양자수 n은 1부터 시작하는 정수값을 취한다. 두 번째 양자수는 l로 표기하며, n 값에 따라서 달라지는 다음 값들을 취한다.

$$l = n-1, \cdots\cdots 0$$

가령 n=3이라면, l은 2, 1, 0 중에서 하나를 취할 수 있다. 세 번째 양자수는 m_l로 표기하며, 두 번째 양자수 값에 따라서 다음 값들을 취한다.

$$m_l = -l, -(l-1), \cdots 0 \cdots (l-1), l$$

가령 l=2라면, m_l이 취할 수 있는 값은 다음과 같다.

-2, -1, 0, +1, +2

마지막으로 네 번째 양자수는 m_s로 표기하며, 앞에서 말했듯이 +1/2 혹은 -1/2 단위의 스핀 각운동량 중 하나를 취한다. 따라서 서로 연관된 네 양자수는 위계 구조를 이루는데, 우리는 이 구조를 이용하여 어느 원자 속 특정 전자의 상태를 규정할 수 있다(표 2.3).

이 체계를 따르면, 가령 세 번째 껍질에 왜 총 열여덟 개의 전자가 들어갈 수 있는지가 명확해진다. 껍질 번호에 해당하는 첫 번째 양자수가 3이라면, $2\times(3)^2$에 따라 세 번째 껍질에는 총 열여덟 개의 전자가 들어갈 것이다. 왜 그런지 살펴보자. 일단 두 번째 양자수 l은 2, 1, 0을 취할 수 있다. l이 이 중 어느 값을 취하느냐에 따라 m_l이 취하는 값의 개수가 결정된다. 마지막으로, 그렇게 결정된 개수에 다시 2를 곱해야 한다. 네 번째 양자수가 1/2 혹은 -1/2 중 하나를 취할 수 있으니까.

그러나 우리가 세 번째 껍질에 전자가 열여덟 개 들어간다는 것을

n	l이 취할 수 있는 값	부껍질 이름	m_l이 취할 수 있는 값	부껍질	각 껍질 속 전자 개수
1	0	1s	0	1	2
2	0	2s	0	1	8
	1	2p	1, 0, −1	3	
3	0	3s	0	1	18
	1	3p	1, 0, −1	3	
	2	3d	2, 1, 0, −1, −2	5	
4	0	4s	0	1	32
	1	4p	1, 0, −1	3	
	2	4d	2, 1, 0, −1, −2	5	
	3	4f	3, 2, 1, 0, −1, −2, −3	7	

표 2.3 | 네 가지 양자수를 조합하여 각 껍질에 들어가는 총 전자 개수를 설명하는 방법.

계산할 수 있다고 해서 주기율표의 일부 주기들이 총 열여덟 개 칸으로 구성된 이유까지 엄밀히 설명해낼 수 있는 것은 아니다. 만일 전자들이 순서를 엄격하게 지켜서 전자껍질을 채운다면야 그것이 엄밀한 설명이 되겠지만, 실제 전자들은 그렇지 않다. 전자껍질은 처음에는 순서대로 차례차례 채워지지만 19번 원소인 칼륨부터는 다르다. 전자들은 맨 먼저 1s 오비탈부터 채운다. 전자 두 개를 담을 수 있는 1s 오비탈이 다 채워지면 역시 전자 두 개를 담을 수 있는 2s로 넘어가고, 그다음은 전자 여섯 개를 담을 수 있는 2p 오비탈로 넘어간다. 이 과정은 18번 원소인 아르곤까지는 예측 가능한 방식으로 죽 진행되어, 아르곤의 전자배치는 다음과 같다.

$$1s^2, 2s^2, 2p^6, 3s^2, 3p^6$$

따라서 우리는 그다음 19번 원소인 칼륨의 전자배치는 다음과 같을 것이라고 예상하게 된다.

$$1s^2, 2s^2, 2p^6, 3s^2, 3p^6, 3d^1$$

마지막 전자가 그다음 부껍질인 3d에 들어간 배치인데, 우리가 이렇게 예상하게 되는 것은 여기까지는 전자가 추가되며 오비탈이 바뀔 때마다 핵으로부터 거리가 더 먼 바로 다음 오비탈을 채운다는 원칙이 지켜졌기 때문이다. 그러나 경험적 증거에 따르면 칼륨의 실제 전자배치는 다음과 같다.

$$1s^2, 2s^2, 2p^6, 3s^2, 3p^6, 4s^1$$

20번 원소인 칼슘도 마찬가지로 새 전자가 4s 오비탈에 들어간다. 그러나 그다음 원소인 21번 스칸듐의 전자배치는 이렇다.

$$1s^2, 2s^2, 2p^6, 3s^2, 3p^6, 3d^1, 4s^2$$

이처럼 전자들이 활용 가능한 오비탈을 앞뒤로 왔다 갔다 하면서 채우는 현상은 이후에도 여러 차례 나타난다. 전자가 채워지는 순서를 표 2.4처럼 표시할 수도 있다.

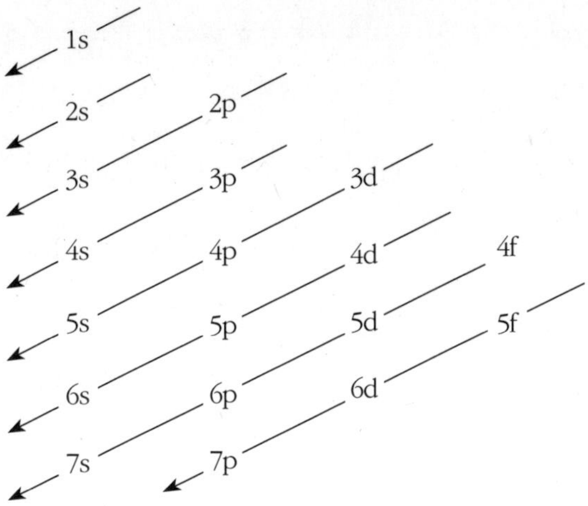

표 2.4 | 대부분의 원자에 대해 총전자배치를 구할 때 따르는 순서. 대각선 화살표를 따라 위에서 아래로 진행한다.

이런 순서로 전자가 채워지다 보니, 주기율표의 각 주기에 포함된 원소의 개수는 2, 8, 8, 18, 18, 32개…… 로 진행된다. 첫 번째 주기를 제외하고는 배가(倍加)하는 패턴, 즉 같은 개수가 두 번씩 반복되는 패턴이다.

우리는 네 가지 양자수를 조합하는 규칙을 근거로 어느 지점에서 껍질이 닫히는지를 엄밀하게 설명할 수 있지만, 어느 지점에서 주기가 닫히는지는 엄밀하게 설명할 수 없다. 그래도 전자가 왜 이 순서대로 채워지는가를 합리화하는 해석이 몇 있기는 한데, 스스로 설명하고자 하는 사실에 도리어 의존하는 면이 있는 해석들이긴 하다. 예를 들어 우리가 원자번호 2, 10, 18, 36, 54…… 자리에서 비활성기체가 등장한다는 사실을 아니까 주기가 어디에서 끝나는지도 알 수 있다는 식이다. 우리는 또 총전자배치를 구하려면 오비탈을 어떤 순서로 채워야 하는가 하는 요령도 알지만, 이 법칙은 기억술에 가까울 뿐 이론으로부터 유도된 것은 아니다.[13] 대부분의 교과서들이 알려주지 않는 결론이지만, 양자물리학은 사실 주기율표를 부분적으로만 설명해준다. 우리가 총전자배치를 예측하는 데 쓰는 마델룽 법칙을 양자역학으로부터 유도해내는 작업에 성공한 사람은 아직 없기 때문이다(독일 물리학자 에르빈 마델룽의 이름을 딴 마델룽 법칙은 'n+*l*' 법칙이라고도 하며, 표 2.4처럼 표현되기 때문에 '대각선 법칙'이라고도 한다. 마델룽 법칙을 포함한 전자배치 원리를 '아우프바우 원리'라고 통칭하기도 한다—옮긴이). 물론 이것은 앞으로도 유도가 불가능하다는 말은 아니며, 전자가 채워지는 순서는 본질상 양자물리학으로 환원되지 않는 현상이라는 말도 아니다. 과학의 여느 분야와 마찬가지로 이 문제에서도 환원 작업은 늘 현재진행형이며 임시적이다.[14]

우리는 지금까지 주기율표가 어떻게 등장했고 물리학이 어떻게 주기율표를 점령했는지 그 배경을 폭넓게 살펴보았다. 이제 이 책의 진짜 주제로 돌아갈 때가 되었다. 주기율표에 처음으로 기록된 원자번호 1에서 92까지의 원소들 중 마지막까지 빈칸으로 남았던 일곱 원소가 어떻게 발견되었는가 하는 이야기이다.

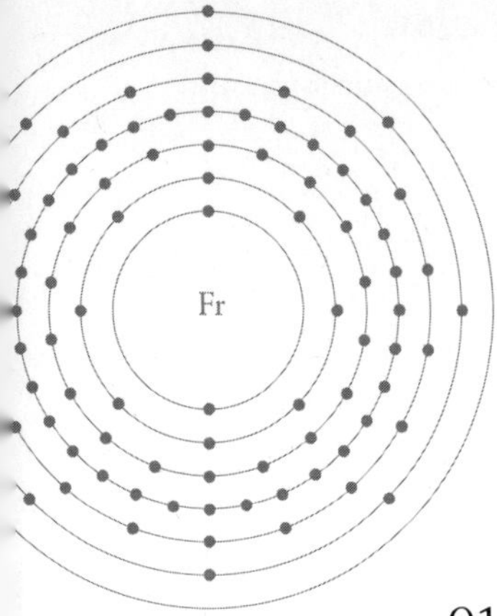

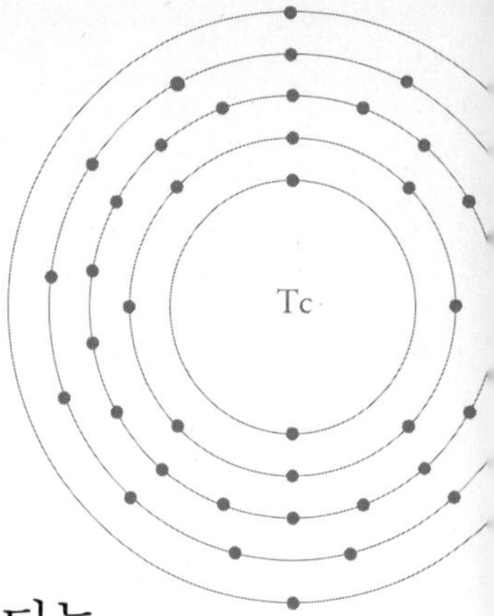

3장

91번 원소—프로트악티늄

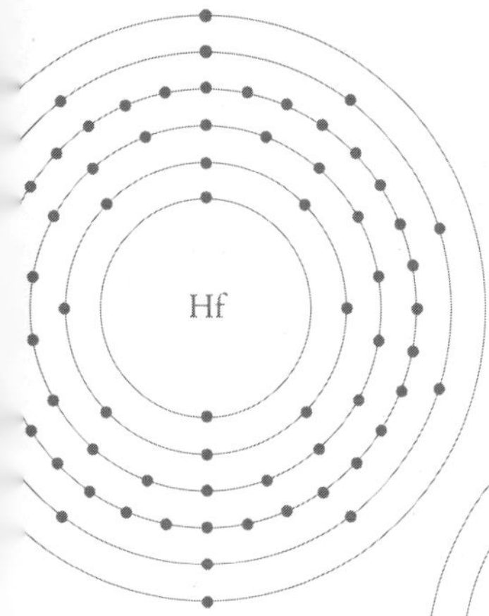

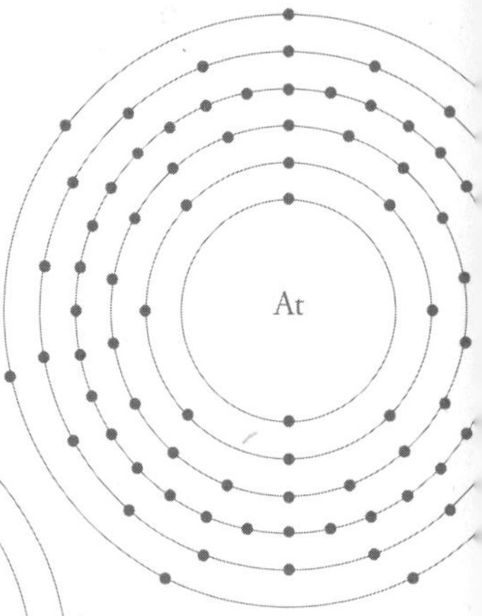

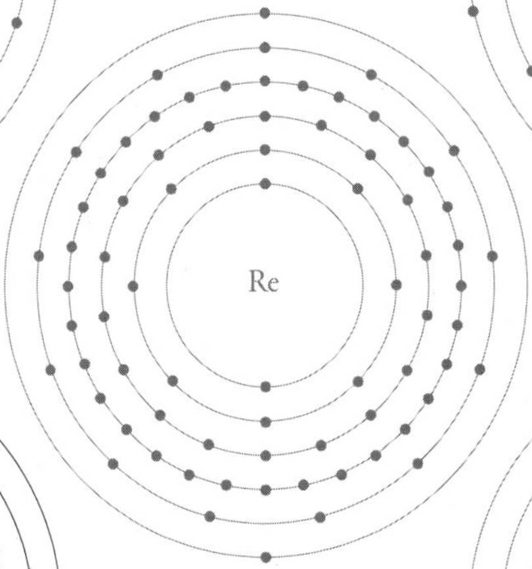

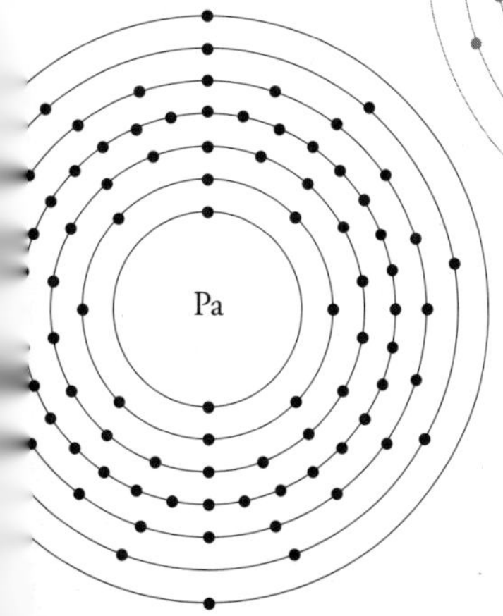

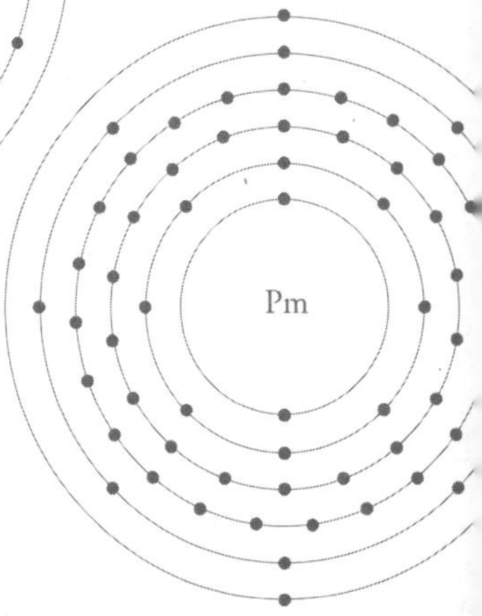

일곱 원소 중 첫 번째인 프로트악티늄(Pa)은 멘델레예프가 초기 논문에서부터 정확하게 예측했던 몇몇 원소 중 하나였다. 유명한 1869년 논문을 말하는 것은 아니다. 거기에서는 멘델레예프가 토륨의 원자량도 우라늄의 원자량도 각각 118과 116이라고 잘못된 값을 적었다. 표 3.2를 보라.

그로부터 불과 2년 뒤인 1871년, 멘델레예프는 두 값을 모두 바로잡았으며 토륨과 우라늄 사이에 미발견 원소가 존재할 것이라는 의견도 밝혔다(표 1.14). 단순히 미발견 원소가 존재하리라고만 주장했던 게 아니다. 그는 다음과 같은 짧은 단락을 덧붙여서 좀 더 구체적인 예측을 감행했다.

우리는 이 계열에서 토륨과 우라늄 사이에 원자량이 약 235인

H																	He
Li	Be											B	C	N	O	F	Ne
Na	Mg											Al	Si	P	S	Cl	Ar
K	Ca	Sc	Ti	V	Cr	Mn	Fe	Co	Ni	Cu	Zn	Ga	Ge	As	Se	Br	Kr
Rb	Sr	Y	Zr	Nb	Mo	Tc	Ru	Rh	Pd	Ag	Cd	In	Sn	Sb	Te	I	Xe
Cs	Ba	Lu	Hf	Ta	W	Re	Os	Ir	Pt	Au	Hg	Tl	Pb	Bi	Po	At	Rn
Fr	Ra	Lr	Rf	Db	Sg	Bh	Hs	Mt	Ds	Rg	Cn		Fl		Lv		

La	Ce	Pr	Nd	Pm	Sm	Eu	Gd	Tb	Dy	Ho	Er	Tm	Yb
Ac	Th	**Pa**	U	Np	Pu	Am	Cm	Bk	Cf	Es	Fm	Md	No

표 3.1 | 원래 빈칸이었으나 후에 프로트악티늄이라고 명명된 원소의 위치를 보여주는 주기율표. 이 표를 비롯하여 4~9장의 첫머리에 등장하는 표들은 이 글을 쓰는 시점에 공식적으로 명명된 모든 원소들을 포함하도록 업데이트했다.

또 다른 원소가 존재하리라고 예측할 수 있다. 이 원소는 틀림없이 그 성질이 비슷할 듯한 네오디뮴이나 탄탈럼처럼 R_2O_5 형태의 최대 산화물을 형성할 것이다. 어쩌면 이런 원소들을 포함한 광물에 이 금속이 형성한 약한 산이 어느 정도 함께 들어 있을지도 모른다.[1]

에카탄탈럼 혹은 프로트악티늄의 원자량은 현재 229.2로 알려져 있다. 이 사례에서 멘델레예프는 운이 좀 나쁜 편이었다. 프로트악티늄이 주기율표를 통틀어 겨우 다섯 쌍 등장하는 '순서 역전 쌍' 중 하나라는 사실을 몰랐기 때문이다. 순서 역전 쌍이란 연속된 두 원소를

			Ti=50	Zr=90	?=180
			V=51	Nb=94	Ta=182
			Cr=52	Mo=96	W=186
			Mn=55	Rh=104.4	Pt=197.4
			Fe=56	Ru=104.4	Ir=198
			Ni=Co=59	Pd=106.6	Os=199
H=1			Cu=63.4	Ag=108	Hg=200
	Be=9.4	Mg=24	Zn=65.2	Cd=112	
	B=11	Al=27.4	?=68	Ur=116	Au=197?
	C=12	Si=28	?=70	Sn=118	
	N=14	P=31	As=75	Sb=122	Bi=210
	O=16	S=32	Se=79.4	Te=128?	
	F=19	Cl=35.5	Br=80	I=127	
Li=7	Na=23	K=39	Rb=85.4	Cs=133	Tl=204
		Ca=40	Sr=87.6	Ba=137	Pb=207
		?=45	Ce=92		
		?Er=56	La=94		
		?Yt=60	Di=95		
		?In=75.6	Th=118?		

표 3.2 | 멘델레예프가 맨 처음 발표했던 1869년 표. 아직 에카탄탈럼을 예측한 흔적은 없고 토륨과 우라늄의 원자량도 바로잡지 않았다(D. I. Mendeleev, Sootnoshenie svoistv s atomnym vesom elementov, *Zhurnal Russkeo Fiziko-Khimicheskoe Obshchestv*, 1, 60-77, 1869, 70).

정확하게 분류하기 위해서는 원자량 오름차순이 아니라 그 반대로 배치해야 하는 상황을 말한다. 1장과 2장에서 말했듯이, 제일 두드러진 사례는 텔루륨과 아이오딘이었다.[2]

과학자들이 이 문제를 명료하게 이해하게 된 것은 1914년 모즐리의 연구가 발표된 뒤였다. 모즐리가 보여주었듯이, 원소들을 보다 정확하게 정렬하는 기준은 원자량이 아니라 원자번호였다. 화학적 성질에 따른 배치에 들어맞게끔 텔루륨을 아이오딘보다 앞에 두는 게 타당한 것은 텔루륨의 원자번호가 더 작기 때문이다.

프로트악티늄으로 돌아가자. 멘델레예프의 간단한 예측들은 대체로 맞아떨어진 것 같다. 가장 안정된 산화물이자 최대 산화물 상태로 Pa_2O_5를 형성한다는 점에서 이 원소는 실제로 탄탈럼과 유사하다. 그러나 프로트악티늄은 +4 산화 상태를 취한다는 점에서 양옆에 놓인 토륨, 우라늄과도 대단히 비슷한데, 이것은 멘델레예프가 예측하지 못했던 측면이다.[3] 마지막으로 역시 멘델레예프가 정확하게 예측했듯이, 프로트악티늄은 실제로 우라늄과 함께 등장한다. 좀 더 구체적으로 말하자면 역청에서 나온다. 역청은 1917년 리제 마이트너가 프로트악티늄을 분리하는 데 성공했을 때 사용한 원료이기도 하다.

크룩스

멘델레예프가 에카탄탈럼이라고 불렀던 원소의 흔적을 처음 발견한 사람은 윌리엄 크룩스였으나, 그는 분리까지 해내지는 못했다. 크룩스는 런던을 주무대로 활약한 유명 화학자이자 발명가였으며 학술지 편집자이기도 했다.[4] 1899~1900년 《런던 왕립 협회보》에 실은 논문에서 크룩스는 다양한 우라늄 광석들로 수행한 실험을 꼼꼼하게 서술했다. 그런데 크룩스의 논문을 살펴보기에 앞서서 우선 20세기로 들어설 무렵 방사능 연구의 상황이 어땠는지부터 살펴보는 것이 좋겠다. 초기 방사능 연구는 대부분 프랑스에서 우라늄을 대상으로 이뤄졌다. 우라늄은 제법 일찍부터 알려져 있던 원소였다.

1789년 우라늄을 처음 보고한 사람은 베를린의 마르틴 클라프로트였다. 클라프로트는 역청이라는 광석을 조사하던 중 우라늄을 발견했고, 그로부터 8년 전에 허셸이 발견한 행성인 천왕성의 이름을 따서 우라늄이라는 이름을 붙인 것도 클라프로트였다.[5] 그러나 클라프로트는 자신이 실제로 분리한 물질이 우라늄 원소가 아니라 산화물인 UO_2라는 사실을 몰랐다. 순수한 우라늄을 추출하는 작업은 그로부터 50여 년이 더 지난 1841년에 와서야 프랑스의 외젠 펠리고가 해냈다. 그렇지만 우라늄에 방사능이라는 놀라운 성질이 존재한다는 사실을 역시 프랑스 과학자들이 발견하기까지는 클라프로트가 UO_2를 발견한 때로부터 100년 넘게 지나야 했다.

잠시 살펴보는 프랑스 연구자들

뢴트겐이 엑스선 사진을 보냈던 과학자 중에는 앙리 푸앵카레가 있었다. 푸앵카레는 1896년 1월 20일 사진 한 장을 파리 과학 협회로 가지고 가서 동료들에게 보여주었다. 그때 구경꾼 중 한 명이었던 자연사박물관 교수 앙리 베크렐은 엑스선과 인광 사이에 모종의 관련이 있을지도 모른다는 푸앵카레의 발언에 주목했고, 자기 실험실로 돌아와서 엑스선과 인광이 연관되어 있다는 가설을 확인할 실험을 설계했다. 인광체가 엑스선을 내는지 알아보기 위해서 그는 몇 년 전에 마련해두었던 수화 우라늄염을 대상으로 골랐다. 2월 20일, 베크렐은 두껍고 까만 종이 두 장으로 감싼 사진판에 투명한 염 결정을 얹은 뒤 몇 시간 햇빛을 쪼였다. 나중에 사진판을 현상했더니 결정의 실루엣이 찍혀 있었다. 베크렐은 인광 물질이 까만 종이를 통과하여 침투성 복사선을 내는 것이라고 결론 내렸다.

이후 며칠은 해가 나지 않아서 실험을 반복할 수 없었던지라 베크렐은 염을 서랍에 넣어두었는데, 이때 공교롭게도 그 자리가 현상하지 않은 사진판 위였다. 나중에 그가 인광성이 얼마나 감소했는지 알아보려고 건판을 현상해보니 너무나 놀랍게도 인광성은 감소하기는커녕 첫날보다 더 강해져 있었다. 염과 건판 사이에 끼워두었던 금속 조각의 그림자가 건판에 찍힌 것을 보고서 그는 염이 그동안 어둠 속에서도 계속 활동했다는 것을 깨달았다. 침투성 복사선을 방출하는 데 햇빛은 필요하지 않았던 것이다. 혹시 엑스선이 발견된 지 1년 만에 또 다른 형태의 복사선이 정체를 드러낸 것일까?

베크렐은 우라늄염의 활동성이 시간이 흘러도 줄지 않는다는 사실도 발견했다. 몇 달이 지나도 그대로였다. 비인광 우라늄염도 써보았는데, 그래도 여전히 새로운 현상이 나타났다. 그는 곧 이 복사선이 우라늄 원소 자체에서 비롯한다는 결론을 내렸다. 첫 실험을 실시한 때로부터 1년 가까이 지난 뒤에도 새로운 복사선의 강도는 줄어들 기미를 보이지 않았다. 하지만 베크렐의 관심은 곧 다른 것으로 옮겨갔고, 이 복사선을 더 자세히 조사하는 일은 다른 사람들의 몫으로 남았다.[6]

퀴리 부부와 드비에른

방사능 연구를 주도하는 프랑스의 전통은 마리 퀴리와 피에르 퀴리 부부가 이어받았다. 두 사람은 함께 새로운 두 원소를 분리했는데, 알고보니 둘 다 우라늄보다 훨씬 더 강력한 방사성물질이었다. 바로 폴로늄, 그리고 뒤이어 발견된 라듐이었다. 그 후 다시 얼마 지나지 않아 또 다른 방사성원소인 악티늄을 역시 프랑스에서 앙드레 드비에른이 발견했다(표 3.3).

88	89	90	91	92
라듐 Ra 1898년	악티늄 Ac 1899년	토륨 Th 1815년	에카탄탈럼 Eka-Ta 1917년	우라늄 U 1789년
퀴리 부부	드비에른	베르셀리우스	마이트너	클라프로트

표 3.3 | 해당 원소들만을 나열한 주기율표의 일부(원자번호, 원소명, 원소기호, 발견 연도, 발견자).

크룩스로 돌아가서

1900년 논문에서 크룩스는 다양한 우라늄 화합물을 썼던 수많은 실험을 소개한 뒤, 다음과 같은 말로 마무리했다.

> 따라서 실험에 사용된 우라늄염이 애당초 방사능을 지니고 있을 경우에는 물리적, 화학적 조건을 어떻게 바꾸더라도 해당 화합

> 물의 방사능에 실질적인 영향이 없는 듯하다. 거꾸로 비활성 우라늄염으로 비슷한 실험을 시작했다면 어떤 조치를 가하더라도 염이 방사능을 획득하도록 만들 수 없었다. 따라서 나는 우라늄과 그 화합물에 귀속된 방사능이란 분명 원소에 내재된 성질이 아니라 원소로부터 분리할 수 있는 어떤 외부 물체에 존재하는 성질이라고 생각한다.[7]

크룩스가 우라늄 X라고 불렀던 물질의 정체를 밝히려 애썼던 것은 바로 그 '외부 물체'를 찾기 위해서였는데, 그러다가 결국 그는 주기율표에서 우라늄 바로 밑에 있는 원소, 즉 나중에 프로트악티늄이라고 불릴 원소를 발견하게 될 것이었다. 이 원소에 프로트악티늄이라는 이름이 붙은 것은 알파붕괴를 통해 원자번호 91에서 89로, 즉 프로트악티늄에서 악티늄으로 바뀌기 때문이다. 그래서 '악티늄의 선조'라는 의미로 프로토-악티늄이라고 불리다가 곧 그보다 발음하기가 수월한 프로트악티늄으로 압축되었다.

같은 논문에서 크룩스는 그런 외부 물체를 우라늄으로부터 떼어낼 수 있는지 살펴본 결과를 소개했다. 그는 일련의 후속 실험에 대한 결론을 이렇게 내렸다.

> 우라늄과 그 염의 방사능이 원소에 내재한 성질이 아니라 모종의 외부 물체에서 비롯한 성질이라는 사실을 확실히 증명했으니,* 이제 그 외부 물체의 속성을 끈질기게 밝혀낼 차례다. 역청으로부

터 이미 새로운 원소로 짐작되는 방사성물질이 여러 종 추출되어 있으며, 그중 UrX가 이미 알려진 방사성물질들과 화학적 성질이 비슷한지 아닌지 살펴보는 실험도 실시되었다.

크룩스는 별표로 삽입한 각주에서 다음과 같이 언급함으로써 새 물질에 임시명을 부여했다.

> 논의를 명료하게 하기 위하여 새 물질에는 이름이 있어야 한다. 그 실체를 좀 더 파악할 때까지, 나는 그것이 우라늄에 든 미지의 물질이라는 뜻에서 임시로 UrX라고 부르겠다.

훗날 프로트악티늄으로 명명될 원소에 무엇이 되었든 이름이나 기호가 붙은 것은 이것이 처음이었다.

크룩스는 이어 퀴리의 원소인 폴로늄을 조사하여 그것이 UrX와 같은 물질인지 살펴보았다. 그러나 곧 그렇지 않다고 결론 내렸다. 다음으로는 퀴리의 또 다른 원소인 라듐과 같은 물질일 가능성을 점검했다. 이 비교 작업은 한층 까다로웠는데, 아무튼 이번에도 결론은 같지 않다는 것이었다. 크룩스는 UrX의 분광 스펙트럼과 사전에 확보해둔 폴로늄 및 라듐의 스펙트럼 데이터를 면밀하게 검토했지만 확실한 결론은 내리기 어려웠다. 그는 다소 시적이게도 이런 실험이 얼마나 어려운지 강조하는 말로 논문을 맺는다. 결국 그의 결론은 새롭고 중요한 물질이 존재한다는 사실은 깨달았으되 그것을 추출할 방법을 모른다는 것, 나아가 그것이 이미 알려진 다른 원소가 아니라 새로운 원소라고 단정적으로 선언할 방법을 모른다는 것이었던 모양이다.

천문학자가 망원경으로 관찰하기에는 너무 희미한 별을 사진으로 찍으려면 건판을 충분히 오래 노출시키기만 하면 된다. 그랬다가 나중에 현상하면 별이 모습을 드러낼 것이다. 방사성 광물이나 침전물도 마찬가지다. 한 시간을 기다려도 활동이 뚜렷하지 않으면 스물네 시간 뒤에는 드러날지 모른다. 하루를 노출시켰는데도 아무것도 안 보인다면 일주일을 노출시키라. 내가 가진 UrX 중 활성이 제일 강한 샘플이 분광기에서는 쉽게 모습을 드러내지 않더라도 사진판에서는 5분 만에 훌륭한 영상을 남길 만큼 강력하다는 점을 고려하면, 활성을 드러내기 위해 한 시간, 하루, 일주일을 기다려야 하는 화합물에는 유효 성분이 얼마나 적게 포함되어 있단 말인가?

악티늄의 모체를 찾기 위한 탐색과 브레븀의 발견

1913년이 되자 많은 연구자들이 UrX와 그 변종들에 관한 연구를 제법 열렬히 재개했다. 그런데 이 방사능 연구자들이 의도적으로 새 원소를 발견하려고 나선 것은 아니었다는 점을 지적해두어야겠다. 그들의 목표는 좀 더 광범위했다. 새로 발견된 많은 방사성원소들을 둘러싼 혼란을 정리하는 것, 즉 그것들이 진짜 원소인지 아닌지 확인하는 것이 그들의 목표였다. 동위원소 개념은 특히 소디의 노력에 힘입어 이제 겨우 명확해지기 시작한 참이었다. 원소 정렬 기준으로 원자량보다 원자번호가 더 정확하다는 사실이 아직 인식되기 전이었으니, 납과 우라늄 사이에 얼마나 많은 원소가 존재하는지도 알려져 있지 않았다. 원자량이 그렇게 큰 영역에서도 주기율이 여전히 유효한가 아닌가조차 확실하지 않았다. 희토류원소들을 주기율표 본체에 끼워 넣기 어려워서 별도로 나열해야 한다는 사실은 그런 고민을 더 더욱 깊게 만들었다.[8]

이런 불확실성의 한가운데서, 악티늄은 유달리 신비로운 존재로 남아 있었다. 특히 악티늄이 어떤 방사성 붕괴 계열에 속하느냐 하는 점이 그랬다. 악티늄은 그즈음 발견된 방사성원소들 중에서도 가장 정체 모를 물질이라 여태 원자량도 알 수 없었다. 화학적 성질은 불확실했고, 반감기는 논쟁의 대상이었다. 악티늄은 세 가지 주요한 방사성 붕괴 계열 중 하나의 시작점으로 여겨지기도 했지만, 어떤 경로인지는 몰라도 우라늄에서 유래한다고도 알려져 있었다. 게다가 악티늄은 늘 우라늄을 함유한 광물에서 함께 발견될 뿐 다른 곳에서는 아예 발견된 적이 없었다. 그런데도 두 원소의 연관성은 수수께끼였다.

이렇다보니 악티늄의 기원을 찾기 위한 수색이 시작되었다. 독일계 국가들에서 썼던 용어를 빌리자면 '악티늄의 모체'를 찾는 수색이었다. 베를린의 신설 카이저 빌헬름 연구소에서 일하던 리제 마이트너와 오토 한에 따르면 문제는 이것이었다.

> 악티늄 계열의 시작점에 해당하는(……) 물질을 찾는 것, 그리고 악티늄이 어떤 중간생성물을 거쳐서 어떻게 생성되는지 알아내는 것이다.[9]

다행히 방사능 분야에서 몇몇 중요한 발견이 이뤄짐으로써 상황이 조금은 명료해졌다. 제일 중요한 발견은 알파붕괴와 베타붕괴의 패턴이 일부 밝혀진 것이었다. 거의 같은 시기에 독일 카를스루에에서 일하던 폴란드 출신 방사화학자 카지미에시 파얀스와 스코틀랜드 글래스고의 방사화학자 프레더릭 소디가 변위 법칙을 발표했다. 이 법칙은 범람하는 새로운 원소들과 붕괴 생성물들을 정리하는 데 긴요한 통찰을 제공하면서도 대단히 간결했다.

변위 법칙에 따르면, 어떤 원소가 알파붕괴를 겪으면 전하가 그보다 두 단위 작은 다른 원소로 바뀐다. 반면에 베타붕괴를 겪으면 약간 놀랍게도 전하가 그보다 한 단위 큰 다른 원소로 바뀐다. 이 새로운 법칙에 비춰볼 때 주기율표에서 원소의 위치는 원자량이 아니라 핵전하와 관계되는 것 같았지만, 아직 이 점은 불확실했다.[10]

방사성 변위 법칙의 도움을 얻어 연구자들은 여러 방사성원소들을 주기율표에 성공적으로 배치할 수 있었다. 퀴리의 라듐은 바륨과 마찬가지로 원자가가 2가였으므로 2족으로 알맞게 묶였다. 토륨의 화학적 성질은 그 원소가 4가임을 암시했으므로 토륨은 4족으로 배치되었고, 우라늄은 6가였으므로 6족이라는 뜻이었다.[11]

한편 악티늄은 다른 많은 성질들과 마찬가지로 그 위치 또한 여전히 모호했다. 그러나 소디, 마이트너, 한, 파얀스가 각자 독자적으로 결론 내린 한 가지 사실은 악티늄이 3족에 속한다는 점이었다. 따라서 전이금속의 세 번째 줄에 해당하는 듯한 아래 원소들의 배열에서 5가의 원자가를 띠는 원소의 자리에는 확연한 간격이 존재했다. 연구자들은 그 원소의 성질이 역시 5족에 속하는 탄탈럼과 비슷할 것으로 예상했다(표 3.4).

2족	3족	4족	5족	6족
라듐 Ra	악티늄 Ac	토륨 Th	?	우라늄 U

표 3.4 | 라듐에서 우라늄까지 원소들의 배열.

악티늄의 모체를 찾는 수색이 본격적으로 시작되었을 때 배경 상황은 대체로 이 정도였다. 파얀스와 소디의 변위 법칙에 의지하여 따져보면 악티늄이 형성되는 경로는 이론적으로 두 가지가 있는 것이 분명했다. 악티늄은 라듐이 베타붕괴를 겪음으로써 만들어진 딸 원소이거나 그게 아니면 5족에 해당하는 모종의 새로운 원소, 즉 소디가 에카탄탈럼이라고 임시로 명명했던 원소가 알파붕괴를 겪음으로써 만들어진 원소일 것이었다. 소디는 1913년《네이처》에 실은 논문에서 악티늄은 아마 라듐이 아니라 아직 미발견 상태인 그 새로운 원소로부터 생성될 것이라고 주장했는데, 왜냐하면 라듐과 악티늄이 함께 발견된 사례는 한 번도 없었기 때문이다(표 3.5).

그로부터 몇 달 전, 독일 카를스루에의 파얀스와 오스발트 괴링은

라듐 Ra	악티늄 Ac	토륨 Th	?	우라늄 U
88	89	90	91	92

├── 베타붕괴 ──▸ ◂──── 알파붕괴 ────┤

표 3.5 | 악티늄이 형성되는 두 경로. 라듐이 베타붕괴를 겪어서 형성되거나, 아니면 미발견 상태였던 모종의 새로운 원소가 알파붕괴를 겪어서 형성된다. 1913년에는 아직 원자번호 개념이 확고하게 자리 잡지 않은 상태였지만 여기에서는 원소들을 확실히 표시하기 위해서 사용했다.

토륨의 동위원소로 확인된 UX_1이 베타붕괴를 겪으며 생성하는 딸 원소 UX_2를 발견했다. 표 3.1을 흘긋 참고하고 변위법칙을 적용하면, 우리는 UX_2야말로 앞에서 말했던 모종의 새로운 원소임을, 최소한 그 동위원소라는 것을 알 수 있다. 그러니 만일 좁은 의미에서 91번 원소의 발견을 규정한다면 파얀스와 괴링의 이 발표가 첫 발견에 해당한다고 봐야 할 것이다.

크룩스도 어쩌면 UrX를 다뤘을지 모르지만, 어쨌든 그가 새로운 원소를 확인하지 못한 것은 분명했다. 반면에 파얀스와 괴링은 변위법칙에 의지함으로써 자신들이 그 원소를 얻어냈다고 상당히 자신있게 주장할 수 있었다. 게다가 화학적 실험도 몇 가지 수행함으로써 의문을 확인한 터였다. 새로운 원소로 추정되는 물질에 탄탈럼산을 가하면 모체인 토륨 광물로부터 분리할 수 있다는 사실을 발견했던 것이다.

파얀스와 괴링은 새 원소의 반감기가 1.17분으로 극히 짧다는 점에 착안하여 브레븀이라고 명명했다. 하지만 반감기가 이토록 짧다는 점은 결국 이 원소명이 살아남지 못하는 요인으로 작용했다. 방사화학자들 사이에는 불안정한 동위원소보다 안정된 동위원소를 발견한 사람에게 명명권을 주어야 한다는 관례가 있었다. 그런데 파얀스와 괴링이 발견한 것보다 훨씬, 훨씬 더 안정된 동위원소가 몇 년 뒤에 발견된 것이다.

하지만 일단 지금은 악티늄의 모체를 찾는 수색으로 돌아가자. 파얀스와 괴링은 그들의 브레븀이 베타입자를 방출한 뒤 우라늄 동위원소(^{234}U)로 바뀐다고 주장했다. 그것은 곧 이 원소가 악티늄의 모체일 리 없다는 뜻이었다. 그러니 수명이 아주 짧은 형태로나마 91번 원소가 발견되기는 했을지언정 악티늄의 기원이라는 그보다 더 시급한 문제는 아직 풀리지 않았다. 그래도 후보의 범위는 제법 좁혀졌다.

이 시점에서, 베를린의 마이트너와 한은 예의 미발견 원소로부터 악티늄이 형성될 수 있는 또 다른 경로를 제안했다. 소디는 1913년 《네이처》 논문의 말미에서 마이트너와 한의 견해를 이렇게 설명했다.

> 지금까지의 실험 결과는 악티늄이 라듐으로부터 형성된다는 가능성을 부정하는 듯하다. 위에서 말했던 것과 비슷한 논증을 적용하자면 악티늄은 1차 방사성원소일 리 없으므로, 그 기원은 아직 수수께끼로 남아 있다.

그러나 소디는 마지막으로 이렇게 덧붙였다.

> 《물리학 잡지》 이번 호에서(752쪽), 한과 마이트너는 원래 내가 제시했던 의견을 수정하여 다음과 같이 제안했다. 우라늄 붕괴 계열의 한 분기는 우라늄 X에서 시작된다. 그 물질이 동시에 두 베타 붕괴를 겪어서 두 에카탄탈럼을 생성한다. 그중 하나는 이미 알려진 물질로서 수명이 짧고 베타선을 방출하는 생성물(브레븀)이고, 다른 하나는 아직 알려지지 않은 물질로서 수명이 길고 알파선을 방출하는 생성물, 즉 악티늄의 모체다. 이 가설은 아직까지 확인되지 않은 거의 유일한 대안이며, 실험으로 확인하기가 그다지 어렵지 않을 것이다.

한과 마이트너가, 더 정확하게 말하자면 거의 혼자 일했던 마이트너가 5족에 속하는 새로운 원소의 안정된 동위원소를 발견한 것은 정확히 저 과정을 거쳐서였다.

마이트너와 한의 프로트악티늄 발견 과정

5족에 속하는 새 원소, 즉 에카탄탈럼의 안정된 동위원소를 발견한 공로는 보통 리제 마이트너와 오토 한에게 공동으로 돌아간다. 그러나 두 동업자가 주고받은 기나긴 편지들을 보자면 거의 대부분의 작업을 마이트너가 혼자 수행한 것이 분명하다. 이 사례가 특히 흥미로운 것은 마이트너가 제1차 세계대전 중 연구를 수행하면서 참으로 어려운 악조건을 견뎌야 했기 때문이다. 우리는 과학적 발견을 대개 학술지에 발표된 논문과 연관 지어 생각하지만, 두 사람의 편지에는 오히려 그런 논문에서는 볼 수 없는 연구의 구체적인 세부가 묘사되어 있다.

리제 마이트너를 기념하는 오스트리아 우표. 미국 노스캐롤라이나 주 샬럿에 위치한 노스캐롤라이나 대학의 화학과 교수 대니얼 라비노비치 제공.

마이트너와 한은 베를린 카이저 빌헬름 연구소의 화학부로 옮겼으나, 얼마 지나지 않아 한이 전쟁터로 싸우러 갔기에 마이트너 혼자 남아 실험해야 했다. 그녀는 오랜 친구이자 동업자를 잃었을 뿐 아니라 편지에서 자주 언급했듯이 다른 학생들과 조수들까지 모두 잃었다.

악티늄 모체가 방사능이 약하다는 점을 감안할 때, 마이트너와 한이 얼마 전에 새 실험실로 이사한 것은 행운이었다. 이전 실험실은 5년 남짓 수행한 동위원소 연구로 잔뜩 오염되어 있었기 때문이다. 그들은 이 문제를 똑똑히 인식하고 있었다. 특히 마이트너는 새 실험실의 학생들과 조수들에게 오염을 방지하기 위한 엄격한 절차를 따를 것을 철저히 가르쳤다.

마이트너와 한은 과제에 두 가지 방법으로 접근했다. 첫 번째 방법은 약 25년 전에 추출된 우라늄염으로 작업하는 것이었고, 두 번째 전략은 우라늄을 비롯해 각종 방사성원소를 포함하되 가공되지 않은 역청 광물을 활용하는 것이었다. 그러나 어느 경우든 그들이 확인하고 싶었던 느린 알파붕괴는 토륨과 폴로늄의 빠른 붕괴가 방출하는 생성물에 가려서 잘 드러나지 않았다. 마이트너와 한은 자신들의 목표와는 무관한 빠른 붕괴가 어느 정도 누그러져서 훨씬 더 느린 악티늄 모체의 붕괴가 잘 드러나도록 하기 위해서는 샘플들을 몇 년 동안 관찰해야 한다는 것을 깨달았다. 그들은 여러 샘플들을 각각 검전기 아래 놓은 뒤 이후 몇 년 동안 그냥 내버려두었다.

1914년에 마이트너와 한은 행운의 돌파구를 열었다. 질산을 역청의 용매로 쓰면 이산화규소 잔류물이 형성되는데 그 속에는 평소에 잔뜩 등장하는 오염 물질인 폴로늄, 토륨, 비스무트가 적게 들었다는 사실을 발견한 것이다. 게다가 그 잔류물에는 5족 원소가 포함되어 있었다. 아마도 미지의 새로운 원소, 즉 악티늄 모체일 터였다. 마이트너와 한은 이 사실을 경쟁자들에게 알리지 않았다. 이 기법을 아는 것이 유리한 고지를 점하는 셈이라는 사실을 깨달았기 때문이다.

바로 이 시점에 전쟁이 터졌다. 한은 즉시 징집되어 프리츠 하버가 이끈 악명 높은 독가스 부대에서 복무하게 되었다. 마이트너는 엑스선 간호사로 자원했지만, 짧게 복무한 뒤 질려버려서 과학 연구를 계속하고자 베를린의 연구소로 돌아왔다. 돌아와보니 하버의 부하들이 여러 실험실에서 많은 장비를 마음대로 가져간 뒤였다. 그러나 다행히도 그녀의 에카탄탈럼 수색에 쓰이는 검전기들은 하나도 사라지지 않았다. 마이트너는 한에게 보낸 편지에서 이렇게 말했다.

> 하버의 부하들은 우리를 함락한 영토처럼 취급합니다. 필요한

걸 가져가는 게 아니라 좋아하는 걸 마구 가져가죠. 그들이 여기까지 오지 않으리라고 누가 보장하겠습니까. 그러면 모든 걸 빼앗길 텐데……. 그렇게 되지 않도록 뭐든 할 겁니다. 우리가 지금까지 얼마나 오래 측정해왔는데 말이죠.[12]

1917년 1월 한이 잠시 베를린으로 돌아왔을 때, 그들은 악티늄 모체가 확실히 존재함을 암시하는 듯한 방사선을 측정하는 데 성공했다. 마이트너는 한이 군대로 돌아간 뒤 다시 혼자 실험해야 했다. 더구나 측정을 계속하기 위해서는 역청이 더 필요한 형편이었다. 1917년 2월에 한에게 보낸 편지에서 마이트너는 자신이 겪는 어려움을 하소연했다.

악티늄 실험에 쓸 백금 용기들을 주문했으니 며칠 안에는 받을 테고, 받자마자 시작할 겁니다. (……) 역청 실험이 지연된다는 데 화내지 마세요. 정말로 의지가 부족해서 그런 게 아니라 시간이 부족해서 그런 거니까요. 나 혼자서는 우리 셋이 함께 실험하던 때만큼 많은 일을 해낼 수 없습니다. 어제는 고무관 3미터를 무려 22마르크나 주고 샀지 뭡니까! 청구서를 보고 꽤나 충격을 받았죠.[13]

얼마 뒤 그녀는 한에게 역청의 규소 잔류물에 확실히 새로운 물질이 포함되어 있으며 역청이 정말로 그 원소를 추출하기에 알맞은 원료임을 시사하는 증거를 알렸다. 하지만 역청이 더 필요했다. 그녀는 오스트리아 빈으로 가서 그곳 라듐 연구소 소장이자 오랜 동료인 슈테판 마이어에게 재료를 부탁했다. 마이어는 우라늄을 추출하고 남은 역청 1킬로그램을 주었다. 그러나 당시 오스트리아에서 독일로 어떤 물건도 반출할 수 없다는 금지령이 내려져 있었던 터라 관료들과 문제가 생겼다. 마이트너는 이번에도 마이어에게 부탁했고, 결국 마이어가 개입하여 허가를 받아주었다. 그동안 마이트너는 독일의 라듐 생산자인 프리드리히 기젤에게 연락했고, 기젤도 기꺼이 역청을 제공해주었다.

한에게 보낸 또 다른 편지에서, 마이트너는 파얀스가 막 논문을 발표하여 스스로 발견한 브레븀을 옹호했으며 소디의 에카탄탈럼 발견 선언은 틀렸다고 반박했음을 알렸다. 마이트너 자신의 실험은 예정대로 진행되고 있었다. 그녀는 이렇게 썼다.

> 기젤한테 받은 역청 중에서 덩치가 큰 샘플들도 알파입자 활동이 증가하는 현상을 보였습니다. 악티늄 에마네이션이 축적되고 있다는 뜻이죠.[14]

실험을 진행할수록 마이트너는 자신이 악티늄 모체를 발견하는 데 성공했다는 확신이 커졌다. 그녀는 기젤에게 원료를 좀 더 달라고 부탁했다. 알파입자의 활성 범위를 측정하고 활성이 있는 침전물이 생성되는 속도를 측정하기 위해서는 역청이 더 필요했다. 이번에는 그녀가 브라운슈바이크까지 직접 찾아가서 기젤과 이야기를 나누었고,

후속 작업에 쓸 역청 잔류물 45킬로그램을 더 받아 왔다.

마이트너는 한이 간간이 베를린으로 돌아올 때면 그로부터 도움을 받기도 하면서 최종 단계까지 문제없이 마무리했다. 1918년 3월 마이트너와 한은 '악티늄 모체, 긴 반감기를 지닌 새로운 방사성원소'라는 제목으로 논문을 제출했다. 그들은 다음과 같이 간결하게 주장했다.

> 우리는 새로운 방사성원소를 발견하는 데 성공했고, 그것이 악티늄의 모체임을 증명하는 데도 성공했다. 따라서 우리는 프로토악티늄이라는 이름을 제안한다.[15]

이에 관련해서 재미난 여담이 하나 있다. 마이트너는 논문을 출간한 뒤 마이어에게 성공을 알리는 편지를 보냈다가 다음과 같은 다정한 답장을 받았다.

> 내게 프로토악티늄에 관해서 끔찍하게 까다로운 질문을 하나 던졌지요. 나라면 리조늄, 리조토늄 같은 이름이 좋을 것 같습니다. 따라서 원소기호도 Lo라고 제안할 겁니다. 안타깝게도 널리 받아들여지기에는 적합하지 않은 이름들이지만요……. 나는 여전히 리조토가 좋습니다만, 가장 아름다운 원소명을 생각해낸 것보다는 Pa나 Pn을 발견했다고 하는 편이 훨씬 더 중요해 보이겠지요.[16]

마이트너와 한은 민감한 상황으로 불거질지 모르는 문제와도 직면해야 했다. 마이트너가 잘 알듯이 파얀스가 약 5년 전에 같은 원소의 다른 동위원소를 발견한 점을 들어 우선권을 주장하고 있었기 때문이다. 그러나 모든 관계자들에게 꽤나 놀랍게도, 마이트너와 한의 1918년 논문을 접한 파얀스는 자신의 우선권을 흔쾌히 포기했다. 이것은 앞서 말했듯이 수명이 가장 길고 안정적인 동위원소를 기준으로 원소를 표시하는 관행이 있었기 때문이다. 파얀스의 브레븀은 반감기가 겨우 1.17분이었지만 마이트너와 한의 동위원소는 그에 비하면 영원에 가까운 3만 2,500년이었다! 누가 봐도 대결이 되지 않았기에 파얀스는 자신이 양보하지 않을 수 없다고 느꼈다.

경쟁자는 또 있었다. 스코틀랜드의 소디와 당시 대학을 갓 졸업한 젊은 동료 존 크랜스턴 팀이었다. 발표 시점으로 따지자면 소디와 크랜스턴이 독일 팀을 이겼다. 소디와 크랜스턴의 논문은 1917년 12월에 제출되었지만 독일 팀의 논문이 《물리학 잡지》에 제출된 것은 1918년 3월이었다. 그리고 파얀스가 목격한 것은 브레븀, 즉 수명이 극히 짧은 ^{234}Pa이었지만 소디와 크랜스턴이 목격한 것은 마이트너와 한이 목격한 것과 같은 동위원소, 즉 수명이 아주 긴 ^{238}Pa였다. 그러나 스코틀랜드 팀은 그 동위원소를 극미량만 분리했을 뿐이었고, 더욱 결정적인 점으로 원소의 성질을 규명하는 데 있어서는 마이트너의 발치에도 미치지 못했다. 기특하게도 소디와 크랜스턴 역시 마이트너와 한에게 기꺼이 우선권을 양보했다.[17]

리제 마이트너와 오토 한의 업적 가운데 제일 유명한 두 가지는 이 프로트악티늄의 발견, 그리고 그보다 나중에 이뤄진 핵분열의 발견이다. 핵분열은 결국 세계를 바꿔놓고 특히 군사력의 균형을 바꿔놓을 발견이었다. 얄궂게도 두 발견은 모두 양차 세계대전 시기 둘 중 한 명이 실험실을 떠나 있을 때 이뤄졌다.

제1차 세계대전 중 발견된 프로트악티늄의 경우에는 한이 독가스 연구에 차출되어 베를린을 떠나 있는 동안 마이트너가 혼자 대부분의 실험을 수행했던 데 비해, 핵분열의 경우에는 유대인이었던 마이트너가 베를린을 탈출하여 스웨덴에 머물면서 한과 꾸준히 서신을 교환하던 중에 발견되었다. 발견의 계기는 우라늄 실험에서 우라늄과는 전혀 무관한 바륨이 생성된 것을 확인한 사건이었다.

처음에 마이트너는 뭔가 잘못된 게 분명하다면서 한에게 주기율표를 보라고 지적했다. 우라늄은 원자번호가 92이지만 바륨은 그보다 훨씬 작은 56이다. 그런데도 이 결과는 계속 관찰되었고, 결국 마이트너와 조카 오토 프리슈는 무슨 일이 벌어진 것인지 알아차렸다. 이제껏 관찰된 방사성 붕괴 과정들은 모두 원자번호가 하나 혹은 두 단위로 바뀌는 과정이었던 데 비해, 이 새로운 과정은 큰 핵이 쪼개지면서 바륨이나 크립톤처럼 그보다 훨씬 작은 핵들이 생성되는 과정이었던 것이다.

핵분열은 사실상 독일에서 이뤄진 발견이었다. 그러나 그 현상을 활용하여 핵무기를 만들 수 있을지도 모른다는 가능성을 보어가, 나중에는 아인슈타인이 미국 정부에 알렸고, 그리하여 미국은 맨해튼 프로젝트를 추진했으며 결국 원자폭탄 두 개가 일본에 떨어져 제2차 세계대전은 신속히 막을 내렸다.

한 가지 신기한 사실은 우리 일곱 원소 이야기에 등장하는 또 다른 주인공인 레늄의 공동 발견자였던 이다 노다크 역시 핵분열을 예견했었다는 점이다. 그러나 당시 노다크의 발상은 무시되었다. 어떤 사람들은 그녀가 이전에 일곱 원소 중 하나인 43번 원소를 발견했다는 그릇된 선언을 내세운 전력 탓에 핵분열에 관한 견해마저 무시당했던 것이라고 본다.

마이트너와 한은 양차 세계대전 사이에는 공동 연구를 하지 않았는데, 그동안 물리학자인 마이트너가 화학자인 한보다 좀 더 두각을 드러내게 되었다. 그러던 1934년, 마이트너는 엔리코 페르미가 주기율표에서 우라늄 너머에 있는 새로운 원소를 만들어냈다는 보고를 접하고 흥미를 느꼈다. 마이트너는 옛 친구 한에게 함께 작업하자고 요청했다. 핵을 다루는 실험에서 생성된 조각 물질들을 분석할 줄 아는 방사화학자가 필요했기 때문이다. 한은 승낙했고, 두 사람은 페르미와 같은 방식으로 우라늄 핵에 중성자를 쏘기 시작했다. 1937년에는 세 번째 멤버인 프리츠 슈트라스만이 합류했다. 이 세 사람의 공동 연구 과정에서 팀을 지적으로 이끈 사람은 줄곧 마이트너였다.

당시 베를린 팀뿐 아니라 로마의 페르미, 파리의 졸리오퀴리 부부도 핵분열 실험을 수행하고 있었지만 누구도 미처 그 사실을 깨닫지 못한 상태였다. 다들 자신들이 우라늄보다 더 무거운 인공원소를 합성하고 있다고 생각했고, 이런 착각은 족히 4년 동안 이어졌다. 무거운 우라늄 핵이 둘로 쪼개져서 더 가벼운 핵들을 낳는다는 발상은 아직 그들의 머리에 떠오르지 않았다.

1936년 슈트라스만이 바륨으로 보이는 원자를 발견했다고 보고하자, 마이트너는 미심쩍어하면서 화학적 성질을 다시 확인해보라고 일렀다. 파리 연구진이 역시 중간 크기 원자인 란타넘을 생성했을지도 모르겠다고 발표했을 때 그 주장에 찬물을 끼얹은 사람은 한이었다.

바로 이 시점에서 이다 노다크는 우라늄 핵이 중간 크기의 핵 두 개로 쪼개지는 것일지도 모른다는 가설을 제기했으나, 그녀는 자신의 주장을 뒷받침하는 실험을 수행하지는 못했다.

이즈음 독일에서는 반유대 운동이 세를 더해가고 있었다. 히틀러가 권력을 잡고 반유대 정책을 시행하기 시작한 초기만 해도 독일이 아니라 오스트리아 국적을 가진 마이트너는 별 영향을 받지 않았다. 그러나 곧 상황이 바뀌었다. 새로운 정책하에서 마이트너는 독일 국민이든 아니든 교단에 서는 것이 금지되었으며 학술 세미나에 참석하는 것도 금지되었다.[18]

1935년 닐스 보어가 코펜하겐에 있는 자신의 연구소에 마이트너가 1년간 머무를 수 있도록 주선했지만 그녀는 제안을 거절했다. 독일에 남을 수 있으리라 믿었기 때문이다. 1938년 독일이 전쟁 예비 공작으로 오스트리아를 침공하면서, 이제 독일계 유대인이 된 셈인 마이트너는 반유대 규제를 철저히 적용받는 처지로 전락했다. 나치 정책에 공공연히 반대했던 한도 곧 압력에 굴복하여 마이트너에게 베를린의 연구소를 사직해달라고 요청했다.

사태는 급물살을 탔다. 마이트너는 유대인은 곧 독일을 떠날 수 없게 될 것이라는 정보를 들었다. 중립국으로 탈출하려면 신속히 움직여야 했다. 그래서 네덜란드 물리학자이자 하프늄의 공동 발견자인 (4장에서 이야기할 것이다) 디르크 코스터가 몸소 베를린으로 와서 마이트너를 이웃 네덜란드로 데리고 나갔고, 마이트너는 의심을 사지 않기 위해 소지품 몇 가지만 챙긴 채 1938년 7월 13일 베를린을 떠났다. 그녀는 네덜란드에서 몇 주 머물고 덴마크 코펜하겐에 있는 보어의 연구소에서 다시 짧게 체류한 뒤 스톡홀름 물리학 연구소의 제안을 받아들여 스웨덴으로 옮겼다. 이것은 그녀가 후회하게 될 결정이었다. 실험 장비도 변변하지 않았고 마음 맞는 동료도 없었기 때문이다. 어쨌든 그녀는 베를린에 남은 한과 계속해서 정기적으로 편지를 주고받았다.

과학 문제로 돌아가자. 한과 슈트라스만은 우라늄 붕괴 생성물을 분석한 결과 라듐(원자번호 88)이 생성된 것 같다는 판단에 도달했다. 보고를 들은 마이트너는 독일 동료들에게 실험을 반복해서 붕괴 생성물을 좀 더 꼼꼼히 확인하라고 일렀다. 한과 슈트라스만은 다시 실험했고, 1938년 12월 19일 사실은 라듐보다 훨씬 더 작은 바륨이 생성된 것임을 확인했다. 그래도 결과에 대해 혼란을 떨치지 못한 한은 마이트너에게 편지로 이렇게 전했다.

> 이 '라듐 동위원소들'은 뭔가 대단히 이상합니다. 그래서 지금으로서는 당신한테만 결과를 알려드리는데 (……) 이 라듐 동위원소들은 꼭 바륨처럼 반응합니다.

처음에는 마이트너도 혼란스러웠다. 그러나 어쨌든 이렇게 답장했다.

> 더 고민해보지 않고서는 그것(바륨)이 완전히 불가능한 결과물이라고 단정지을 수 없겠지요.

"마이트너로부터 이런 격려를 받자, 한과 슈트라스만은 즉각 학술지에 논문을 보냈다."[19]

> 화학자로서 생각하자면, 우리는 도표를 수정하여 라듐, 악티늄, 토륨 대신 바륨, 란타넘, 세륨이라고 써 넣어야 한다. 반면에 물리학과 긴밀하게 협조하는 핵화학자로서 생각하자면, 우리는 아직 그런 도약을 확신 있게 시도할 수 없다. 그것은 핵물리학의 이전 경험을 송두리째 위반하는 일이기 때문이다.

한편 스웨덴에서, 마이트너는 12월 30일에 역시 물리학자인 조카 오토 프리슈를 만나 크로스컨트리 스키 여행을 하기로 했다. 여행 중에 두 사람은 어떻게 우라늄 핵이 바륨처럼 작은 핵을 생성할 수 있는가 하는 문제를 토론했다. 당시 통용되던 원자핵 모형에 따르면 핵은 액체 방울처럼 반응한다고 했는데, 마침내 마이트너와 프리슈는 그 핵 방울이 찌그러져서 달걀 모양이 되었다가 끝내 더 작은 '방울' 두 개로 갈라지는 것임을 깨달았다. 그렇게 해석하면 바륨처럼 작은 핵이 생성되는 현상을 설명할 수 있었다. 그들은 프리슈의 제안에 따라 '핵분열'이라고 부르기로 한 그 과정에서 TNT의 2천만 배에 해당하는 어마어마한 에너지가 방출될 수 있다는 것도 계산해냈다.

과학사학자 샤론 버치 맥그레인은 이렇게 말했다.[20]

> 나이 예순에 공식적으로는 은퇴한 상태였던 마이트너가 20세기 가장 위대한 발견 중 하나를 설명해낸 것이었다.

그런데 왜 마이트너는 노벨상을 받지 못했나?

앞에서 인용한 대화들이 보여주듯이, 마이트너의 정확한 해석이 없었다면 한과 슈트라스만은 자신들의 실험에서 핵분열이 벌어지고 있다는 사실을 갈피조차 잡지 못했을 것이다. 그런데도 그 발견으로 노벨상을 받은 사람은 한뿐이었다. 설상가상 그는 마이트너가 결정적인 역할을 했다는 점을 인정하지 않았고, 심지어 핵분열을 이해한 공로는 물리학이 아니라 화학에 있다고까지 말했다.

스웨덴에서 그 발견이 이뤄진 다음 날, 보어는 코펜하겐으로 돌아온 오토 프리슈로부터 소식을 전해 들었다. 프리슈가 보어의 연구소에서 일하고 있었기 때문이다. 며칠 뒤에 보어는 미국을 방문하여 그곳의 많은 과학자들에게 소식을 알렸다. 보어는 마이트너와 프리슈가 발견에 기여한 바를 부각시키려고 애썼지만 결과는 그다지 성공적이지 못했다. 두 사람이 그 주제로 논문을 쓰는 데 몇 주가 걸린 데 비해 한은 벌써 몇 주 전에 논문을 발표했다는 점이 부분적인 이유였다. 그로부터 채 한 달도 지나지 않아 한은 핵분열 발견에서 물리학은 솔직히 거치적거리기만 했으며 그것은 화학이 홀로 이룬 성과라고 떠벌리기 시작했다. 마이트너의 기여에 대한 명백한 중상이었다.

그러나 아이러니의 여신이 적절한 장난을 쳤던지, 마이트너가 1968년에 죽고서 몇 년이 흐른 뒤 원래 잠정적으로 하늄이라고 명명되었던 원소는 마이트너륨으로 개명되었다. 한은 자신의 이름을 딴 원소를 가질 기회를 영영 박탈당한 셈이다. 물론 마이트너에게 보상이 되기에는 사소한 데다가 너무 뒤늦은 일이었지만 어쨌든 그 이름을 독일인이, 그러니까 그 원소를 합성한 연구진의 지휘자였던 페터 아름브루스터가 먼저 제안했다는 점은 적잖은 의미가 있다.[21]

프로트악티늄의 화학적 성질

프로트악티늄은 은백색 금속으로, 공기에 노출되면 서서히 광택을 잃는다. 프로트악티늄의 화학적 성질을 처음 탐구한 사람은 마이트너와 한이었다. 그들은 이 원소의 성질이 옛 주기율표에서 바로 위에 놓였던 탄탈럼과 비슷하다는 것을 알아냈다.[22] 하지만 오늘날의 주기율표에서 프로트악티늄의 자리는 탄탈럼 밑이 아니다. 프로트악티늄은 이제 전이원소가 아니라 악티늄

프로트악티늄과 핵분열의 공동 발견자인 오토 한. 미국 노스캐롤라이나 주 샬럿에 위치한 노스캐롤라이나 대학의 화학과 교수 대니얼 라비노비치 제공.

족으로 분류되기 때문이다. 이런 변화는 1940년대에 일어났는데, 당시 글렌 시보그는 전이원소에서 넷째 줄에 해당하는 이 계열의 첫 원소 몇 가지가 바로 윗줄의 동족원소들과 유사하게 반응하기는 해도 실제로는 내부 전이원소라는 별도의 계열을 이룬다고 주장했다.

1945년 시보그는 89번 악티늄을 시작으로 이후에 오는 원소들은 희토류로 간주해야 한다는 의견을 내놓았다. 이전까지는 92번 우라늄에서부터 희토류가 시작된다는 것이 통상적인 시각이었다(표 3.6). 시보그의 새 주기율표에 따르면 유로퓸(63)과 가돌리늄(64)은 아직 미발견 상태였던 95, 96번 원소와 각각 유사할 것이었다. 시보그는 이 유사성에 기반을 두어 그 두 원소를 합성하고 확인하는 데 성공했고, 각각 아메리슘과 퀴륨으로 명명했다. 이후로도 많은 초우라늄 원소들이 합성되었다(10장을 참고하라).[23]

현재의 표준 주기율표 또한 전이원소의 세네 번째 줄이 어느 원소에서 시작되느냐 하는 문제를 놓고서 작은 변화를 겪었다. 기존 주기율표들은 란타넘(57)과 악티늄(89)을 시작점으로 보여주지만, 최근에는 새롭게 등장한 실험 증거와 분석에 따라 루테튬(71)과 로렌슘(103)을 옛날 자리로 돌려놓은 주기율표도 나와 있다.[24] 흥미롭게도 원소들을 거시적 속성에 따라 배열했던 옛날 주기율표들 가운데 이런 변화를 예견한 것이 몇 있었다.

프로트악티늄이 탄탈럼과 비슷한 점은 산화물을 형성할 때 Ta_2O_5와 화학량이 동일한 Pa_2O_5의 형태를 취한다는 점이다. 프로트악티늄은 산소 외에 수증기, 산과도 반응하지만 알칼리와는 반응하지 않는

																H	He
Li	Be											B	C	N	O	F	Ne
Na	Mg											Al	Si	P	S	Cl	Ar
K	Ca	Sc	Ti	V	Cr	Mn	Fe	Co	Ni	Cu	Zn	Ga	Ge	As	Se	Br	Kr
Rb	Sr	Y	Zr	Nb	Mo	Tc	Ru	Rh	Pd	Ag	Cd	In	Sn	Sb	Te	I	Xe
Cs	Ba	희토류	Hf	Ta	W	Re	Os	Ir	Pt	Au	Hg	Tl	Pb	Bi	Po	At	Rn
Fr	Ra	Ac	Th	Pa	U												

희토류	La	Ce	Pr	Nd	Pm	Sm	Eu	Gd	Tb	Dy	Ho	Er	Tm	Yb	Lu

																H	He
Li	Be											B	C	N	O	F	Ne
Na	Mg											Al	Si	P	S	Cl	Ar
K	Ca	Sc	Ti	V	Cr	Mn	Fe	Co	Ni	Cu	Zn	Ga	Ge	As	Se	Br	Kr
Rb	Sr	Y	Zr	Nb	Mo	Tc	Ru	Rh	Pd	Ag	Cd	In	Sn	Sc	Te	I	Xe
Cs	Ba	란타넘족	Hf	Ta	W	Re	Os	Ir	Pt	Au	Hg	Tl	Pb	Bi	Po	At	Rn
Fr	Ra	악티늄족															

란타넘족	La	Ce	Pr	Nd	Pm	Sm	Eu	Gd	Tb	Dy	Ho	Er	Tm	Yb	Lu
악티늄족	Ac	Th	Pa	U	Np	Pu									

표 3.6 | 시보그가 수정하기 전과 후의 주기율표.

다. 프로트악티늄은 또 절대온도 1.4도 미만에서는 초전도체가 되며, 주요 방사성 붕괴 계열 중 두 가지에서 나타난다. ^{231}Pa는 ^{234}U가 붕괴할 때 자연적으로 생성되고, ^{234}Pa는 ^{238}U의 붕괴 생성물이다. 프로트악티늄 동위원소는 이 밖에도 열아홉 가지가 더 알려져 있는데 반감기가 모두 한 달 미만이다.

Pa_2O_5를 처음 생성한 사람은 독일 핵화학자 아리스티트 폰 그로세로 때는 1927년이었다. 그로부터 7년 전에 그로세는 요오드화 프로트악티늄이라는 또 다른 화합물에서 시작하여 원소 형태의 프로트악티늄을 추출하는 데 처음으로 성공하기도 했다. 그로세는 멘델레예프 이래 기정사실로 여겨져온 프로트악티늄과 탄탈럼의 유사성을 의심했다는 점에서도 시대를 앞섰다. 그는 1930년에 이렇게 썼다.[25]

> 새 원소(프로트악티늄)를 농축하고 분리하려는 시도는 지금까지 전부 실패했는데, 그런 시도들은 에카탄탈럼과 탄탈럼이 마치 라듐과 바륨처럼 서로 비슷하리라는 가정을 깔고 있었다. 여러 유명 화학자들이 자신의 권위를 걸고 그 가정을 지지했지만, 사실 그 가정이야말로 에카탄탈럼 분리 시도를 모조리 실패로 돌린 주요 원인이었다. 나는 1926년 11월 오토 한 교수에게 '주기율에 따라 계산한 프로트악티늄과 그 화합물의 성질'이라는 보고서를 제출한 바 있다. 논문의 주된 추론은 다음과 같았다.
>
> 91번 원소, 즉 에카탄탈럼의 성질과 분석반응은 탄탈럼이나 콜럼븀(나이오븀의 옛 이름—옮긴이)과는 다를 것이다. 에카탄탈럼의 양옆에 놓인 토륨과 우라늄의 성질이 각자의 동족원소로서 그보다 원자번호가 작은 하프늄과 지르코늄, 텅스텐과 몰리브데넘과는 전혀 다른 것처럼 말이다.

영국 원자력 공사는 1959년에서 1961년 사이에 프로트악티늄 125 그램을 추출하는 데 성공했다. 이것은 지금까지 이 원소에 관한 한 세계 최대 비축량이다. 이 묘기는 총액 약 50만 달러로 구입한 폐우라늄 광물 60톤을 원료로 써서 달성한 것이었는데, 그렇게 만들어진 프로트악티늄은 1그램당 약 3천 달러의 가격에 팔렸다.[26]

용도

프로트악티늄은 주기율표의 첫 마흔두 개 원소 가운데 활용성이 전무하다시피 한 극소수 원소들 중 하나이다. 왜 그럴까? 이 장에서 내내 이야기했듯이 프로트악티늄은 극히 드문 데다가 독성과 방사능도 대단히 강하기 때문이다. 그러나 그중 ^{231}Pa 동위원소만은 과학 연구에서 꽤 독특한 용도로 쓰이게 되었다. 이 동위원소는 지질학에서 바닷물의 이동을 연구할 때, 그리고 고대 바다를 탐구하는 분야인 고해양학 연구에서 쓰인다.

과학자들은 ^{231}Pa를 활용함으로써 다른 통상적인 기법을 쓸 때에 비해 최고 17만 5,000년 전으로까지 거슬러 올라가는 해양 퇴적물의 연대를 보다 정확하게 측정할 수 있다. 과학자들은 또 마지막 빙하기 이후 빙하가 녹으면서 바닷물이 이동한 경로를 연구할 때도 이 동위원소를 쓰는데, 그 원리는 90번 토륨과 91번 프로트악티늄의 화합물들이 바닷물에서 퇴적하는 속도가 서로 다르다는 사실을 이용하는 것이다. 사실 ^{230}Th이나 ^{231}Pa 중 어느 한쪽만 써도 퇴적물의 연대를 측정하는 지표로서 손색이 없지만, 두 화합물의 양을 비교한 값은 더 좋은 지표가 된다. 만에 하나 둘 중 한쪽의 붕괴 속도가 균일하지 않을 때 발생할 문제점을 피할 수 있기 때문이다.

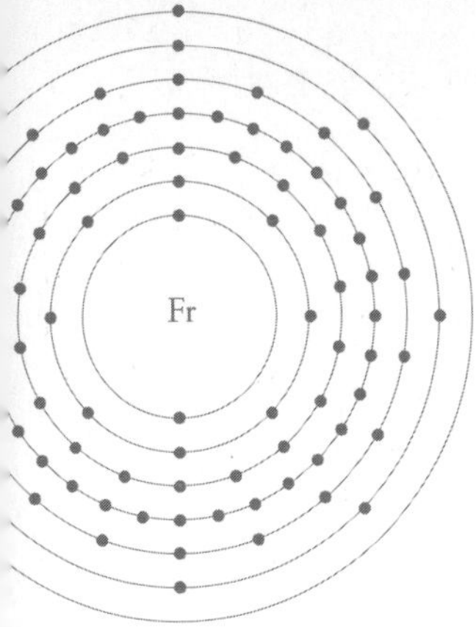

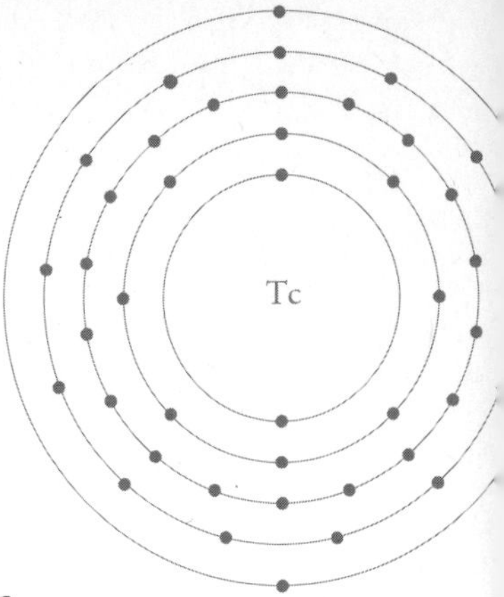

4장

72번 원소—하프늄

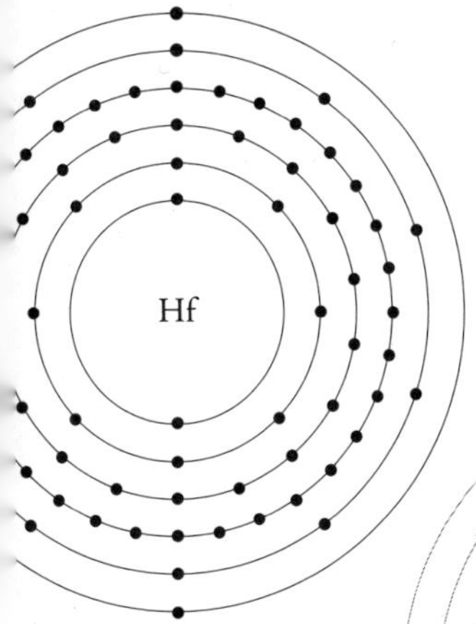

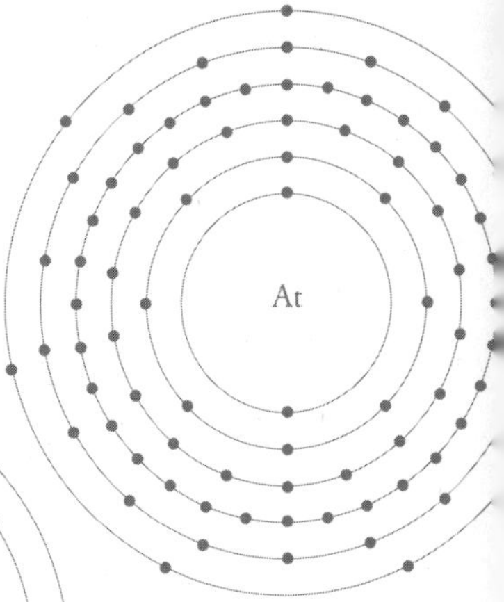

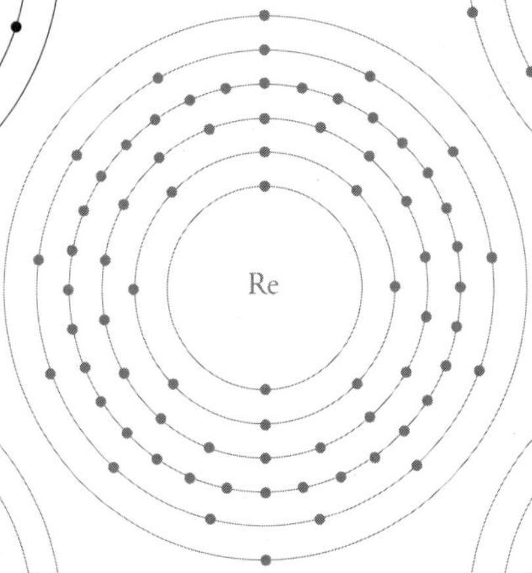

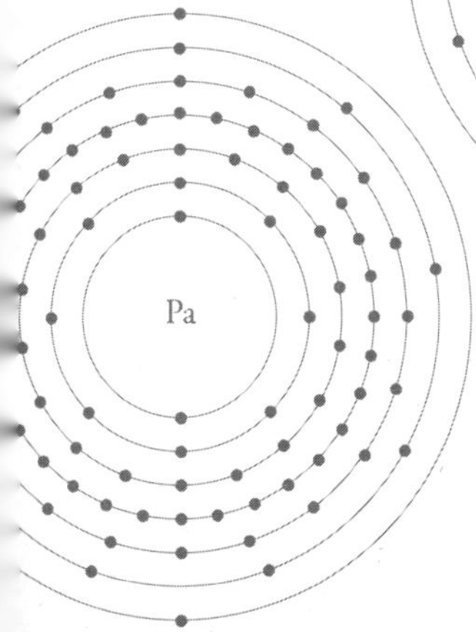

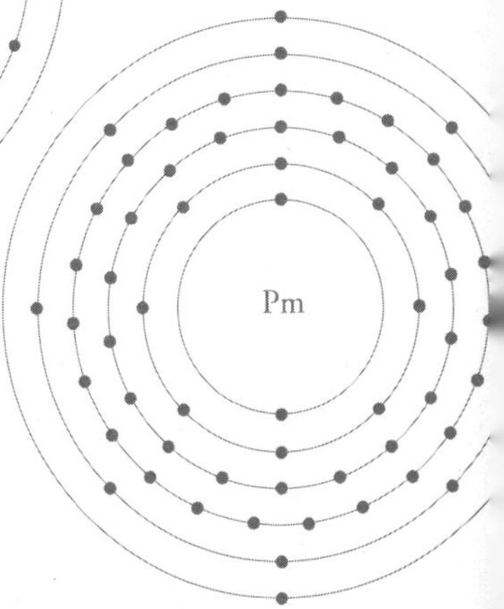

72번 원소가 발견되고 분리된 이야기는 우리 일곱 원소 중 여럿에서 볼 수 있는 우선권 분쟁과 국수주의적 분위기의 특징들을 그야말로 고스란히 갖고 있다. 어떻게 보면 이런 원소들을 둘러싸고 그토록 치열한 논쟁이 벌어졌다는 사실이 희한하게 느껴질지도 모른다. 이미 모즐리의 기법이 등장함으로써 원소의 정체성을 분명하게 확인할 수단이 주어진 데다가 앞으로 발견할 원소가 몇 개 남았는지도 다들 알게 되지 않았는가.

그러나 다르게 보면, 미발견 원소가 한 줌으로 압축되었을뿐더러 원자번호도 다 알려졌기 때문에 오히려 미발견 원소의 개수가 모호했던 모즐리 이전 시절보다 경쟁이 더 치열해진 셈이었다.

72번 원소는 멘델레예프가 최초로 발표한 1869년 주기율표에서부터 확실히 예측했던 원소다. 표 4.2에서 알 수 있듯이, 멘델레예프는

H																	He
Li	Be											B	C	N	O	F	Ne
Na	Mg											Al	Si	P	S	Cl	Ar
K	Ca	Sc	Ti	V	Cr	Mn	Fe	Co	Ni	Cu	Zn	Ga	Ge	As	Se	Br	Kr
Rb	Sr	Y	Zr	Nb	Mo	Tc	Ru	Rh	Pd	Ag	Cd	In	Sn	Sb	Te	I	Xe
Cs	Ba	Lu	**Hf**	Ta	W	Re	Os	Ir	Pt	Au	Hg	Tl	Pb	Bi	Po	At	Rn
Fr	Ra	Lr	Rf	Db	Sg	Bh	Hs	Mt	Ds	Rg	Cn		Fl		Lv		

La	Ce	Pr	Nd	Pm	Sm	Eu	Gd	Tb	Dy	Ho	Er	Tm	Yb
Ac	Th	Pa	U	Np	Pu	Am	Cm	Bk	Cf	Es	Fm	Md	No

표 4.1 | 결국 하프늄으로 명명된 72번 원소가 주기율표에서 차지하는 위치.

원자량 180의 미발견 원소가(현재 통용되는 원자량은 178.50이다) 지르코늄과 동족일 것이라고 예상했다. 이러한 예측은 딱히 대단한 것으로 보이지 않을 수도 있다. 그러나 앞으로 이야기가 진행되면 알 수 있을 텐데, 이는 곧 이 원소가 희토류가 아니라 전이금속이라고 예측한 것이나 마찬가지였다. 하지만 사실 멘델레예프는 그렇게 선언할 상황이 못 되었다. 당시에는 아직 희토류원소의 성질과 개수가 알려지지 않았기 때문이다. 희토류는 멘델레예프의 주기율표에 도전하는 가장 까다로운 과제였으며 그 자신은 그 문제를 결국 풀지 못했다.[1]

얼마쯤 지나, 물리학자 닐스 보어가 다녔던 코펜하겐 대학의 화학 교수 율리우스 톰센은 이 미발견 원소를 역시 지르코늄의 동족으로 분류한 주기율표를 발표했다(표 4.3).

			Ti=50	Zr=90	?=180
			V=51	Nb=94	Ta=182
			Cr=52	Mo=96	W=186
			Mn=55	Rh=104.4	Pt=197.4
			Fe=56	Ru=104.4	Ir=198
			Ni=Co=59	Pd=106.6	Os=199
H=1			Cu=63.4	Ag=108	Hg=200
	Be=9.4	Mg=24	Zn=65.2	Cd=112	
	B=11	Al=27.4	?=68	Ur=116	Au=197?
	C=12	Si=28	?=70	Sn=118	
	N=14	P=31	As=75	Sb=122	Bi=210
	O=16	S=32	Se=79.4	Te=128?	
	F=19	Cl=35.5	Br=80	I=127	
Li=7	Na=23	K=39	Rb=85.4	Cs=133	Tl=204
		Ca=40	Sr=87.6	Ba=137	Pb=207
		?=45	Ce=92		
		?Er=56	La=94		
		?Yt=60	Di=95		
		?In=75.6	Th=118?		

표 4.2 | 멘델레예프가 처음 발표했던 1869년 주기율표(D. I. Mendeleev, Sootnoshenie svoistv s atomnym vesom elementov, *Zhurnal Russkeo Fiziko-Khimicheskoe Obshchestv*, 1, 60-77, 1869, 70).

간략하게 밝혀두자면, 당시 화학자들은 주기율표를 근거로 판단할 때 탄탈럼 앞에 지르코늄의 동족원소가 존재해야 한다는 사실에 널리 동의하고 있었다. 문제는 그 원소 외에도 원자번호 70과 71에 해당하는 원소들을 아직 발견하지 못한 상태라는 점이었다.

결국 70, 71번 원소는 1907년에 서로 독자적으로 작업하던 두 연구자가 분리해냈다. 한 명은 당시 프랑스의 선도적 화학자로서 희토류 실험을 장기로 삼았던 조르주 위르뱅이었다. 위르뱅은 일찍이 장샤를 드 마리냐크에 의해 정체가 밝혀진 이터븀을 재분석함으로써

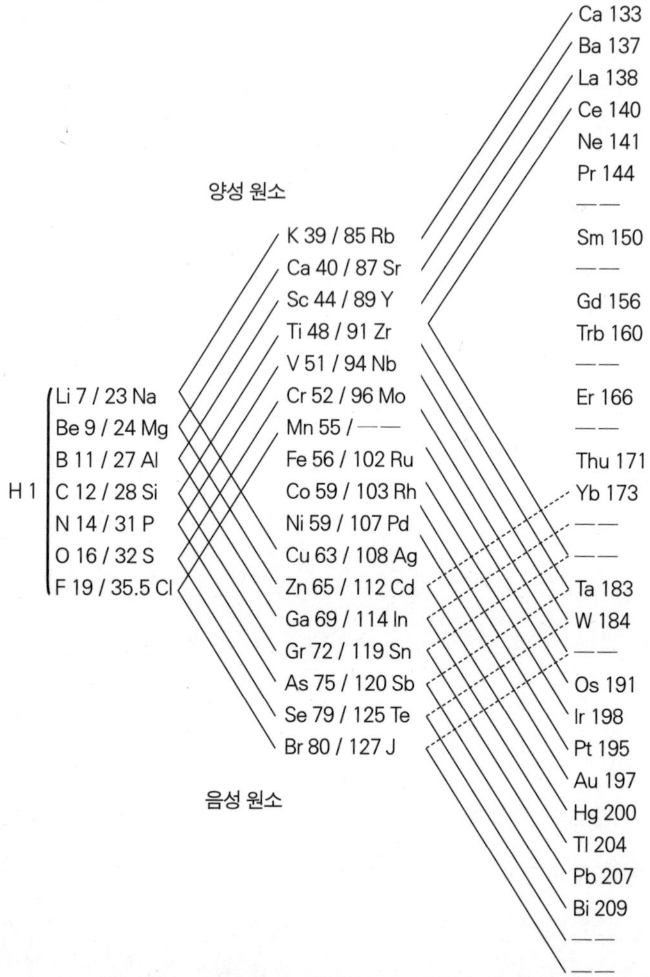

표 4.3 | 톰센의 피라미드형 주기율표(J. Thomsen, Systematische Gruppierung der chemischen Elemente. *Zeits für Anorgische Chemie*, 1895, 9, 190-193).

그 샘플은 사실 하나가 아니라 두 원소로 이뤄졌다고 주장했으며, 각각을 네오이터븀과 루테슘으로 명명했다.[2]

70, 71번 원소를 발견했다고 선언한 두 번째 인물은 오스트리아의 카를 아우어 폰 벨스바흐로 그는 이 원소들을 알데바라늄과 카시오퓸이라고 부르자고 제안했다. 결국 위르뱅이 발견자로 인정되어 명명권을 갖게 되었지만, 나중에 네오이터븀은 도로 이터븀이 되었고 루테슘은 철자가 약간 바뀌어 루테튬이 되었다.[3]

72번 원소와의 연관성은 이 시점에서 생겨났다. 위르뱅은 원래 드마리냐크가 한 가지 원소라고 보았던 샘플에 사실은 세 번째 원소가 숨어 있을지 모른다고 생각했다. 1911년 위르뱅은 세 번째 새로운 희토류, 즉 72번 원소를 발견했다고 선언하고 그것을 셀튬으로 명명했다.[4]

얼마 뒤 영국에서 헨리 모즐리가 엑스선으로 원소의 정체를 확인하고 나아가 앞으로 발견할 원소가 정확히 무엇무엇 남았는지 예측하는 기법을 고안했다(2장을 보라). 자신이 세 번째 원소를 발견했다는 주장을 공고히 하고 싶었던 위르뱅은 파리에서 옥스퍼드까지 찾아가서 모즐리에게 원소의 정체를 결정하는 실험을 부탁했다. 그러나 이틀 만에 모즐리는 위르뱅의 샘플에 문제의 원소가 들어 있지 않다고 결론 내렸고, 위르뱅은 수긍했다.

이후 한동안 72번 원소에 관해서는 별다른 일 없이 조용했다. 그러다 11년 뒤, 위르뱅이 엑스선 분광학자 알렉상드르 도빌리에와 팀을 이루었다.[5] 도빌리에는 위르뱅의 1911년 샘플을 재분석하여, 엑스선 스펙트럼에서 새로 발견한 희미한 두 선이 모즐리의 법칙에 따라 예상되는 위치와 거의 정확하게 일치한다고 주장했다. 문제는 남들의 눈에는 그 두 스펙트럼선이 보이지 않는다는 것이었다. 모즐리의 기법을 개량한 선구적 분광학자 칼 시그반도 도빌리에의 엑스선 사진판을 재조사하여 아무 선도 없다고 결론 내렸다.

그동안 이론물리학자들은 전혀 다른 방향에서 문제에 접근하고 있었다. 보어는 자신의 원자 이론에 입각하여 72번 원소는 희토류가 아니라 원자가 4가인 전이원소일 것이라고 주장했는데, 그 근거는 자신도 인정했듯이 전적으로 이론적이지만은 않았다. 72번 원소가 지르코늄과 비슷한 전이금속일 것이라고 생각하는 이유 중 하나로 보어는 자신이 다닌 대학의 화학 교수였던 톰센의 화학적 연구를 거론했다. 영국 화학자 찰스 베리도 언급했는데, 베리 또한 독자적인 연구를 통해서 72번 원소는 희토류가 아니라 전이금속 지르코늄과 비슷할 것이라고 주장한 바 있었다.[6]

보어의 코펜하겐 연구소에서 일하던 네덜란드 출신의 디르크 코스터와 헝가리 출신의 죄르지 헤베시는 이 문제를 실험으로 해결하는 과제에 착수했다. 오래된 화학적 예측들과 보어가 얼마 전에 내놓은 예측들에 기반을 두어, 두 사람은 만일 새 원소가 발견된다면 틀림없이 지르코늄과 함께 발견되리라고 추측했다. 그래서 그들은 노르웨이산 지르코늄 광물을 구했고, 몇 주 뒤에 두 개가 아니라 여섯 개의 엑스선 스펙트럼선을 관찰했다. 위르뱅의 두 선보다 모즐리의 법칙에서 예상되는 위치에 훨씬 더 잘 들어맞는 선이었다. 두 사람은 원소를 처음 감지한 도시인 코펜하겐의 라틴어 이름(하프니아)을 따서 이를 하프늄이라고 명명했다.[7]

코스터와 헤베시는 실험 결과를 발표한 논문에서 도빌리에와 위르뱅의 주장을 비판했다. 무엇보다도 프랑스에서 관찰되었다는 두 스펙트럼선이 예상 진동수와 충분히 가깝지 않은 점을 지적했다. 그들의 지적을 자세하게 옮기면 다음과 같다.

하프늄의 공동 발견자인 죄르지 헤베시. 미국 노스캐롤라이나주 샬럿에 위치한 노스캐롤라이나 대학 화학과의 대니얼 라비노비치 교수 제공.

1922년 5월 22일 자 《프랑스 과학 협회보》에 실은 글에서 도빌리에는 희토류금속들이 포함된 샘플에서 엑스선 분광법을 통해 72번 원소를 검출했다고 선언했다. 위르뱅은 그 원소를 희토류로 규정하고 셀튬이라고 명명했으며, 자신이 예전에 같은 샘플에서 보았던 것과 같은 물질이라고 주장했다. 그러나 우리가 보기에 도빌리에와 위르뱅의 결론은 여러 이유에서 타당하지 않다. 도빌리에의 논문을 보면, 만에 하나 72번 원소가 샘플에 들어 있었더라도 그 양은 지극히 적었다. 그렇다면 그것은 위르뱅이 과거 논문에서 같은 샘플의 분광 스펙트럼과 자기적 성질을 조사함으로써 검출했다고 주장했던 원소와 같은 물질일 리가 없다. 도빌리에가 검출했다고 주장한 스펙트럼선은 $L_{\alpha1}$과 $L_{\beta2}$뿐이며 둘 다 극히 희미하다고 했다. 하지만 그가 보고한 스펙트럼선들의 파장은 72번 원소와 이웃한 원소들의 파장을 (……) 합리적으로 외삽하여 작성한 그래프에서 예측되는 값에 비해 약 4X.u.(1X.u.$=10^{-11}$cm) 더 작다.[8]

이어서 두 사람은 프랑스 팀의 주장에 더 큰 의혹을 던졌다.

이론적 관점에서, 72번 원소가 희토류라는 주장은 대단히 의심스럽다. 1895년에 코펜하겐의 율리우스 톰센은 주기율을 전체적으로 고려할 때 여러 화합물에서 5가로 존재하는 탄탈럼과 3가인 희토류 사이에 지르코늄과 비슷한 4가원소가 예상된다고 주장했다. 최근 베리도 화학적 근거에 입각하여 같은 의견을 제시했고, 보어도 자신의 원자구조 이론에 입각하여 마찬가지 의견을 제시했다. 우리가 보어 이론에 따라 주기율표에서 희토류금속들의 존재를 합리적으로 끌어낼 수 있었던 것은 그 이론이 거둔 가장 놀라운 성과 중 하나였다. 보어에 따르면, 희토류가 전자 열여덟 개를 포함하는 집단에서 전자 서른두 개를 포함하는 집단으로 넘어갈 때 4양자 전자들은 개수가 점차 늘어나지만 5양자, 6양자 전자들은 개수가 변하지 않는다. 보어는 루테튬(71)에서 4양자 전자 집단이 완전히 채워진다고 결론 내렸다. 그렇다면 그다음 원소(72)의 중성원자에서는 5양자와 6양자 궤도에서 움직이는 전자의 개수가 희토류보다 하나 더 많으리라고 예측할 수 있다. 따라서 72번 원소는 희토류가 아니라 지르코늄과 비슷한 원소여야 한다.[9]

이 논문은 20세기 과학에서 가장 씁쓸하고 격렬한 우선권 분쟁으로 꼽힐 만한 사건을 터뜨리는 도화선이었다. 논쟁의 한쪽에는 프랑스 과학자들이 있었다. 도빌리에와 위르뱅은 당연히 포함되었고 그 밖에도 모리스 드 브로이 같은 사람들이 있었다. 더구나 많은 영국 화학자들도 프랑스 측 주장을 옹호하며 상당 기간 그 원소를 셀튬이라고 부르기를 고집했다. 저명한 학자 중 덴마크 측 주장을 지지한 사람은 어니스트 러더퍼드뿐이었는데, 러더퍼드는 엄밀히 말하자면 뉴질랜드 사람이었고 덴마크 출신의 보어가 박사 후 연구원 자격으로 1년간 영국에 와 있을 때 그를 지도했던 사람이기도 했다.

당사자가 아닌 사람들이 편을 들고 나선 이유는 짐작하기 어렵지 않다. 1920년대 초는 제1차 세계대전이 끝난 직후였다. 승자인 프랑스와 영국은 여태 독일 과학자들을 증오했고 그들이 학회에 참석하지 못하도록 막았다. 게다가 논쟁이 터진 시점은 하필이면 프랑스-벨기에 연합군이 독일 루르 지방을 점령하던 시기였다. 덴마크인은 당연히 독일인이 아니지만, 두 나라가 지리적으로 가까운 데다가 덴마크가 전쟁 중에 끝까지 중립을 지켰다는 점 때문에 한통속이나 마찬가지로 여겨졌다. 얄궂은 사실은 하프늄의 두 발견자인 코스터와 헤베시가 둘 다 독일인이 아님은 물론이요 덴마크인도 아니었다는 것이다. 그럼에도 그들은 몸담았던 연구소의 지리적 위치 탓에 무조건 적으로 간주되었다.[10]

영국 학술지《케미컬 뉴스》에 접수된 하프늄 논문을 본 뒤 당시 편집자였던 W. P. 윈은 다음과 같은 황당한 반응을 보였다.

> 우리는 전쟁 내내 우리에게 충실했던 위대한 프랑스를 대표하는 위르뱅의 제안에 따라 원래 이름인 셀튬을 고수할 것이다. 전리품만 쏙 챙겼던 덴마크인들이 붙인 이름은 받아들이지 않겠다.[11]

하프늄의 발견을 알린 코스터와 헤베시의 논문에 대한 첫 서면 반응은 뜻밖에도 파리의 위르뱅과 도빌리에가 아니라 런던으로부터 왔다. 런던 대영박물관의 화학자이자 광물학자인 알렉산더 스콧은 1913년에서 1915년 사이 뉴질랜드에서 채취한 검은 모래 샘플을 분석하여 자신이 새 원소를 발견했다고 믿던 터였다. 당시에는 그 사실을 발표하지 않았던 그가 이제 와서 자신이 코스터와 헤베시보다 먼저 72번 원소를 발견했다고 주장하고 나선 것이었다. 스콧은 샘플을 채취한 지역인 오세아니아의 이름을 따서 오세늄이라는 원소명을 제안했다. 사실 그의 주장의 근거는 1918년에 그가 그 원소의 원자량이 144임을 확인했다는 것뿐이었다.[12] 72번 원소가 타이타늄과 지르코늄과 같은 족에 속한다고 본다는 점에서는 스콧이 최소한 코스터와 헤베시의 견해를 지지한 셈이었다.

코스터와 헤베시는 영국인에게 그 '새로운 원소'를 코펜하겐으로 보내면 자신들이 분석해보겠다고 제의했다. 스콧은 기꺼이 응하면서 코스터와 헤베시에게 다소 거창한 말을 써 보냈다.

> 온 과학계가 당신들의 검사 결과를 숨죽인 채 흥미롭게 기다릴 것입니다.[13]

스콧에게는 안된 일이지만, 코펜하겐 연구자들은 새로운 원소의 흔적을 눈곱만큼도 발견하지 못했다. 그래도 예의를 차리려는 마음에서였는지 스콧에게 검은 모래를 더 연구해서 아직 발견되지 않은 61번이나 75번 같은 다른 원소들을 찾아보라고 조언했다. 그로부터 몇 년이 지난 뒤 스콧은 결국 주장을 철회했다. 그러나 그때까지도 영국 언론은 오세늄의 우선권을 주장했으며, 런던 《타임스》에는 꽤 애국적인 사설이 실리기도 했다.

> 과학은 국제적인 사업이며 당연히 그래야 한다. 그러나 1895년에 고 윌리엄 램지 경이 헬륨을 분리한 이래 화학계에 등장한 가장 중요한 업적을 이곳 런던의 연구소에서 영국 화학자가 해냈다는 사실은 참으로 흐뭇한 일이 아닐 수 없다. 덴마크 화학자들이 그 성질을 계산한바 72번 원소는 실제 존재하더라도 극히 희귀할 것으로 짐작되었는데, 알렉산더 스콧이 바로 그 원소를 발견해냈다.[14]

케임브리지의 러더퍼드는 조금 당황스러운 심정으로 보어에게 편지를 쓰지 않을 수 없었고, 편지에서 이렇게 말했다.

> 그런 무책임한 발언에는 신경 쓰지 말아야 합니다. 새 원소를 둘러싼 상황은 상당히 활기차게 돌아가고 있습니다. (……) 당신과 그쪽 연구자들이 정당한 대접을 받도록 만들겠습니다.

위르뱅과 도빌리에가 코펜하겐 팀에 이보다 더 심각하게 도전한 것은 좀 더 나중의 일이었다. 그들로서는 헤베시와 코스터가 《네이처》에 제출했던 반박 논문을 끝으로 사태를 정리할 마음이 추호도 없었다. 다소 거친 말투로, 그들은 코스터와 헤베시의 작업은 자신들이 먼저 발견했던 희토류 셀튬을 지르코늄 광물에서 검출한 것일 뿐 새로운 원소를 발견한 것은 아니라고 반박했다.

또 코스터와 헤베시의 작업이 "아주 중요한 결과를" 냈다고 인정하면서도 이렇게 덧붙였다.

> 코스터와 헤베시 씨가 우리 결과를 기각하려고 드는 것이 안타까울 따름이다.

이렇게 표절 혐의를 받은 코스터와 헤베시는 하프늄이 위르뱅의 셀튬과 같은 원소일 리가 없다고 반론했다. 그들은 자신들이 샘플에서 얻은 엑스선으로부터 판단하자면 해당 원소의 함유량은 약 0.01퍼센트라고 했다. 반면 위르뱅의 샘플에 든 원소량은 이보다 훨씬 더 많을 것이었다. 위르뱅이 자기화율의 점진적 변화를 확인했다고 주장했었기 때문이다. 코스터와 헤베시는 또 하프늄의 화학적 성질을 살펴본 후속연구에서, 위르뱅이 셀튬을 희토류라고 판단했던 것과는 달리 하프늄의 성질은 전이원소 지르코늄과 비슷한 것으로 드러났다고 말했다. 마지막으로, 코펜하겐 연구소의 다른 동료들이 하프늄의 분광 스펙트럼을 관찰한 결과 위르뱅이 셀튬의 스펙트럼이라고 보고

했던 것과는 뚜렷이 달랐다는 점을 지적했다.[15]

추가적인 하프늄의 분광 스펙트럼 연구로 더욱 탄탄해진 반대 증거에 직면하자 위르뱅은 자신이 1911년에 제기했던 주장은 타당하지 않았으며 이른바 '셀튬 스펙트럼'은 사실 71번 원소로 인한 것이었다는 사실을 차차 인정할 수밖에 없었다.[16] 그리하여 1923년 봄, 위르뱅과 도빌리에는 72번 원소의 화학적 속성에 관한 그때까지의 입장을 뒤집었다. 이전에 그들은 72번 원소가 희토류이며 지르코늄 광물에서 발견된 것은 우연일 뿐이라고 주장했지만, 이제 그 원소를 지르코늄의 동족으로 여기는 것이 타당하다고 인정했다. 그러나 이 입장 변화는 순전히 전략이었던 것 같다. 프랑스 팀은 아직 셀튬에 대한 주장을 포기할 마음이 없었다.

하프늄-셀튬 논쟁이 제일 달갑지 않은 사람은 보어였다. 보어는 코스터와 헤베시가 일하는 코펜하겐 연구소의 소장으로서 분쟁에 말려들지 않을 수 없었다. 그는 코펜하겐 팀의 논문들을《네이처》에 제출해준 러더퍼드에게 이렇게 심경을 밝혔다.

> 새 원소를 둘러싼 끔찍한 진흙탕 싸움이 싫습니다. 죄 없는 우리까지 말려들고 말았지요.[17]

이어서 이렇게 말했다.

> 우리는 그저 이론의 정확성이 증명되기를 바랐을 뿐, 새 원소를

추적하는 화학자들 사이에서 이런 각축이 벌어지리라고는 꿈도 꾸지 않았지요. 고맙게도 《네이처》 편집자가 우리더러 응답할 말이 있으면 하라면서 위르뱅의 편지를 보여주었는데, 그걸 보면 그는 사태를 완전히 뒤집으려 하고 있습니다. 72번 원소의 성질에 관한 중요한 과학적 토론은 싹 무시한 채 그저 자신이 먼저 그 원소 검출 선언을 했었다고 우길 뿐입니다.[18]

처음부터 하프늄을 전폭적으로 지지했던 러더퍼드도 논쟁이 지겹기는 마찬가지였다. 그는 코스터와 헤베시의 비판으로 논쟁이 마무리되는 것이 옳다고 보았다. 러더퍼드는 "위르뱅의 주장에 근거가 없다는 당신의 견해에 썩 동의합니다"라면서 코펜하겐 팀의 2월 9일 논문은 "폭발성을 지닌 문서"였다고 평했다.[19]

화학철학에서 하프늄의 역할

화학철학은 1990년대 초부터 과학철학에서 독자적인 연구 영역으로 성장했다. 이 새로운 하위 분야가 중요하게 다뤘던 의문 중 하나는 화학이 양자역학으로 환원되는가, 환원된다면 어느 정도 환원되는가 하는 문제였다.[20] 하프늄이 희토류가 아니라 전이원소라는 사실을 보어의 원자 이론이 정확히 예측했었다는 주장이 있는 데다가 보어의 동료였던 코스터와 헤베시가 결국 그 예측을 사실로 확인한 셈이었기에, 화학철학 연구자들은 하프늄 사례를 면밀히 검토하는 데 관심을 쏟았다. 그리고 우선권 분쟁이 결국 코펜하겐 팀과 보어의 이론을 선호하는 방향으로 결론 난 터였으니, 이 분야의 전문가가 아닌 사람들은 하프늄 일화야말로 화학이 물리학으로 '환원되었다'는 견해를 지지하는 증거라고 주장했다. 이를테면 과학철학자 칼 포퍼는 이렇게 설명했다.

> 나는 1922년 72번 원소(하프늄)가 발견되었을 때의 흥분을 아직 생생하게 기억한다. 그것은 닐스 보어의 놀라운 양자 이론을 원소 주기율표에 적용한 결과였다. 당시 그 사건은 화학이 원자 이론으로 환원된 위대한 순간으로 여겨졌으며, 내가 아직도 믿는바 20세기의 모든 환원주의적 모험을 통틀어 가장 위대한 순간이었다. 그 사건을 능가하는 업적은 아마 크릭과 왓슨의 DNA 구조 발견밖에 없을 것이다. 보어의 이론은 원소들의 화학적 성질을 예측할 수 있도록 함으로써 아직 미발견 상태였던 72번 원소의 성질을 예측하여 결국 그 발견을 이끌었을 뿐 아니라 원소들의 광학적 성질과 심지어 화합물들의 성질도 일부 예측 가능하게 해주었다.
>
> 그것은 물질의 역사에서 위대한 순간이었다. 우리는 보어가 튼튼한 기반을 발견했다고 느꼈고, 이는 지당한 생각이었다. 그러나 벌써 그때부터 이전과는 사뭇 다른 종류의 문제가 배경에서 아른거리기 시작했다. 처음은 소디의 제안(1910년)이었고, 그다음은 보어의 원자모형이 제안된 해에 이뤄진 J. J. 톰슨의 발견(1913년), 이어서 F. W. 애스턴의 질량분석법(1919년)이었다(소디의 제안이

란 동위원소 가설을 가리키고 J. J. 톰슨의 발견이란 동위원소의 발견을 가리킨다—옮긴이). 그다음에는 해럴드 유리가 중수소 발견이라는 폭탄을 던졌다. 그것은—화학과 주기율의 바탕인—원자량의 기본 측정값이 모두 약간씩 틀렸고 따라서 전부 수정해야 함을 뜻했다. 그러니 기반은 갑자기 무너졌다. 보어는 말하자면 늪에 건물을 지은 셈이었다. 그래도 건물은 용케 서 있었으나, 이번에는 양자역학이 등장했고, 또 런던과 하이틀러의 이론이 등장했다(1927년에 프리츠 런던과 발터 하이틀러가 수소 분자의 화학결합에 양자역학을 적용하여 설명한 이론을 뜻한다—옮긴이). 이제 화학을 물리학으로 환원한다는 것은 원론적인 이야기에 불과하다는 사실이 분명해졌다. 오늘날 완전한 환원은 위대한 돌파구의 해였던 1922년에 비해 훨씬 더 멀게 느껴진다.[21]

하프늄이 발견되고 70년쯤 지난 뒤, 양자역학이 화학 현상을 연역적으로 설명할 수 있는가 하는 문제에서 하프늄 일화가 수행하는 역할을 둘러싸고 다시금 논쟁이라 할 만한 것이 벌어졌다. 이 경우에는 하프늄이라는 특정 원소의 화학적 성질을 양자역학이 설명할 수 있는가가 문제였다.[22] 나는 1994년 논문에서, 하프늄 발견에 대한 기존의 해설이 한 가지 중요한 측면에서 잘못되었다고 주장했었다. 보어가 코스터와 헤베시에게 지르코늄 광석에서 72번 원소의 흔적을 찾아보라고 지시했다는 대목인데, 나는 그렇게 제안했던 사람은 보어가 아니라 프리드리히 파네트였다고 주장했다. 베를린의 방사화학자였던 파네트는 다른 사람들의 하프늄 기록에도 종종 언급되긴 하지만 코스터와 헤베시의 지르코늄 분석을 부추겼던 당사자로 지목된 적은 없었다.

앞에서 말했듯이 보어는 자신의 예측에 대해서 워낙 자신만만했으므로, 그래서 그가 코스터와 헤베시에게 새 원소를 찾아볼 장소를 서슴없이 지시했으리라고 보는 것이 일반적인 견해다. 그런데 내가 이런 설명을 왜 의심하게 되었는가 하면, 과학사 및 과학철학 분야에서 나와 함께 박사 공부를 하던 파네트의 아들이 자기 아버지가 갖고 있던 편지들을 내게 보여준 일 때문이었다. 그 편지들을 보면, 파네트가 그 사건에서 맡았던 역할은 일반적으로 인정되는 것보다 훨씬 더 중요했다.

그리고 사실은 덴마크의 과학사학자 헬게 크라우가 나보다 먼저 많은 논문을 통해서 의혹을 제기해둔 터였다. 크라우도 코스터와 헤베시에게 어디를 찾아보라고 구체적으로 제안했던 사람은 보어가 아니라 파네트였다고 주장했다. 또한 크라우는 환원의 문제로 보나 화학의 문제로 보나 이보다 더 중요한 논점을 추가로 제기했는데, 하프늄의 화학적 성질에 관한 보어의 예측이 당시 보어가 암시했던 것만큼 연역적인 작업은 아니었다는 주장이다. 나는 크라우의 지적이 옳다고 본다. 보어의 전자배치가 그의 양자 이론으로부터 엄격한 연역을 거쳐서 얻어진 것이 아니라 반쯤은 경험적인 방법을 통해서 도달한 것이었다는 사실은 다른 많은 연구자들도 지적한 바 있다.[23]

이것은 대단히 보어다운 접근법이었다. 그는 제법 뚜렷하게 구별되는 두 요소를 모두 활용했다. 그러니까 일반적인 이론적 원칙도 적용했지만, 화학적 혹은 물리학적 지식도 적용했다. 이런 구분은 당시 원자 이론의 전반적인 추세였던 데다가 1921년 이론에서도 드러난 특징인바, 각각 연역적 추론과 귀납적 추론에 해당한다. 보어의 연구에서 역학과 양자 이론 원칙만으로는 전자배치를 막연하게만 규정할 수 있을 뿐이었다. 그보다는 귀납적인 화학적 논증이 더 중요한 역할을 수행했다.

그러니 보어가 하프늄의 화학적 속성을 실제 어느 정도까지 예측했는지 따져볼 필요가 있다는 나의 의문에 대해 크라우가 여러 차례 반대 의견을 밝힌 것이 나로서는 약간 놀랍다. 가령 크라우는 원소 개념에 관한 논문의 각주에서 이렇게 밝혔다.

에릭 셰리(1944)는 보어의 이론이 72번 원소의 화학적 속성을 예측하지 못했으며 따라서 그 원소의 발견은 보어 이론의 실적으로 볼 수 없다고 주장한다. 물론 보어의 예측이 아주 확실하진 않았던 것은 사실이고, 문제의 원소가 지르코늄 동족이라는 통찰은 대체로 화학적 추론에 의지하여 도달한 결론이었다는 것도 옳은 말이다. 그러나 역사적 관점에서 보자면 셰리가 제기한 이의는 타당하지 않다. 비록 엄밀한 연역적 방식은 아니었더라도 보어는 예측이라는 용어의 합리적 의미에 전혀 무색하지 않은 수준으로 하프늄의 화학적 성질을 예측했다. 거의 모든 물리학자들은 이 예측이 이론과 발견을 잇는 고리였음을 인정하고, 하프늄 발견을 보어 원자 이론의 위대한 성과로 인정한다.[24]

어쩌면 우리의 견해 차이는 크라우가 이 주제를 물리학의 관점에서 접근하는 데 비해 나는 대체로 화학의 관점에서 접근한다는 데서 비롯하는지도 모른다.[25]

하프늄의 성질과 용도

하프늄의 화학적 성질은 주기율표의 4족에서 바로 위에 있는 지르코늄과 아주 비슷하다. 가령 지르코늄의 이온반지름은 0.74옹스트롬으로 0.75옹스트롬인 하프늄과 그 차이가 1퍼센트에 불과하다. 하프늄의 핵에 중성자는 물론 양성자도 서른두 개나 더 많은데도 말이다.

이 현상은 이른바 '란타넘족 수축'으로 일부 설명된다. 전이원소 세 번째 계열을 왼쪽에서 오른쪽으로 살펴보면 실제 원자 크기가 예측값보다 점점 더 작아지는데, 이것은 추가되는 전자들이 안쪽 f 오비탈에 들어가기 때문이다(표 4.4). 4f 오비탈은 끝에서 세 번째 껍질이므로, 그보다 바깥에 놓인 전자들에 대한 차폐 효과가 가령 d 오비탈 전자들의 차폐 효과보다 떨어진다. 차폐 효과가 부실하면 핵이 미치는 인력이 상대적으로 커지기 때문에, 세 번째 전이원소 계열의 원소들은 대부분 원자반지름도 이온반지름도 바로 위에 놓인 두 번째 계

La	Ce	Pr	Nd	Pm	Eu	Gd	Tb	Dy	Ho	Er	Tm	Yb
1.00	1.02	0.99	0.983	0.97	0.958	0.938	0.923	0.912	0.901	0.890	0.880	0.868

표 4.4 | 옹스트롬으로 표시한 이온반지름의 변이. 란타넘족 수축을 보여준다.

열의 원소들과 비슷하다.

하프늄과 지르코늄은 이것뿐 아니라 다른 많은 성질도 비슷하기 때문에, 특히 그 이온들은 광물에서 반드시 함께 발견되고 서로 쉽게 치환된다. 두 원소를 화학적으로 분리할 방법은 없다. 분리하려면 두 원소의 화학적 특성 차이를 이용해야 하는데 그 차이가 없다시피 하기 때문이다.

물리적 성질에는 약간 차이가 있다. 가령 밀도는 제법 차이를 보여, 지르코늄의 밀도는 하프늄의 절반밖에 되지 않는다. 녹는점도 꽤 다르다. 그리고 현재까지 알려진 하프늄의 서른네 가지 동위원소 가운데 제일 불안정한 것은 반감기가 400밀리초인 ^{153}Hf인 데 비해 안정한 ^{174}Hf의 반감기는 2×10^{15}년이나 된다.

두 원소의 성질이 가장 차이 나는 것은 중성자 흡수력이다. 하프늄은 지르코늄보다 중성자를 600배쯤 더 잘 흡수한다. 그래서 하프늄의 주된 활용 분야는 원자로 제어봉이고, 과학자들은 하프늄의 중성자 흡수력을 극대화하기 위해서 두 원소를 분리하는 기법을 개량하는 데 많은 노력을 기울여왔다.

하프늄은 녹는점이 높은 물질로서 몇 가지 기록을 갖고 있다. 탄화하프늄, 즉 HfC는 모든 이성분 화합물 가운데 녹는점이 최고로 높아서 무려 섭씨 3,980도에 이른다. 화학식이 Ta_4HfC_5인 혼합 탄화물은 심지어 우리가 아는 그 어떤 화합물보다도 녹는점이 높다.

하프늄의 또 다른 용도는 타이타늄, 나이오븀, 탄탈럼 같은 금속들과 합금을 이루는 것이다. 아폴로 달 착륙선 같은 로켓 추진체의 노즐이 바로 이런 나이오븀, 하프늄, 탄탈럼 합금으로 만들어진다.

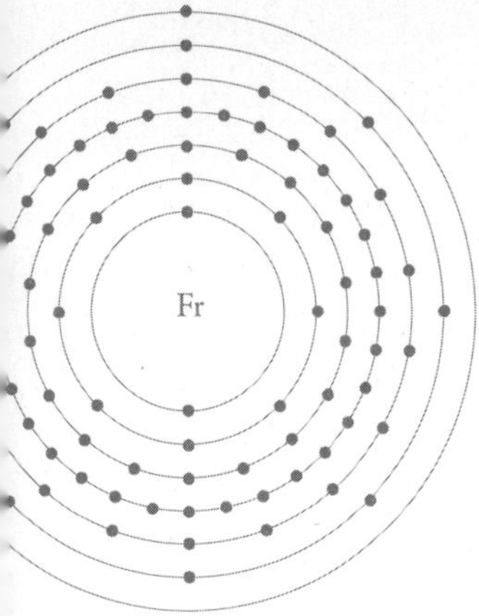

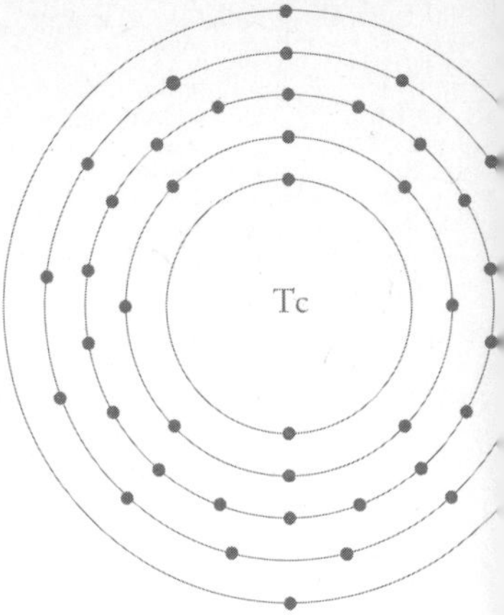

5장

75번 원소—레늄

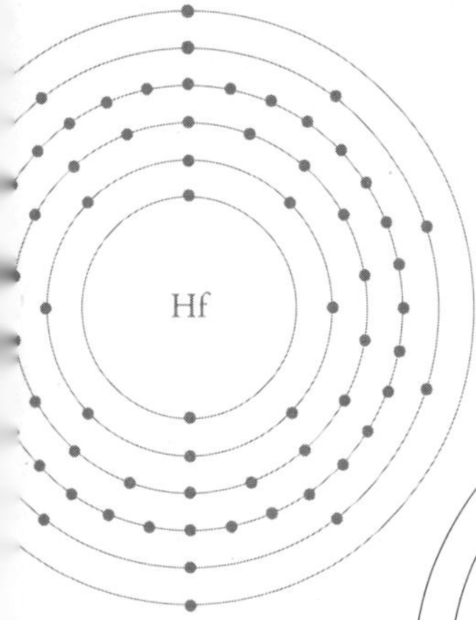

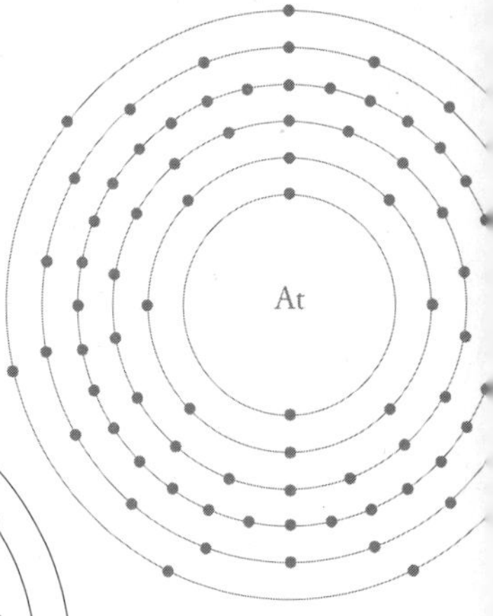

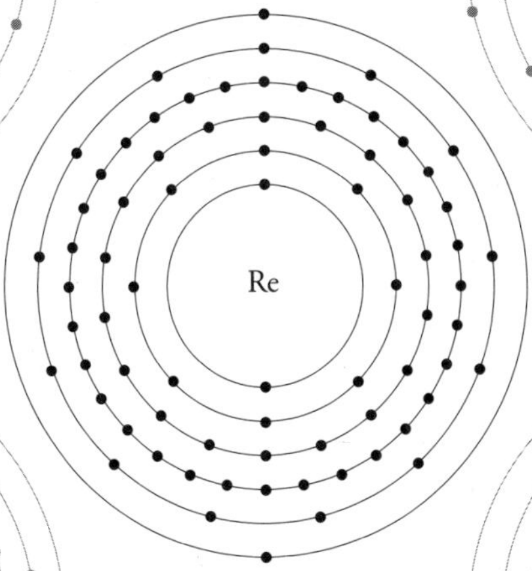

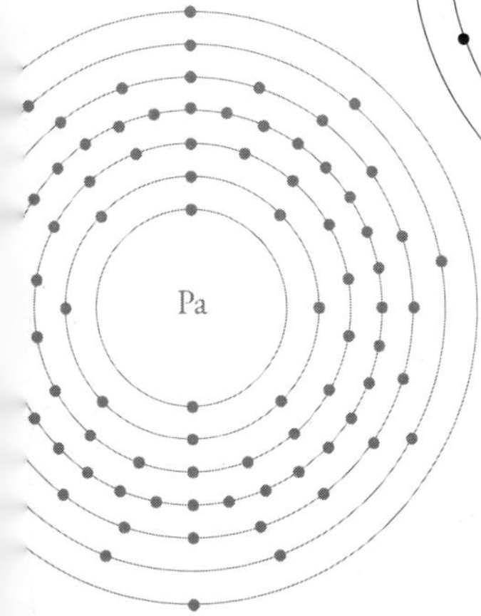

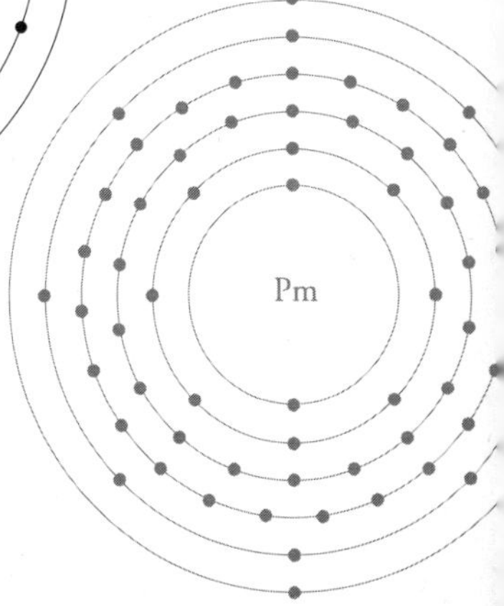

레늄은 주기율표의 7족에서 망가니즈보다 두 칸 밑에 있다. 레늄은 멘델레예프가 1869년 처음 주기율표를 제안했을 때부터 예측했

H																	He
Li	Be											B	C	N	O	F	Ne
Na	Mg											Al	Si	P	S	Cl	Ar
K	Ca	Sc	Ti	V	Cr	Mn	Fe	Co	Ni	Cu	Zn	Ga	Ge	As	Se	Br	Kr
Rb	Sr	Y	Zr	Nb	Mo	Tc	Ru	Rh	Pd	Ag	Cd	In	Sn	Sb	Te	I	Xe
Cs	Ba	Lu	Hf	Ta	W	**Re**	Os	Ir	Pt	Au	Hg	Tl	Pb	Bi	Po	At	Rn
Fr	Ra	Lr	Rf	Db	Sg	Bh	Hs	Mt	Ds	Rg	Cn		Fl		Lv		

La	Ce	Pr	Nd	Pm	Sm	Eu	Gd	Tb	Dy	Ho	Er	Tm	Yb
Ac	Th	Pa	U	Np	Pu	Am	Cm	Bk	Cf	Es	Fm	Md	No

표 5.1 | 결국 레늄으로 명명된 75번 원소가 주기율표에서 차지하는 위치.

이다 노다크(결혼 전 성은 타케). 미국 물리학회 에밀리오 세그레 사진 콜렉션의 허가로 게재함.

던 원소였다. 7족은 약간 독특한 집단이다. 주기율표가 처음 발표되었을 때는 거기 포함된 원소가 망가니즈 하나뿐이었기 때문이다. 그 밑에는 최소 두 개의 빈칸이 있었다. 첫 번째 칸은 결국 43번 원소 테크네튬이, 두 번째 칸은 레늄이 메울 것이었다. 하지만 둘 중 먼저 발견된 것은 레늄으로, 1925년에 독일에서 발터 노다크, 이다 타케(결혼 후 성은 노다크), 오토 베르크가 발견했다.[1] 그들은 몰리브데나이트 광물 약 660킬로그램을 가공하여 고되고 긴 추출 끝에 겨우 1그램의 레늄을 확보했다.[2]

독일 발견자들은 자신들이 연구하던 곳 근처를 흐르는 라인 강의 라틴어 이름 레누스를 따서 원소명을 지었다. 그들은 또 7족의 다른 빈칸인 43번 원소, 즉 훗날 테크네튬이라고 불릴 원소도 분리했다고 믿었지만, 이 주장은 다른 연구자들에 의해 뜨거운 논박의 대상이 되었다.

21세기 초에도 벨기에와 미국의 연구진이 노다크 부부의 엑스선 증거를 재분석하여 그들이 정말로 43번 원소를 분리하는 데 성공했다는 주장을 다시금 제기했다.[3] 그러나 최근의 이런 주장에 대해서도 다른 많은 방사화학자들과 물리학자들이 반박을 제기했고, 논박은 적어도 당분간 잠잠해진 상황이다.[4]

그런데 이야기가 꼬이려니 여기에서 그치지 않아, 일본 화학자 오가와 마사타카가 그보다 앞선 1908년 43번 원소를 분리했다고 선언하고서 그것을 니포늄이라고 명명한 일이 있었다. 당시에는 그의 주장도 기각되었으나, 2004년에 이르러 그가 분리한 것은 사실 43번 원소가 아니라 레늄이었으며 따라서 노다크 부부와 베르크의 발견에 앞섰다는 주장이 새삼스레 제기되었다.[5]

니포늄

20세기가 막 시작된 시점, 오토 한은 런던의 유니버시티 칼리지에서 램지의 제자로 방사능 연구에 입문했다. 램지는 한에게 실론(현재의 스리랑카)에서 특별히 수입해온 토리아나이트 광물을 분석하라고 지시했고, 그 덕분에 한은 이 분야에서 일찌감치 족적을 남길 수 있었다. 처음에 한은 자신이 새로운 원소를 발견했다고 믿었으나, 결국 그것은 토륨의 새로운 동위원소로 드러났다. 그의 조언자였던 램지는 레일리 경과 함께 여러 새로운 원소들(네온, 아르곤, 크립톤, 제논)을 발견한 인물이었다. 그들이 발견한 비활성기체들 때문에 주기율표에는 완전히 새로운 족이 하나 더 만들어졌다.

공교롭게도 램지는 또 다른 젊은 학생에게도 그 광물을 분석하라고 지시했는데, 아마도 새로운 원소를 찾아내기 위한 중복 투자의 의미였을 것이다. 그 학생은 1904년 일본에서 유니버시티 칼리지로 유학 온 오가와 마사타카였다. 오가와는 상당한 노력을 쏟은 끝에 자신이 새로운 원소를 분리하는 데 성공했다고 믿었고, 램지를 설득하는 데도 성공했다. 오가와가 내놓은 증거 중 하나는 4,882±10옹스트롬 지점에서 관찰된 스펙트럼선이었다.[6] 그는 그 원소가 2가일 것이라는 믿음에 근거하여 원자량을 100으로 계산해냈다.[7]

램지는 이 발견을 승인했으며, 오가와에게 고국의 이름을 따서 니포늄이라고 명명하라는 제안까지 했던 모양이다. 이후 일본으로 돌아간 오가와는 몰리브데나이트에서도 이 원소를 미량 발견했다고 주장하며[8] 런던에서 발행되는 학술지《케미컬 뉴스》에 두 편의 논문을 실었다.[9] 이듬해 F. H. 로링이 역시《케미컬 뉴스》에 발표한 주기율표에는 새 원소가 포함되었다. 기호는 Np였고 오늘날 43번 원소, 즉 테크네튬이 차지하는 위치에 놓여 있었다.

이후 오가와가 재직했던 도호쿠 대학에서 후배 연구자들이 그의 발견을 재현하려고 애썼으나, 안타깝게도 성공하지 못했다. 그 이유 중 하나는 젊은 연구자들이 사용했던 토리아나이트에 레늄이 극히 적게 들어 있었다는 점이었다. 좀 더 정확하게 말하자면, 토리아나이트의 96.9퍼센트는 열 가지 원소로 구성되는데 그중 가장 주된 성분은 당연히 토륨이다. 그리고 남은 3.1퍼센트는 그 밖의 열한 가지 원소로 구성되는데 그 가운데서도 레늄은 양이 적은 편이다. 오가와가 런던에서 실험했을 때는 광물 250킬로그램을 활용할 수 있었으나 나중에 일본 연구자들이 사용한 광물은 1킬로그램도 안 되었다.

그 밖에도 많은 연구자들이 에카망가니즈, 즉 43번 원소를 발견했다고 주장했다. 그중 영국의 F. H. 로링과 J. G. F. 드루스는 전기화학적 기법을 써서 망가니즈염과 파이롤루사이트(MnO_2)로부터 새 원소를 추출했다고 주장했다. 러시아의 오레스트 즈뱌긴체프처럼 에카망가니즈를 찾아보긴 했지만 발견하지 못했다고 고백한 사람들도 있었다. 독일의 빌헬름 프란틀은 컬럼바이트, 탄탈라이트, 가돌리나이트, 울프라마이트에서 찾아보았으나 모두 실패했다고 기록했다.

노다크와 타케와 베르크

1925년 독일의 노다크, 타케, 베르크는 7족에 속하는 새 원소를 두 가지 발견했다고 보고하며 각각 마수륨과 레늄으로 명명했다. 이후 얄궂은 전개 끝에 그들은 레늄에 대한 주장은 인정받았으나 테크네튬에 대해서는 그러지 못했다. 한편 오가와의 니포늄은 가뭇없이 사라졌다. 나중에 요시하라 겐지라는 학자가 니포늄을 소생시켜서 오가와가 발견했던 것은 43번 원소라는 본인의 믿음과 달리 사실 레늄이었다고 주장하고 나설 테지만 그것은 한참 뒤의 일이었다. 43번 원소는 실제로 오가와에게도 노다크 부부에게도 붙잡히지 않았고, 1937년이 되어서야 페리에와 세그레가 분리해냈다. 좀 더 정확하게 말하자면 합성해냈다.[10]

노다크 부부가 경쟁자들을 앞설 수 있었던 것은 자신들이 찾는 두 원소가 망가니즈보다는 수평으로 이웃한 원소들과 더 비슷하다는 사실을 확실히 알았기 때문이다. 예를 들어 이황화망가니즈는 산에 녹는데, 노다크 부부는 43, 75번 원소는 녹지 않을 것이라고 믿었다. 그들은 정제가 덜 된 광물에 침전과 여과 기법을 적용하여 철과 망가니즈를 제거하는 작업부터 시작했다. 그러자 여러 광물에서 얻은 총 400가지 농축물이 남았다. 새 원소의 정체를 확실히 확인하기 위해서 부부는 베를린에 있는 지멘스-할스케 회사의 엑스선 전문가 오토 베르크를 끌어들였고, 1925년 6월에 노다크 부부와 베르크는 노르웨이산 컬럼바이트 광물에서 새 원소를 확인했다고 선언하고 레늄이라는 이름을 제안했다.

이후 노다크 부부는 독일 과학 에너지 자금이 지원한 3만 마르크를 써서 스칸디나비아와 러시아를 여행했다. 레늄을 함유하고 있으리라 예상되는 광물을 좀 더 구입하기 위해서였다. 처음 추출에 성공한 것은 1927년이었고, 그들은 레늄 120밀리그램을 확보하여 화학적 성질을 일부 조사할 수 있었다. 상업계는 거의 즉각적으로 이 새로운 금속에 관심을 보였고, 베르크가 몸담은 지멘스-할스케사는 같은 해 노다크 부부와 레늄 1그램을 추출하기로 계약을 맺었다. 계약 조건은 추출한 금속의 소유권은 회사가 갖지만 노다크 부부가 그것을 써서 후속 실험을 할 수 있도록 허락한다는 것이었다. 1929년까지 노다크 부부는 노르웨이산 몰리브데나이트 660킬로그램에서 추출한 레늄 1그램을 약속대로 전달했고, 불과 1년 뒤에는 총 3그램을 추출하는 데 성공했다.

나중에 밝혀진바, 레늄은 지각에 10^{-7}퍼센트, 즉 0.001피피엠이라는 극히 낮은 농도로 존재한다. 레늄은 자신만의 독특한 광물을 형성하진 않지만, 앞에서 언급한 대로 몰리브데나이트에 담겨 있고 반암

동 광물에도 들어 있다. 녹는점은 아주 높은 섭씨 3,180도로 모든 원소를 통틀어 3,380도인 텅스텐에만 뒤지는 2등이다. 비중은 오스뮴, 이리듐, 백금에 이어 네 번째로 크다.

레늄의 용도

레늄의 화학적 성질을 알아보자. 얼마 전까지만 해도 레늄이 다른 한 종류의 비금속하고만 결합한 광물은 알려져 있지 않았다. 그러나 1992년 《네이처》가 보도했듯이 한 러시아 연구진이 러시아 동쪽 해안에서 한참 떨어진 외딴섬의 화산 입구에서 이황화레늄을 발견했다.[11] 쿠드랴비라는 이름의 그 화산은 1883년 이래 분화하지 않았지만 900도가 넘는 뜨거운 기체를 분출한다. 연구진은 그 기체를 승화시킴으로써, 그들의 표현을 빌리자면 "레늄의 순수한 광물로는 최초로 보고되는 물질"이자 레늄이 유일하게 양이온으로 포함되어 있는 물질을 발견했다.

레늄의 화학적 성질은 다채로운 편이다. 무엇보다 레늄은 어떤 원소보다도 압도적으로 다양한 산화 상태를 자랑한다. -1, 0, +1, +2부터 +7까지 다 취할 수 있고, 개중 가장 흔한 상태는 +7가이다. 레늄은 또 최초로 금속 간 4중 결합을 보여준 물질이다. 1964년 미국의 앨버트 코튼과 동료들은 $[Re_2Cl_8]^{2-}$라는 레늄 이온에 그러한 레늄 간 4중 결합이 존재한다는 사실을 발견했다.[12]

추출된 레늄 중 상당량은 초합금으로 만들어져서 제트엔진의 여러 부속에 쓰인다. 레늄은 전이금속답게 여러 화학반응에서 촉매로도 작용한다. 레늄과 백금을 조합한 촉매는 무연 고옥탄 휘발유를 제조하는 중요한 과정에서 유용하게 쓰인다. 레늄 촉매는 특히 질소, 인, 황이 가하는 화학적 공격에 잘 견디기 때문에 다양한 산업 공정에서 수소화반응의 촉매로 유용하다.

최근에는 매우 단순한 형태의 화합물인 이붕소화레늄에 약간의 관심이 쏠렸다. 이 화합물이 지금까지 알려진 모든 물질을 통틀어 가장 단단한 물질이기 때문이다. 다이아몬드와 같은 다른 초경질 재료와는 달리 이붕소화레늄은 제조할 때 고압 조건을 갖출 필요가 없다.[13]

현대 산업에서 레늄의 용도

현대 산업계에는 단단한 재료에 대한 수요가 많다. 연마재, 절삭 도구, 긁힘 방지 코팅으로 쓰이는 이른바 초경질 재료에 대한 수요도 많다. 전통적으로 초경질 재료의 역할을 맡아온 것은 절삭 도구로서의 능력이 잘 알려져 있는 다이아몬드였다. 그 밖에도 입방 질화붕소, 즉 BN을 비롯하여 여러 초경질 재료가 대체물로 개발되었다. 그런데 그런 다이아몬드 대체물은 제조 과정에서 엄청난 고압을 사용한다. 보통 5기가파스칼이 넘는 고압이 필요하고, 온도도 1,500도가 넘어 제조 비용이 비싼 편이다.

1962년 뉴욕에서 연구하던 샘 라플라카와 벤저민 포스트는 우연히 레늄의 새 화합물을 합성했다. 화학식이 ReB_2인, 너무나 단순한 붕소화물이었다.[14] 그들은 이 화합물에 초경질 재료로서의 잠재력이 있다는 사실은 깨닫지 못했다. 그 가능성을 알아차리고 특성 분석과 실험을 통해 이것이 정말로 초경질 재료임을 확인하는 과제는 UCLA 화학과의 내 동료인 리처드 케이너와 세라 톨버트의 몫이었다.[15]

이붕소화레늄의 경도에 기여하는 두 요인은 원자가전자들의 밀도가 높다는 점, 그리고 짧은 공유결합이 많다는 점이다. 케이너와 톨버트는 사실 이전에 초경질 재료의 후보로 이붕소화오스뮴을 지목하고 그 화합물에 바람직한 특징이 많다는 사실을 확인했는데, 그 후 주기율표를 들여다보면서 그보다 더 단단한 화합물을 만들어내는 원소가 무엇이 있을지 살펴보았다. 주기율표에서 오스뮴의 왼쪽에 놓인 레늄은 당연한 선택이었다. 이붕소화레늄이 다이아몬드 표면에 흠집을 낸다는 사실과 마이크로 압입 실험을 해본 결과는 이 화합물이 초경질 재료라는 주장을 뒷받침했고, 덕분에 이 화합물을 기술적으로 응용할 가능성이 열렸다.

이붕소화레늄은 가령 다이아몬드를 쓰기 곤란한 조건에서 절삭 도구로 쓰일 수 있다. 곧잘 탄소화물을 형성하는 다이아몬드의 성향은 고속 공작 기계처럼 철이나 강철을 자르는 도구로 쓰일 때 특히 문제가 되기 때문이다.

레늄은 안정적인 원소는 아니지만 그렇다고 해서 가치가 떨어진다고는 결코 말할 수는 없다. 레늄에는 흥미롭고 유용한 성질이 많다. 이를테면 여느 금속과는 달리 녹는점에 다가가도 연성-취성 파괴를 겪지 않는다는 점이 그렇다. 레늄은 온도가 올라가도 높은 강도를 유지할 뿐 아니라 연성도 유지하기 때문에 고온에서 사용할 재료로 이상적이다. 항공기 터빈 날개가 그 응용 사례의 하나다. 니켈 합금에 레늄을 1~3퍼센트만 섞어도 고온에서 강도가 개선되고 피로 파괴도 방지된다.

레늄 합금의 또 다른 용도는 반도체, 원자로, 전자관 부속, 열전대, 전기접점, 자이로스코프, 엑스선관 등이다. 화학 산업에서도 알킬화, 탈알킬화, 탈염화수소화, 가수소 크래킹, 산화, 개질 반응의 촉매로 널리 쓰인다. 레늄 촉매의 특징은 질소, 황, 인과 같은 통상적인 촉매독 중 일부에 저항성을 보인다는 점이다. 세계에서 가장 큰 레늄 매장지는 칠레에 있고, 칠레는 이 금속의 최대 생산국이다.[16]

현재 진행되는 레늄 연구

버지니아 대학의 딘 하먼은 기초 합성 유기화학 분야에서 레늄 화합물을 이용해온 선구자다.[17] 작업은 그가 스탠퍼드 대학에서 노벨상 수상자 헨리 타우버의 학생으로 있을 때 시작되었다. 두 사람은 전이금속 화합물인 펜타암민오스뮴(II), 즉 $[Os(NH_3)_5]^{2+}$의 중요한 기능을 하나 발견했다. 이 조각 분자가 벤젠고리나 다른 방향족 화합물과 결합하면 화합물의 행동이 극적으로 변해서 합성 유기화학의 관점에서 바람직한 새로운 성질이 생겨났는데, 방향족 화합물은 원래 치환반응을 잘 일으키지만 이제 첨가반응을 잘 일으키도록 성질이 바뀌는 것이었다. 이런 변화는 고리형 화합물이 지닌 방향족 고유의 성질이 탈방향족화 과정을 거치면서 줄어들기 때문이다. 1980년대 중반부터는 펜타암민오스뮴(II) 외에도 그런 화합물이 많이 합성되었는데, 모두 구리(I), 금(I), 백금(0), 니켈(0), 탄탈럼(III), 나이오븀(III), 로듐(II) 같은 전이금속 착물을 포함하는 화합물이다.

이런 화합물에서 레늄 같은 전이금속은 방향족 화합물과 단일결합을 이룬다. 그 때문에 다른 두 '2중 결합'이—유기화학의 고전적 용어로 표현하자면—편재화되고, 그래서 사이클로헥사다이엔 화합물이 형성된다. 이것이 바로 탈방향족화 과정이다. 벤젠고리가 원래 지녔던 방향족의 성질을, 달리 말해 비편재화 성질을 잃기 때문이다.

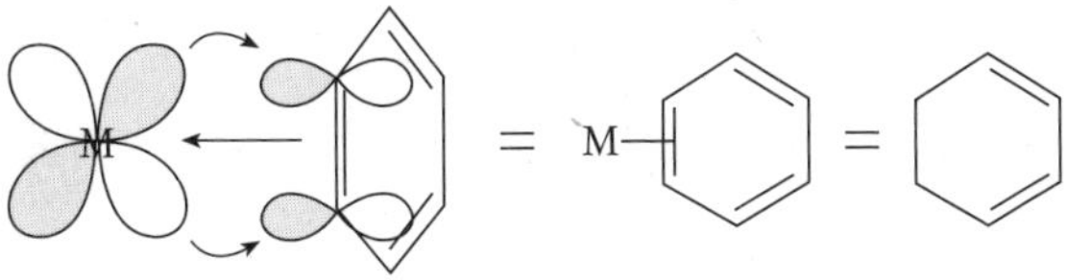

금속 원자를 이용한 탈방향족화 반응(J. M. Keane, W. D. Harman, A New Generation of π- Basic Dearomatization Agents, *Organometallics*, 24, 1786-1798, 2005). 미국 화학 협회의 허가로 재수록했다.

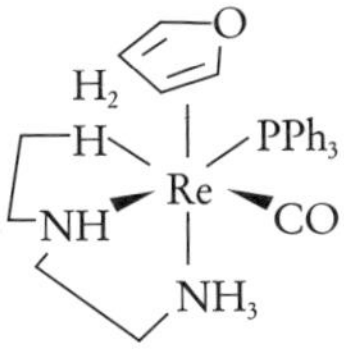

레늄 원자를 포함한 2세대 탈방향족화제(J. M. Keane, W. D. Harman, A New Generation of π- Basic Dearomatization Agents, *Organometallics*, 24, 1786-1798, 2005). 미국 화학 협회의 허가로 재수록했다.

2005년 하먼은 낮은 원자가 상태의 레늄을 집중적으로 연구함으로써 2세대 탈방향족화제라고 불리는 물질을 발견했다. 이 화합물의 화학식을 풀어 쓰자면 이 줄의 절반은 차지할 것이다.

니포늄을 복권시키려는 시도

일본의 명예교수 요시하라 겐지는 니포늄이라는 새로운 원소에 관한 오가와의 우선권을 복권해야 한다고 제안하는 논문을 오랜 기간에 걸쳐 여러 편 발표했다.[18] 우리의 일곱 원소 중 하나에 대해서 '진짜 발견'은 따로 있었다고 단언하는 셈인데, 그의 주장이 비교적 최근의 일인 데다가 아주 집요하다는 점을 감안하여 이 자리에서 조금 자세히 살펴보겠다.

앞에서 말했듯이, 일본 화학자 오가와 마사타카는 1904년에 런던으로 건너가 윌리엄 램지 밑에서 공부했다. 램지는 오가와에게 실론 원산의 토리아나이트 샘플을 주며 성분을 조사하라고 지시했다. 1908년 오가와는 다른 어떤 원소의 분광 스펙트럼에서도 관찰되지 않았던 지점인 파장 4,882옹스트롬 지점에 새로운 스펙트럼선이 나타난 것을 발견했다고 생각했고, 보고를 받은 램지는 이 일본인 학생이 새 원소를 발견했다고 믿고서 오가와에게 그것을 니포늄이라고 부르라고 제안했다.

오가와는 '새 원소'의 원자량이 몰리브데넘과 루테늄 사이라고 계산했다. 그렇다면 망가니즈 바로 밑에 놓일 텐데, 그것은 일찍이 멘델레예프가 존재를 예측하고서 에카망가니즈라고 부른 원소였다. 오가와는 1906년 일본으로 돌아가서도 계속 이 원소를 탐색했고, 나중에 일본산 몰리브데나이트에서도 이 원소를 발견했다고 주장했다. 그는 런던의 크룩스가 발행하는 《케미컬 뉴스》에 두 논문을 발표했다.[19] 니포늄을 뜻하는 기호 Np는 로링이 발표한 주기율표에 신속히 이름을 올렸다.

1911년 오가와는 도쿄 대학에서 센다이의 도호쿠 대학으로 옮겼고 1919년에는 총장이 되었다. 그의 동료들과 제자들은 니포늄 검출을 재현하려고 애썼지만 계속 실패만 했다. 한편 오가와가 니포늄을 함유하고 있다고 추정한 광물 샘플은 하프늄의 발견자인 헤베시에게도 전달되었는데, 헤베시도 그 속에서 새로운 원소를 검출하는 데 실패했다. 헤베시는 1925년에 이렇게 썼다.

> 몇 년 전, 오가와는 토리아나이트에서 새로운 원소 니포늄의 규산염을 발견했다고 믿었다. 워싱턴 광산국 수석 화학자인 R. B. 무어 씨가 오가와로부터 얻은 니포늄 규산염 결정의 일부를 내게 보내주었다. 그러나 이 결정은 사실 하프늄을 2퍼센트 함유한 지르코늄 규산염이었다.[20]

이후 J. W. 판스프론선을 비롯하여 주기율표에 대한 글을 썼던 모든 저자들은 이 부정적 결과를 받아들였으나, 일본에서는 오가와의 주장이 살아남았던 모양이다. 아직 생존한 핵화학자 요시하라 겐지가 오가와를 복권하려고 상당히 노력한 탓이었다. 요시하라는 오가와의 우선권을 되살리려고 하면서도 오가와가 그 원소를 에카망가니즈로 규정한 것은 잘못이었고 사실은 그보다 한 칸 밑에 있는 원소, 즉 레늄이라고 불리게 될 원소로 규정했어야 했다고 결론 내렸다.

요시하라는 헤베시에게 전달되었던 샘플의 진위 여부는 논하지 않았으나, 오가와의 분리 기법을 면밀히 검토함으로써 다음과 같이 결론 내렸다.

> (오가와가 수행했던) 이상의 과정에서, 분리된 샘플에는 헤베시의 묘사와는 달리 지르코늄과 규산염은 거의 없다고 봐도 좋았다. 만일 그림 2에서 확보된 최종 분별 물질에 지르코늄이 소량이라도 오염 물질로 담겨 있었다면, 오가와가 그 지르코늄을 니포늄으로 착각했을 가능성이 있을까? 그런 경우는 생각하기 어렵다. 오가와는 분리 실험의 전문가였으니까!

말할 나위도 없이, 이처럼 민족주의적 근거에서 비롯한 듯한 발언은 과학적인 면에서는 설득력이 거의 없다. 요시하라의 다음 발언도 마찬가지다.

> 오가와가 램지의 강력한 지지하에 평생 그 원소를 탐색했다는 점을 고려할 때, 그가 그렇게 유령 같은 목표를 추구했다는 것은 좀 이상한 일이다. 니포늄의 실체는 무엇이었을까? 최근까지만 해

도 이 의문에 대한 답은 알려지지 않았다. (265쪽)

마지막으로 요시하라는 좀 더 실질적인 논증을 펼친다.

> 의문을 푸는 열쇠는 오가와가 논문에서 묘사했던 분광분석 결과에 있다. '새로운 원소'가 방출하는 것으로 짐작되었던 4,882옹스트롬(실험 오차는 10옹스트롬)의 새로운 스펙트럼선은 레늄의 스펙트럼선(4,889옹스트롬)과 거의 일치한다. (……) 따라서 오가와의 니포늄은 분광학적으로 볼 때 레늄으로 규정되어야 한다.

요시하라는 또 오가와가 계산했던 니포늄 원자량이 틀린 것은 오가와가 그 원소를 2가로 간주했기 때문이라고 주장했다. 자신이 원자가를 6가로 잡고서 다시 계산해보니 원자량이 185.2이 되어 현재 알려진 레늄의 원자량 186.2와 가깝더라는 것이다. 그는 독자에게 자신이 이 발견을 1996년 벨기에에서 열렸던 국제 학회에 제출했으며 그곳에서 "화학사에 관심이 있는 미국과 유럽의 청중에게 깊은 인상을 안겼다"고 말했다. 이후 후속 논문을 학술지 《라디오키미카 악타》에 발표했는데 그 역시 "많은 사람들에게 대단히 좋은 평가를 받았다"고도 덧붙였다.[21]

자신의 주장이 빈약하다는 사실을 본인도 알았던지, 요시하라는 마지막으로 비장의 카드를 꺼냈다. 요시하라에 따르면 오가와는 늘 엑스선을 써서 발견을 확증받고 싶어 했지만 당시 일본에는 적절한 엑스선 기기가 없었다.[22] 1927년에야 기무라 겐지로라는 연구자가 적당한 엑스선 분광기를 구입하여 오가와의 새 원소를 확인하고자 시도해보았다. 안타깝게도 이 분석 결과를 보고한 논문은 끝내 발표되지 않았지만, 요시하라에 따르면 또 다른 교수이자 "기무라 겐지로의 절친한 친구였던" 이노우에 토시가 이렇게 감탄했다고 한다.

> 그것은 정말로 아름다운 레늄이었다!

2004년 논문에서, 요시하라는 그가 또 다른 증거라고 주장하는 사실을 제시했다. 기무라의 실험에서 나온 엑스선 사진판이 발견되었다는 것이었다. 정확히 말하자면 기무라의 것은 아니고, 이 복잡한 이야기에 등장하는 또 다른 인물인 아오야마 교수가 남긴 것이라고 했다. 아무튼 요시하라는 그 엑스선 사진판을 열심히 판독하고 추측한 끝에, 오가와의 샘플에 43번 원소가 없었던 것은 분명하지만 뾰족한 피크가 두 군데 보인다고 해석하며 이렇게 말했다.

> 이 피크들은 레늄의 $L_{\beta1}$와 $L_{\beta2}$ 스펙트럼선에 해당하는 것임이 분명하다.

이것은 언뜻 보기에 요시하라가 여태까지 제시한 증거들 중 제일 그럴듯하지만, 사실은 여기에도 대답 없는 의문이 많다. 우선 그래프의 두 선은 우리의 기대와는 달리 아오야마가 얻은 엑스선과 '진짜'

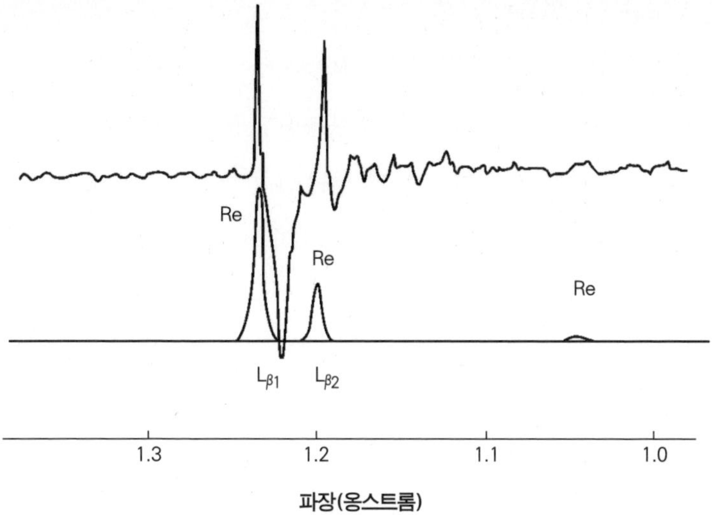

표 5.2 | 요시하라의 2004년 보고서에 수록된 그림으로, 기무라의 실험에서 얻은 엑스선 피크들이라고 한다(Yoshihara, H. K. Discovery of a new element Nipponium: reevaluation of pioneering works of Masataka Ogawa and his son Eijiro Ogawa, *Spectrochimica Acta Part B Atomic Spectroscopy 59*, 1305-1310, 2004). 엘즈비어 사의 허가를 얻어 재수록했다.

레늄의 엑스선을 비교한 것이 아니다. 아오야마의 피크들과 레늄에 대한 계산값 피크들을 비교했을 뿐이다.[23]

내 결론은 이렇다. 오가와의 샘플에는 레늄이 정말로 얼마간 들어 있었을지도 모른다. 레늄이 그렇게 희귀한 원소는 아니라는 단순한 이유 때문에라도. 그렇다 해도 오가와의 샘플에 정말로 레늄이 들어 있었다고 주장하는 것은 전혀 다른 문제이다. 오가와가 참으로 신중한 사람이었다는 정황증거는 그러한 주장의 근거가 될 수 없으며, 나중에 쓰인 요시하라의 논문들이 정말로 호평을 받았더라도 그 역시 주장의 근거가 될 수는 없다.

요시하라의 논문에서 짚고 넘어가야 할 점이 하나 더 있다. 요시하라는 오가와의 주장을 입증했던 일본 연구자들이 그 결과를 밝히지 않았던 것은 후배가 선배를 반박해서는 안 된다는 일본의 관례 때문이었다고 여러 차례 주장했다. 후배 연구자들은 사실 오가와의 주장, 즉 43번 원소를 발견했다는 주장이 틀렸다는 사실을 알고 있었으나 그 시절에는 그 사실에 이목을 집중시키는 것이 일종의 반항처럼 여겨졌으리라는 것이다.

요시하라의 이 주장 역시 나는 가능성이 희박하다고 본다. 왜냐하면 설령 오가와가 발견한 것이 43번 원소가 아니라 레늄이라고 선언하더라도 그 역시 중요한 업적을 주장하는 것이며 오가와에게 영예를 안기는 일이었을 터이기 때문이다. 그런 선언은 오가와가 원소를 착각했다는 사실에서 오는 불명예를 덮고도 남았을 것이다. 나는 요시하라가 말하는 그런 이유 때문에 여러 연구자들이 오가와가 훗날 레늄으로 불릴 원소를 분리했다고 믿으면서도 그 사실을 발표하지 않았다고는 도저히 믿을 수 없다. 진짜 설명은 훨씬 더 단순하다. 예나 지금이나 오가와의 니포늄이 사실 레늄이었다는 주장에는 증거가 부족하다는 것이다.

막간

1925년까지, 자연 상태로 존재하는 원소는 하나를 제외하고 전부 발견되었다. 이제 주기율표의 옛 테두리 내에서 아직 빈칸으로 남은 곳은 네 곳뿐이었다. 그 원소들을 발견했노라는 선언이 무수히 쏟아졌고 해당 원소들에 마수륨, 일리늄, 플로렌튬, 앨라배민, 버지늄, 몰다븀, 러슘, 기타 등등 예쁜 이름이 잔뜩 주어졌지만, 그중에서 시간의 시험을 견딘 것은 하나도 없었다. 게다가 이제 우리는 상당한 확신을 가지고 말할 수 있는데, 그런 주장들은 애초에 정확할 리가 없었다. 그 원소들은 대단히 불안정한 데다가 프랑슘을 제외하고는 모두 자연원료에서 발견되기보다는 인공적으로 합성되어야 했기 때문이다.

따라서 마지막까지 남은 네 원소는—테크네튬, 아스타틴, 프랑슘, 프로메튬으로 명명될 원소들이다—일곱 원소 이야기에서도 별도의 하위 집단을 형성한다고 볼 수 있다. 이들 넷은 비교적 시간이 흐른

H																	He
Li	Be											B	C	N	O	F	Ne
Na	Mg											Al	Si	P	S	Cl	Ar
K	Ca	Sc	Ti	V	Cr	Mn	Fe	Co	Ni	Cu	Zn	Ga	Ge	As	Se	Br	Kr
Rb	Sr	Y	Zr	Nb	Mo	**Tc**	Ru	Rh	Pd	Ag	Cd	In	Sn	Sb	Te	I	Xe
Cs	Ba	REs	Hf	Ta	W	Re	Os	Ir	Pt	Au	Hg	Tl	Pb	Bi	Po	**At**	Rn
Fr	Ra	Ac	Th	Pa	U												

희토류	La	Ce	Pr	Nd	**Pm**	Sm	Eu	Gd	Tb	Dy	Ho	Er	Tm	Yb	Lu

표 5.3 | 1925년 레늄 발견 뒤에도 빈칸으로 남아 있었던 네 원소의 위치(굵은 글씨로 적힌 것들이다).

뒤에 발견되었다는 점에서도 별도의 집단으로 묶을 만하다. 1925년에 레늄이 발견된 뒤 12년이 더 지난 1937년에 와서야 마지막 네 원소 중 첫 주자인 테크네튬이 합성되었기 때문이다. 그러나 발견자들이 제안한 테크네튬이라는 이름이 실제로 인정되기까지는 그로부터 또 10년이 흘러야 했다.

덧붙임: 이 책을 인쇄하기 직전, 올리버 색스가 내게 멘델레예프의 첫 주기율표가 발표되었던 1869년에 자고늄이라는 원소를 발견했노라는 주장이 있었다는 사실을 환기해주었다. 지르코늄과 함께 나타난다는 그 원소는 H. C. 소비가 《케미컬 뉴스》에 발표한 것이었는데, 소비는 1년 뒤에 증거 부족으로 주장을 철회했다(지르코늄 광물에서 함께 발견된다고 하여 자고늄이라고 명명되었던 이 원소는 이 책의 4장에서 다룬 72번 원소 하프늄에 대한 과거의 주장을 뜻한다—옮긴이).

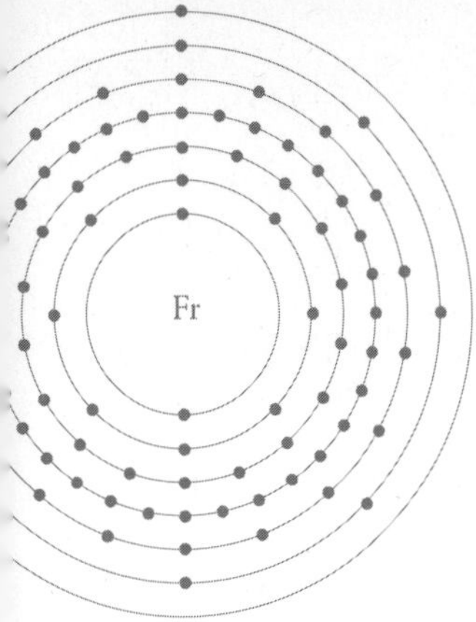

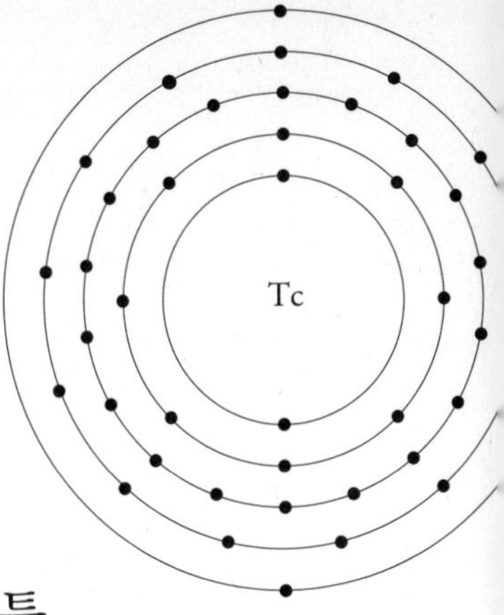

6장

43번 원소—테크네튬

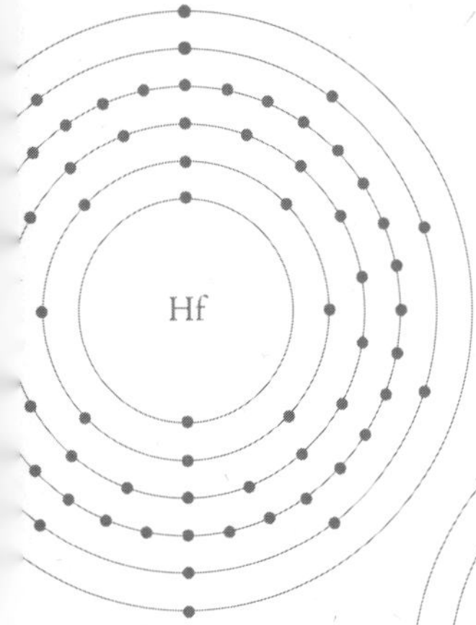

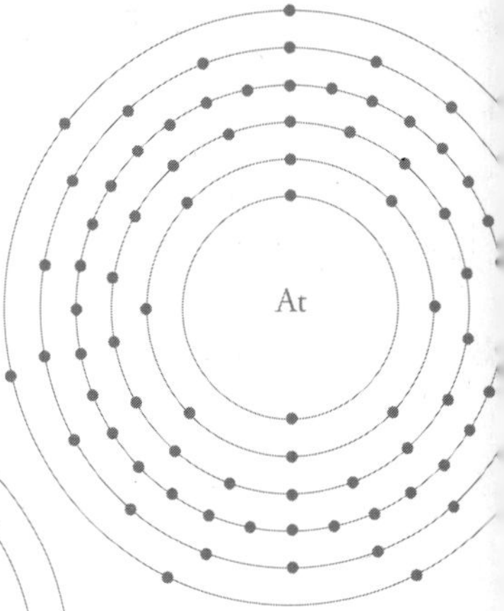

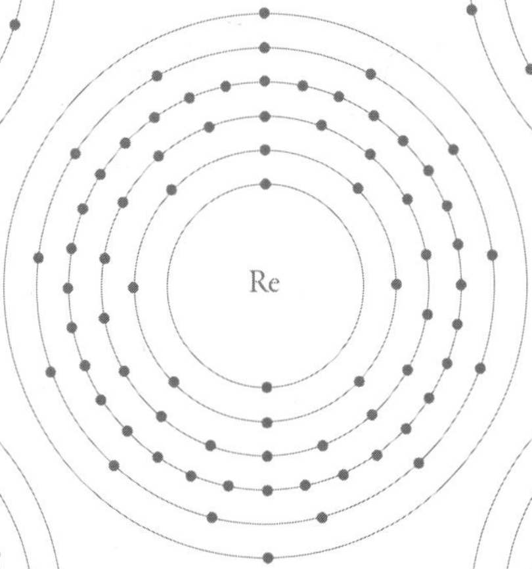

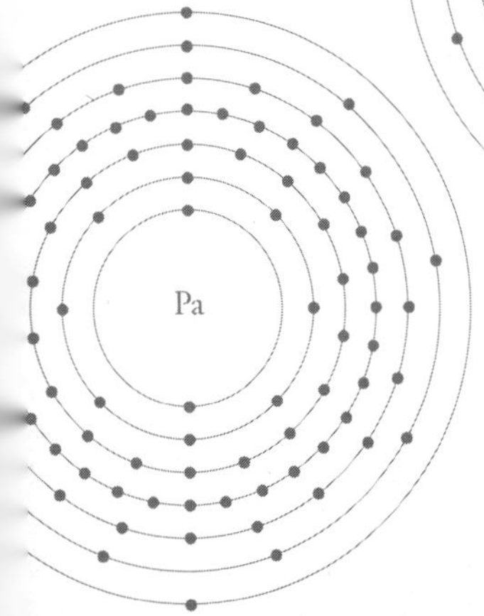

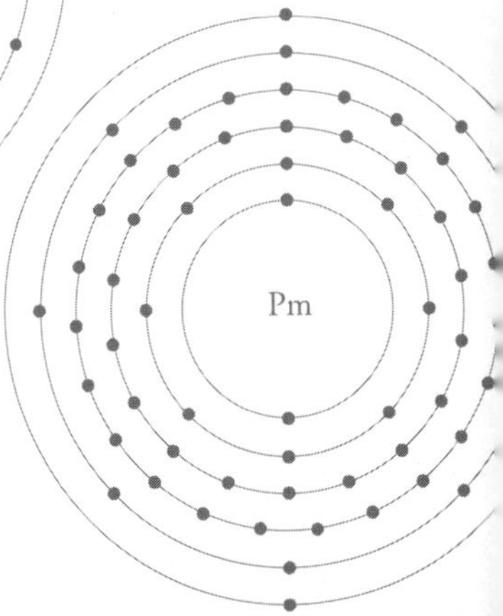

43번 원소는 이 책의 일곱 원소 중에서도 특별하다. 이 원소는 멘델레예프가 유명한 1871년 주기율표와 논문에서 처음 예측했던 네 원소 중 하나였으나, 이 사실은 잘 알려지지 않은 편이다. 대부분의 해설은 유명한 세 예측, 즉 멘델레예프가 원자량 44, 68, 72를 부여했던 빈칸들만을 언급하기 때문이다. 이 세 원소는 15년 만에 전부 발견되었고 각각 스칸듐, 갈륨, 저마늄으로 명명되었다. 그러나 멘델레예프는 예의 초기 주기율표에서 또 하나의 빈칸에 원자량을 매겨두었는데, 그 위치는 망가니즈 바로 밑이었다. 그때 그는 이 원소의 원자량이 100일 것이라고 예측했다가, 나중에 쓴 책 『화학 원리』에서는 99로 약간 조정했다.[1]

멘델레예프의 첫 세 예측이 성공했음을 감안하면, 세계 곳곳에서 많은 사람들이 네 번째 원소를 찾고자 각고의 노력을 기울였던 사실

H																	He
Li	Be											B	C	N	O	F	Ne
Na	Mg											Al	Si	P	S	Cl	Ar
K	Ca	Sc	Ti	V	Cr	Mn	Fe	Co	Ni	Cu	Zn	Ga	Ge	As	Se	Br	Kr
Rb	Sr	Y	Zr	Nb	Mo	**Tc**	Ru	Rh	Pd	Ag	Cd	In	Sn	Sb	Te	I	Xe
Cs	Ba	Lu	Hf	Ta	W	Re	Os	Ir	Pt	Au	Hg	Tl	Pb	Bi	Po	At	Rn
Fr	Ra	Lr	Rf	Db	Sg	Bh	Hs	Mt	Ds	Rg	Cn		Fl		Lv		

La	Ce	Pr	Nd	Pm	Sm	Eu	Gd	Tb	Dy	Ho	Er	Tm	Yb
Ac	Th	Pa	U	Np	Pu	Am	Cm	Bk	Cf	Es	Fm	Md	No

표 6.1 | 주기율표에서 테크네튬의 위치.

이 그다지 놀랍지 않다. 당시 화학자들은 유달리 희귀하고 불안정한 이 원소를 분리해내는 것이 얼마나 어려운 과제인지 미처 깨닫지 못했다. 20세기 초에는 이 원소를 발견했노라는 주장이 여러 건 등장했다. 그러나 데이븀, 일레늄, 루슘, 니포늄 등 다양한 이름을 부여받았던 그 원소들은 모두 진짜가 아닌 것으로 드러났다. 그러던 1925년, 5장에서 이야기했듯이 오토 베르크, 발터 노다크, 이다 타케(결혼 후 성은 노다크)가 7족의 새 구성원을 하나도 아니고 둘이나 발견했다고 주장하며 각각 마수륨과 레늄으로 명명했다. 그중 레늄에 대한 주장은 학계에서 받아들여졌지만, 망가니즈 바로 밑의 원소를 발견했다는 주장에 대해서는 이후 치열한 논쟁이 이어졌다.[2]

현재 인정되는 43번 원소의 공식 발견자는 에밀리오 세그레와 동료들이다. 그들이 테크네튬이라고 명명할 이 원소는 자연 상태의 원료에서 분리할 수 없고 인공적으로 합성해야 하는 물질이었다. 이 원소는 이탈리아에서 '발견된', 정확하게 말하자면 시칠리아 섬의 팔레르모에서 발견된 유일한 원소이기도 하다. 캘리포니아 버클리 대학의 사이클로트론 시설에서 방문 연구원으로 머물다가 팔레르모로 돌아가 있던 세그레는 몇 달 동안 중수소 빔을 쬔 몰리브데넘 판 몇 개를 캘리포니아로부터 받았다. 이탈리아 연구진은 그 샘플에 다양한 화학적 분석을 시도하여 새로운 원소를 밝혀냈고, 과산화수소 소량을 포함한 수산화나트륨과 함께 끓임으로써 원소를 추출해냈다.

한동안 대부분의 연구자들은 설령 지각이 형성될 때 테크네튬이 존재했더라도 그동안 방사성 붕괴를 겪어 진작 다 사라졌을 것이라고 보았다. 이 원소의 동위원소 중 수명이 가장 긴 것이라도 지구의 나이에 비하면 턱없이 짧기 때문이다. 그러나 1956년 일본 출신 방사화학자 폴 구로다가 한때 지구 깊숙이 천연 원자로가 존재했을지도 모른다는 예측을 내놓았다.[3] 그로부터 5년 뒤, 구로다는 아프리카산 역청 샘플에 광물 1킬로그램당 약 2×10^{-10}그램의 ^{99}Tc가 포함되어 있음을 확인했다고 보고했다. 그리고 1962년 프랑스 과학자들로 구성된 연구진은 아프리카 가봉공화국의 암석 샘플을 조사하던 중 일찍이 구로다가 예측했던 천연 원자로 가설이 옳다는 것을 확인했다.[4] 후속 분석 결과 그 광물에도 극미량의 테크네튬이 포함되어 있었다. 이것은 테크네튬이 지구에 자연 상태로는 존재하지 않는다는 기존 교과서의 설명을 반박하는 발견이었다.

43번 원소 발견에 관한 초기의 주장들

다소 놀랍게도, 오늘날의 용어로 말하자면 43번 원소에 해당하는 이 원소를 발견했다는 주장은 1800년대 초중순부터 더러 제기되었다. 말할 필요도 없는 일이지만 그때는 아직 원자번호 개념이 알려지지 않았기 때문에, 어떤 의미에서는 그중 어떤 주장도 엄밀히 43번 원소를 적시할 수 없었다. 더구나 아직 이런 연구를 이끌 주기율표도 발표되지 않은 상태였고, 원소를 특정 순서로 나열함으로써 어디 빈칸이 있는지 알아보자는 생각을 떠올린 사람도 없었다. 따라서 내가 지금부터 소개할 오래된 주장들은 전적으로 기존 원소들과의 화학적 유사성에만 기반을 두어 제기되었던 것들이다.

아주 이른 주장들

몇몇 학자들에 따르면 이 원소에 관한 최초의 주장은 이른바 폴리늄을 발견했던 사건이다. 이야기의 시작은 1823년이었다. 당시 제정 러시아 정부는 국내에서 채굴된 모든 백금 광물의 샘플을 페테르부르크로 보내어 화학분석을 받게끔 하라는 칙령을 내렸고, 2년 뒤에는 백금을 국가 독점 자원으로 선포했다.[5]

예고르 칸크린이라는 화학자도 명령을 어느 정도까지는 충실히 따랐다. 그는 백금을 함유한 광물 샘플을 빠짐없이 페테르부르크로 보냈으나, 다만 수신자를 러시아 정부로만 한정하지는 않았다. 스웨덴 화학자 베르셀리우스에게도, 오늘날 에스토니아 타르투에 해당하는 곳에서 화학 교수로 재직하고 있던 고트프리트 빌헬름 오잔에게도 샘플을 보냈던 것이다. 1927년 오잔은 그 샘플에서 새로운 원소 세 가지를 발견했다고 선언했는데 그중 하나가 그가 폴리늄이라고 명명한 원소였다(그리스어로 '은색'을 뜻하는 단어 '폴리아'에서 딴 이름이었다).

오잔은 역시 새로운 원소로 추정되는 다른 두 물질을 각각 루테늄(러시아의 이름을 땄다)과 플루라늄(폴리늄보다 더 많이 들어 있다는 의미였다)으로 명명했다(셰리는 플루라늄이라는 이름의 유래를 이렇게 설명하지만, 우랄 산맥의 백금, 즉 플래티넘 광물에서 발견되었다고 해서 지어진 이름이라는 설도 있다—옮긴이).

> 나는 우랄 산맥에서 채굴된 백금 광물에서 지금까지 알려진 다른 모든 금속들과 성질이 다른 세 가지 금속을 발견했다. 그중 하나는 왕수에 녹인 백금 용액에서 발생한 침전물에 들어 있었다. 그 백금은 페테르부르크의 조폐국에서 판매하는 백금이었다. 아직까지는 단 하나의 샘플에서만 그 물질이 확인되었다.

오잔은 새로운 세 원소의 샘플을 베르셀리우스에게 보내어 의견을 물었다. 베르셀리우스의 답변은 오잔이 루테늄 산화물이라고 주장한 물질이 사실 실리콘, 지르코늄, 타이타늄의 혼합물이라는 것이었으나, 오잔이 플루라늄 산화물이라고 주장한 물질은 진짜 새로운 물질처럼 보인다고 했다. 마지막으로 폴리늄에 대해서는 진정한 정체가 무엇인지 확정하기 어렵다고 답했다.

1831년 오잔과 같은 대학에 교수로 임명된 독학한 화학자 카를 클라우스는 그곳에서 새로운 원소라고 짐작되는 이 물질들에 관한 이야기를 들었다. 클라우스는 1840년 러시아 카잔 대학으로 옮겨 화학 교수가 되었고, 다시 2년 뒤 처음 1820년대에 이 일련의 사건을 일으켰던 칸크린을 직접 만나서 제정 조폐국이 보관하고 있던 찌꺼기 광물 8킬로그램을 받았다. 그 원료에서 백금을 추출하려고 애쓰던 중 클라우스는 새로운 원소를 발견했고 그 사실을 이렇게 알렸다.

> 이 잔류물은 첫 번째보다 더 빈약했고 (……) 여기에서 돈이 될 만한 양의 백금을 추출하려던 내 희망은 달성되지 않았다. (그러나) 나는 길고 힘들고 몸에 해로운 연구를 꾸준히 이어왔으니, 그리하여 이제 과학계에 (……) 새로운 금속 루테늄의 발견뿐 아니라 (……) 기존에 알려진 백금족 금속들의 새로운 성질과 새로운 화합물을 보고한다. (……) 이 발견은 우리 조국에서 생산되는 귀중한 물질의 화학 역사에 기여할 것이다.

클라우스는 찌꺼기 광물에 알칼리와 질산칼륨을 가하고 물로 추출한 뒤 그 속에 든 오스뮴을 여러 방법으로 제거함으로써 새로운 금속의 염화물을 함유한 붉은 용액을 얻었다. 그는 이 금속을 루테늄이라고 부르기로 했다. 이 이름을 처음 생각해냈던 오잔을 기리는 동시에 고국 러시아를 기념하는 의미였다.

클라우스는 또 오잔의 루테늄 산화물에 이 금속이 낮은 농도로 포함되어 있었을 것이라는 견해도 밝혔다. 그러고는 오잔과 마찬가지로 베르셀리우스에게 조언을 청했다. 과학사학자 윌리엄 그리피스의 1968년 논문을 인용하자면 반응은 다음과 같았다.

> 이제 이 모든 사태가 지겨웠던 베르셀리우스는 처음에는 회의적이었고, 새로운 원소라는 물질이 불순한 이리듐에 불과하다는 생각으로 기울었다. 그러나 나중에는 마음을 바꿨고, 클라우스에게 다시 편지를 보내어 루테늄이 새로운 원소라는 견해에 동의한다면서 독일 학술지에 보고하라고 조언했다.

클라우스가 재깍 조언에 따라 1845년 새 금속의 발견을 선언하자, 오잔은 클라우스의 루테늄은 자신의 폴리늄과 같은 물질이라고 주장하는 편지를 학술지에 보냈다. 이에 대해 클라우스는 폴리늄은 또 다른 불순한 금속, 즉 이리듐에 지나지 않는다고 정중하게 반론했다. 실제로 오잔의 폴리늄은 진짜 원소가 아니었다. 그러나 그리피스가 지적했듯이, 만일 오잔의 작업이 없었다면 클라우스는 그의 원소명을 빌린 루테늄을 발견할 수 없었을 것이다.

일메늄과 넵투늄

다음으로 등장한 주장은 첫 번째 폴리늄과 마찬가지로 43번 원소와의 연결성이 희박한 편이다. B. T. 케너를 비롯한 과거의 몇몇 학자들은 이를 43번 원소의 초기 발견 후보로 간주했고 최근에는 로베르토 친갈레스도 그렇게 보았지만, 다르게 생각하는 사람도 많다.[6]

1846년 독일의 한스 루돌프 헤르만은 우랄 산맥에서 채굴한 나이오븀과 탄탈럼 광물에서 새로운 원소를 발견했다고 생각했다. 그러나 곧 다른 사람들이 그의 주장을 반박했다. 헤르만은 그로부터 30년 뒤에 옛 선언을 다시 끄집어냈고, 더구나 또 다른 새로운 원소도 발견했다고 주장하며 그것을 넵투늄으로 명명했다. 이 시점에는 이미 멘델레예프에 의해 드비망가니즈라고 지칭되고 있던 원소였다. 그러나 둘 다 정체가 의심스러운 것으로 밝혀졌고, 결국 다시는 거론되지 않았다. 훗날 93번 원소에 넵투늄이라는 이름이 새롭게 붙기는 했지만 말이다.[7]

데이뷰

1877년 페테르부르크 오부호프 국립 철강소에서 일하던 러시아 화학자 세르기우스 케른은 이렇게 주장했다.

> 나는 백금족의 새로운 금속을 확인하여 그것을 데이븀으로 명명했다. 위대한 영국 화학자 험프리 데이비 경을 기리는 이름이다.

케른은 새 금속의 원자량은 154이고, 왕수에 용해되며, 사이안산

이온을 더하면 붉은색을 띤다고 보고했다. 그러나 같은 해에 A. H. 앨런은 케른이 계산을 곧잘 실수한다고 지적하면서 계산과 마찬가지로 그의 화학적 주장도 믿을 것이 못 된다고 비판했다. 그것으로도 모자랐던지 이렇게 모욕했다.

> 계산은 분명 케른 씨의 강점이 아니다. (……) 안타깝게도 이 신사의 연구에는 참신한 내용이 거의 없고, 거의 없는 그 내용마저도 대체로 부정확하다.

버지니아 대학의 J. W. 맬릿도 케른의 연구를 검토한 뒤 비판했다. 맬릿은 케른의 발견 중 많은 부분을 재현하는 데 성공했지만, 케른이 새로운 금속이라고 추정했던 것은 이리듐과 로듐의 혼합물에 불과하다고 결론 내렸다.[8]

우랄륨

멘델레예프가 신기원적인 주기율표를 발표했던 1869년, 프랑스의 앙토니 기야르는 원자량 187에 밀도 20.25로 드비망가니즈의 예측값과 비슷한 원소를 발견했다고 주장했다. 그러나 기야르가 우랄륨이라고 명명한 그 후보 원소는 색깔이 밝은 흰색이고 납처럼 부드럽다고 했다. 나중에 밝혀졌듯이 레늄은 두 측면 모두에서 이와는 사뭇 다르므로, 우랄륨도 결국 원소로 확인되지 않은 물질들의 쓰레기통에 버려져야 마땅하다.

캐나듐

1911년 멘델레예프의 드비망가니즈를 발견했다고 자처하는 또 다른 의심스러운 주장이 등장했다. 앤드루 고든 프렌치가 처음에는 글래스고의 일간지에, 얼마 뒤에는 《케미컬 뉴스》에 발표한 주장이었다. 그는 그 물질을 캐나듐이라고 명명했는데, 캐나다 브리티시컬럼비아 주에서 유래한 광물에서 발견했기 때문이라고 했다. 놀랍게도 그의 주장에는 과학적 데이터가 전혀 수반되지 않았다. 《케미컬 뉴스》에 실릴 때조차. 이 점은 상당한 비판을 초래했고, 후속 호에서 어느 독자가 편집자에게 보낸 글에는 다음과 같은 내용이 있었다.

> 프렌치 씨의 작업처럼 미숙한 연구를 출간하는 것이 바람직한 일입니까? (……) 연구가 워낙 비과학적인 방식으로 수행된 데다 사업가적이고 상업적인 측면에만 치중한 터라 믿음이 전혀 가지 않습니다.

글에서 알 수 있듯이, 프렌치가 스스로 새로운 원소라고 주장한 물질에 대해서 제시했던 설명이라고는 어떻게 그 금속을 상업적으로 응용하고 활용할까 하는 내용이 전부였다.[9]

네오몰리브데넘

이 이름은 1917년 프랑스 화학자 M. 제르베가 《케느비유 박사의 과학 모니터》라는 학술지에 투고한 글에서 제안한 것이었다.[10] 제르베는 미발견 43, 75번 원소에 대해서 남들은 그것들이 같은 족의 원소들과 비슷하리라고 예상하지만 자신이 보기에는 오히려 주기율표에서 수평으로 가까이 놓인 원소들과 훨씬 더 비슷할 것 같다는 점을 주장의 근거로 들었다. 이 점에서는 그가 옳았다. 잠시 뒤에 이야기하겠지만, 노다크 부부가 바로 이런 추론을 통해서 결국 75번 원소를 발견해냈다.[11]

모즐륨

1924년 화학자 클로드 보즌켓과 T. C. 킬리는 43번 원소를 찾아 대대적인 작업에 나섰으나, 그 방향을 잘못 잡았다. 망가니즈 광물들을 조사했기 때문이다. 그들은 자신들의 전략이 성공할 것이라고 확신한 나머지, 발견하기를 바라는 원소에 헨리 모즐리를 기리는 모즐륨이라는 이름부터 붙여두었다.[12] 한편 피츠버그 대학의 리처드 헤이머 교수도 《사이언스 매거진》에서 문제의 원소를 어서 명명하자고 촉구한 바 있었다. 그래야만 하프늄 발견에 뒤따랐던 것과 같은 우선권 분쟁이 또 벌어지지 않으리라는 것이었다.《네이처》에 실린 어느 투고문도 이 원소를 모즐륨이라고 부르자는 제안에 동조했다. 그러나 결국에는 그렇게 되지 않았고, 나아가 오늘날까지 다른 어떤 원소도 모즐리의 이름을 따서 명명되지 않았다. 이 누락을 심각한 문제로 여기는 사람들도 있다. 한편 보즌켓과 킬리의 주장은 이제는 진부하게 느껴지기까지 하는 문제점 탓에 기각되었다. 그들이 검출했다고 주장하는 엑스선 스펙트럼을 남들은 아무도 재현할 수 없었던 것이다.

마수륨을 발견했다는 주장

발터 노다크와 후에 그의 아내가 된 이다 타케가 짝을 이룬 독일 팀은 1925년 논문에서 자신들이 43번뿐 아니라 75번 원소도 발견했다는 주장을 강력하게 제기했다. 이 주장은 21세기 들어서까지 반향을 일으킬 주장이었으니, 노다크 부부의 업적을 복권하려는 시도가 21세기에도 등장했기 때문이다. 그들은 사실 원소 두 개가 아니라 하나만, 그들이 라인 강의 이름을 따서 레늄이라고 명명한 75번 원소만 발견했을 뿐이었다. 그러나 그들은 자신들이 43번 원소도 발견했다고 주장하며 마수륨이라는 이름까지 부여했고, 그래서 한때 몇몇 나라에서는 마수륨이 과학 문헌에도 등장하고 주기율표에도 실렸지만, 주장은 오래가지 못했다. 이유는 간단했다. 문제의 원소는 핵분열이 발견되어 인공 합성이 가능해진 뒤에야 확인될 수 있는 종류였기 때문이다.

그래도 노다크 부부가 사용했던 방법론을 그들의 논문을 통해 살펴보는 것은 흥미로운 일이다. 그들은 우선 주기율표에서 중앙에 위치하는 원소들의 지각 속 상대량을 길게 이야기한 뒤, 망가니즈족에

Sc	Ti	V	Cr	Mn	Fe	Co	Ni	Cu	Zn	Ga	Ge	As
2×10^{-3}	3×10^{-5}	3×10^{-5}	7×10^{-2}	10^{-2}	3×10^{-6}	3×10^{-5}	10^{-7}	10^{-6}	10^{-9}	10^{-7}		
Y	Zr	Nb	Mo	**43**	Ru	Rh	Pd	Ag	Cd	In	Sn	Sb
1×10^{-6}	6×10^{-5}	10^{-7}	10^{-7}	$\approx10^{-13}$	2×10^{-12}	10^{-11}	10^{-11}	10^{-9}	10^{-8}	10^{-9}	7×10^{-6}	7×10^{-8}
La	Hf	Ta	W	**75**	Os	Ir	Pt	Au	Hg	Tl	Pb	Bi
6×10^{-7}	6×10^{-6}	5×10^{-7}	5×10^{-7}	$\approx10^{-12}$	2×10^{-11}	2×10^{-11}	10^{-9}	10^{-9}	10^{-9}		4×10^{-7}	10^{-9}
	Th		U									
	7×10^{-8}		7×10^{-8}									

표 6.2 | 지각에 포함된 여러 원소들의 상대량. 발터 노다크와 이다 타케의 1925년 논문에 실렸던 표이다. 43, 75번 원소에 대한 추정치도 포함되어 있다(Noddack, W. Tacke, I. Berg, O. Die Ekamangane, *Naturwissenschaften* 13(26): 567-574, 1925).

서 아직 발견되지 않은 두 원소가 꼭 망가니즈를 닮을 필요는 없다는 것, 최소한 주기율표에서 각각의 양옆에 존재하는 원소들과 좀 더 비슷할 것이라는 의견을 밝혔다. 그러고는 많은 원소들에 대해서 지각 속 존재량을 꽤 자세히 추측한 결과를 표로 실었다(표 6.2). 이번에도 두 사람의 결론은 에카망가니즈와 드비망가니즈를 망가니즈 광물에서 찾으려 해서는 안 된다는 것, 차라리 43번 원소는 몰리브데넘이나 루테늄 광물에서, 그리고 75번 원소는 텅스텐이나 오스뮴 광물에서 발견할 가능성이 더 높다는 것이었다.

노다크 부부는 43번 원소라고 믿었던 물질의 원소명으로 고른 이름인 마수륨 때문에 적잖은 공분을 샀다. 영국 화학자 J. 뉴턴 프렌드는 화학원소를 다룬 책에서 이렇게 말했다.

43번 원소의 이름은 심리학적으로 한심한 실수였다. 교양 있는

> 과학자라면 누구도 저질러서는 안 되는 짓이었다. 그 이름은 1914년에서 1918년 사이에 벌어진 세계 전쟁 중 독일이 러시아를 크게 무찔렀던 전투를 기념하는 것이었으니, 온 인류에 공헌하려는 고귀한 노력인 과학에서는 모두가 잊어야 마땅한 민족 간 증오를 지속시키는 이름이었다.[13]

이것으로도 모자라 노다크 부부는 제2차 세계대전 중 나치 정권하에서도 학계에 머물렀다. 이런 요인들이 작용한 탓에, 사람들은 마수륨을 발견했다는 그들의 과학적 주장에도 상당한 의심의 눈초리를 보냈으며 아예 드러내놓고 적대감을 표시하는 경우도 있었다.

43번 원소에 대한 노다크와 베르크의 주장을 복권하려 한 판아스허의 시도

벨기에 물리학자 피터르 판아스허는 1988년 논문에서 노다크 부부의 마수륨 연구를 복권해야 한다고 주장했다.[14] 판아스허는 우선 핵분열이 실제로 발견되기 약 5년 전 이다 노다크가 그 가능성을 정확히 예측했던 것을 거론하며 이어서 세 종류의 논증을 제시했다.

첫 번째 논증은 판아스허에 따르면 일종의 신뢰성 점검이다. 그는 가정하기를, 만일 노다크 부부와 베르크가 검사했던 광물에 실제로 43번 원소가 들어 있었다면 그것은 틀림없이 우라늄의 자발적 핵분열에서 생성된 산물이었을 것이라고 했다. 그래서 판아스허는 노다크 부부가 조사했던 광물들의 현재 우라늄 함유량을 계산함으로써 그 결과와 43번 원소 사이에 모종의 상관관계가 존재하는지를 알아보았다. 그러고는 이런 접근법이 노다크 부부와 베르크의 주장을 훌륭하게 뒷받침한다고 결론 내렸다. 그들이 43번 원소를 발견했다고 보고한 광물은 컬럼바이트, 가돌리나이트, 퍼거스나이트, 스페릴라이트였는데 조사 결과 이 광물들이 모두 우라늄을 함유하고 있다는 것이었다. 단 스페릴라이트는 현재의 분석값이 확정적이지 않기 때문에 예외일지도 모른다고 했다. 판아스허는 또 지적하기를, 노다크 부부와 베르크는 플라티노어, 탄탈라이트, 울프러마이트에서 43번 원소를 발견하지 못했다고 보고했는데 오늘날 확인한 바로 실제로 이 광물들은 우라늄을 함유하지 않았다고 했다. 판아스허는 이렇게 적었다.

> 표 3을 보면 알 수 있듯이, 노다크와 타케와 베르크가 43번 원소를 검출했다고 말했던 광물들은 거의 모두 우라늄을 함유한 종류였으며 그들이 43번 원소가 없었다고 말했던 광물들은 실제 우라늄이 없는 광물들이었다. 이보다 더 훌륭한 신뢰성 점검은 상상하기 어렵다.[15]

판아스허의 두 번째 논증은 노다크 부부와 베르크가 43번 원소의 증거로 내세웠던 엑스선 스펙트럼에 관한 것이다. 판아스허는 우선 그들이 계산했던 실험의 검출한계가 10^{-9}였다고 인용하며, 그렇지만 자신이 다시 계산한 결과 실제 검출한계는 훨씬 더 낮은 차원인 10^{-12}에 가까웠다고 말했다. 그는 노다크 부부가 43번 원소의 것으로 간주되는 스펙트럼선을 관찰했다고 주장했던 문제의 엑스선 사진도 다시 실은 뒤, $K_{\alpha1}$, $K_{\alpha2}$, $K_{\beta1}$로 명명된 세 스펙트럼선이 계산에서 예측되는 값에 가까울 뿐 아니라 그 상대 강도도 100 : 53 : 26로 예상치에 근접하다고 단언했다.

다음으로 판아스허는 43번 원소가 우라늄의 자발적 핵분열로 형성된다고 가정할 때 그 양이 얼마나 될지 추정해보았다. 그는 ^{99}Tc의 반감기(2.1×10^5년)와 ^{238}U의 반감기(6×10^{15}년)를 사용하고 노다크 부부의 컬럼바이트 샘플에 우라늄이 약 5퍼센트 함유되어 있었으리라는 가정하에, 43번 원소가 약 10^{-13}만큼 들어 있었을 것이라는 결론을 얻었다. 이 값은 판아스허가 계산한 검출한계 수정치, 즉 10^{-12}보다 딱 한 자릿수 더 낮다. 따라서 노다크 부부는 43번 원소를 쉽게 검출할 수 있었으리라는 것이 그의 결론이었다. 우라늄 핵분열에서 자연적으로 형성된 원소의 양과 노다크 부부의 엑스선 실험에서 가능한 검출한계가 한 자릿수밖에 차이 나지 않기 때문이다. 다시 판아스허를 인용하자.

> 결론적으로, 노다크와 타케와 베르크가 자세하게 묘사했던 광물들 중 적어도 한 종류에는 그들이 찾고자 했던 43번 원소의 상대량이 10^{-13}의 수준으로 포함되어 있었다.

판아스허는 노다크 부부와 베르크의 우선권을 인정해야 한다는 주장으로 논문을 맺었고, 심지어 원소명을 노다크 부부가 제안했던 마수륨으로 되돌려야 한다고도 말했다.

> 이 연구자들은 핵분열 현상과 최초의 핵분열 생성물(^{99}43)이 발견된 시점으로부터 14년도 더 전에 안정된 원소 중에서는 마지막으로 남은 원소(75)를 실제로 발견했다. 43번 원소의 발견에 관한 그들의 상세한 기록이 지금까지 간과되어왔고 여전히 간과되는 것은 안타까운 일이다. 노다크, 타케, 베르크의 연구에 대한 우리의 분석에 힘입어 그들이 마땅히 받아야 할 인정을 되찾기를 바란다. 원래의 원소명(Ma)을 되살리는 것이 세 특출한 과학자에게 바치는 적절한 경의가 될 수도 있겠다.

판아스허의 논문에 대한 도전은 그리 오래지 않아 등장했다. 이듬해 독일 마인츠 대학의 귄터 헤르만은 판아스허의 모든 논증을 조목조목 반박했다(보다시피 여기에 민족주의적 요소는 없다). 헤르만은 비록 노다크 부부가 스스로 43번 원소를 검출했다는 주장을 제기하긴 했어도 그 주장을 오래 고집하진 않았다고 지적했다. 일례로 이다 노다크는 "마수륨에 관해 마지막으로 남긴 말"에서 순수한 형태의 그 원소를 광물로부터 추출하기란 불가능하다는 사실을 인정했다는 것이다. 이어서 헤르만은 판아스허가 제기했던 구체적 주장들로 눈길을 돌려 하나하나 따졌다.

노다크 부부가 검사했던 광물들에 우라늄이 들어 있었느냐 없었느냐 하는 "신뢰성 논증"에 관해, 헤르만은 노다크 부부가 판아스허의 검토 대상 외에도 열세 종의 광물을 더 검사했고 그 속에서는 43번 원소가 검출되지 않았다고 보고했는데도 판아스허는 그 사실을 언급하지 않았다고 지적했다. 또한 헤르만에 따르면, 노다크 부부는 컬럼바이트뿐 아니라 탄탈라이트에도 우라늄이 몇 퍼센트 함유되어 있다고 보고했으나 탄탈라이트에서 43번 원소를 확인했다는 주장은 없었다. 그리고 타케는 자신들이 검사한 광물을 총 스물일곱 종 나열했는데도 판아스허는 그중 예닐곱 종에만 기반을 두어 논증을 펼쳤다고 했다.

다음으로 엑스선 사진에 관해서도, 헤르만은 몇 가지 아귀가 맞지 않는 부분을 지적했다. 가령 43번 원소의 증거라고 간주되었던 세 스펙트럼선의 간격이 스펙트럼 사진에서는 일정하지만 사진 옆에 자그맣게 딸린 그래프에서는 1:2:3의 비로 증가한다는 점, 더불어 엑스선 사진판을 둘러싼 정황이 조금 모호하다는 점도 있다. 1937년 세그레가 그 사진판을 보자고 청했을 때는 이미 폐기되고 없다는 대답을 들었다는 것이다. 헤르만은 이렇게 결론 내렸다.

> 노다크, 타케, 베르크의 우선권을 인정하여 43번 원소의 역사를 철저히 수정해야 할 근거는 전혀 찾아볼 수 없다.

그러나 판아스허는 헤르만의 반론을 받아들이지 않았던 모양이다.

몇 년 뒤 판아스허는 미국 메릴랜드 주 게이더스버그에 위치한 국립 표준 기술 연구소(NIST)의 지구화학자 존 암스트롱에게 접근하여 43번 원소의 엑스선 스펙트럼으로 추정되는 자료를 재분석해달라고 요청했다. 암스트롱은 판아스허를 도왔을 뿐 아니라, 판아스허가 노다크 부부의 1925년 샘플에 대해 계산했던 우라늄 함유량을 사실로 가정했을 때 그에 따라 생성될 43번 원소의 엑스선 스펙트럼을 시뮬레이션하는 작업까지 수행했다.

협력의 결과물은 두 편의 글로 발표되었다. 다만 둘 다 주요한 학술 문헌에 실리지는 않았다. 첫 번째는 NIST 저널의 1999년 11~12월호에 실렸는데, 저자는 무명이었고 분량은 한 쪽이 못 되었다.[16] 글은 그동안 43번 원소에 대한 노다크 부부와 베르크의 주장이 비웃음과 불신만을 샀다는 점을 새삼 지적한 뒤 이렇게 말했다.

> 노다크 등의 주장이 타당한지 확인하기 위해서, NIST의 과학자가 NIST의 엑스선 데이터베이스와 스펙트럼 분석 프로그램 DTSA를 활용하여 그들의 1925년 데이터를 시뮬레이션해보았다. 실험 조건은 원 논문으로부터 유추했으며, 판아스허가 제안한 다양한 조성의 광물에 대해서 시뮬레이션을 수행했다. 여러 엑스선 스펙트럼선들의 상대 강도와 피크 대 배경 비를 측정하여 원래 스펙트럼과 비교하는 실험이었다.

결론은 다음과 같았다.

NIST 시뮬레이션은 1925년 스펙트럼에 대한 원래의 주장을 설득력 있게 뒷받침했으며, 최근 들어 발전한 측정 기술 덕분에 가능해진 과학수사 능력을 입증해 보였다.

또 다른 글[17]은 미국 학술지 《케미컬 & 엔지니어링 뉴스》가 창간 80주년을 기념하고자 엮은 논문집에 실렸는데, 문제의 글을 제외하고는 모두 훌륭한 논문들이었다.[18] 존 암스트롱은 이 글에서 이렇게 밝혔다.

내가 43번 원소를 제대로 살펴본 것은 1998년이었다. (……) 그 해 어느 날 열의 넘치는 벨기에 물리학자 피터르 판아스허가 내 연구실로 와서 엑스선 스펙트럼을 해독해달라고 요청했다. 그것은 우라늄을 함유한 광물 샘플들에서 43번 원소(그들은 '마수륨'이라고 불렀다)를 발견했다고 주장했던 이다 노다크, 발터 노다크, 오토 베르크의 1925년 논문에 실린 스펙트럼이었다.

암스트롱은 이어서 말했다.

나는 NIST가 개발한 기본 엑스선 방출 스펙트럼 형성 알고리즘을 이용해 판아스허가 추정한 노다크 부부의 광물 조성에서 어떤 엑스선 스펙트럼이 예상되는지 시뮬레이션해보았다. 첫 결과는 원래 스펙트럼과 놀랄 만큼 비슷했다! 우리는 이후 2년 넘게 노다크 부부의 원 분석 기법을 재현하는 작업을 조금씩 가다듬어서 점점 더 정교한 시뮬레이션을 수행했다. 시뮬레이션 된 스펙트럼과 원래 스펙트럼은 갈수록 더 일치했다. 그리고 원 스펙트럼을 냈던 43번 원소의 양이 얼마였을지 우리가 계산해본 결과는 1999년 로스앨러모스 연구소의 데이비드 커티스와 동료들이 직접 측정한 우라늄 광물 속 천연 테크네튬의 양과 아주 비슷했다. 노다크 등의 데이터를 가장 그럴듯하게 해석하는 방법은 그들이 정말로 핵분열에서 생성된 '마수륨'을 검출했다는 설명밖에 없다.

노다크 등은 분명 당대의 가장 뛰어난 지구화학 분석가들이었다. 그들이 주기율표에서 망가니즈 밑에 오는 '미지의' 원소들을 찾아보았던 것은 지각과 운석에 존재하는 여러 화학원소들의 양을 정확하게 측정하려는 보다 큰 사업의 일환이었다. 그런 데이터는 지구화학의 기반이다. 노다크 등의 연구는 페리에와 세그레의 연구에서 벗어나는 것이 아니라 그들의 연구를 보완했다.

이후 한동안 이 문제에 관한 이야기가 잠잠하다가, 2005년 《화학교육 저널》에 논문이 한 편 실렸다.[19] 저자인 이탈리아 화학자 로베르토 친갈레스는 43번 원소 발견의 역사를 서술한 뒤 다음과 같은 말로 글을 맺었다.

노다크 부부가 조사했던 광물들에 최대 10퍼센트의 우라늄이 들어 있었을 가능성이 있으므로, 최근 NIST의 존 암스트롱은 그들의 실험을 재현해보았다. 최신 엑스선 데이터베이스와 스펙트럼 분석 소프트웨어를 사용한 결과, 암스트롱은 그들이 마수륨으로 여겼던 스펙트럼선들이 정말로 43번 원소와 일치하는 듯하며 노다크 부부의 도구는 그 원소를 10억 분의 1그램보다 적은 양이라도 검출할 수 있었을 만큼 충분히 민감했다고 판단했다. 결론인즉, 노다크 부부의 결과에 씌워졌던 의혹을 걷어내고 그들의 과학적 결과가 신뢰할 만하다는 데 동의하기까지 약 75년이 걸린 셈이다. 그들의 정당성을 입증하는 작업에 핵분열 원리가 활용된 것은 얄궂은 운명의 장난이었다. 핵분열은 이다 타케 노다크가 최초로 예측했던 현상이니까.

곧바로 이 논문에 대한 반응이 등장했다. 캐나다 퀘벡 주 라발 대학의 금속공학자 파티 하바시는 편집자에게 편지를 보내어 판아스허와 암스트롱의 주장은 "그 명성이 확고부동한 물리학자 폴 구로다가 「테크네튬의 발견에 관하여」라는 논문에서 충실한 근거와 함께 주장했던 내용에 대한 반박이 되지 못한다"고 지적했다.[20] 하바시가 언급한 구로다의 연구는 자연 상태로 존재하는 테크네튬의 양에 관한 내용이었다.[21]

반론이 실린 호와 같은 호인 2006년 《화학 교육 저널》에는 친갈레스의 글도 실렸다. 친갈레스는 이전 주장을 철회하면서, 자신이 발표 이후 귄터 헤르만으로부터 편지를 받았으며 자신도 이제 노다크 부부와 베르크의 우선권을 복권하려 했던 판아스허와 암스트롱의 의견

은 근거가 부족하다고 본다고 말했다.[22]

마침내 '진짜' 43번 원소를 얻다

노다크 부부와 베르크를 포함하여 43번 원소를 분리하려는 모든 시도가 실패로 돌아간 뒤, 1937년에야 비로소 이 원소가 확인되었다. 그런데 자연 상태의 광물로부터 분리한 것이 아니라 인공적인 합성 과정에서 만들어낸 것이었다. 이것은 어떤 원소가 인공적으로 합성된 뒤에야 자연에서 그 존재가 확인된 최초의 사례이기도 했다.

43번 원소가 극미량이나마 자연 상태로도 존재한다는 사실이 나중에 밝혀지긴 했지만, 최초의 발견은 중양자와 중성자를 쬔 몰리브데넘 판을 분석하는 과정에서 이뤄졌다. 요즘의 합성 원소들과는 달리 43번 원소는 의도적으로 그 원소를 생성하려는 시도를 통해 발견된 것이 아니었다는 점에서 얼마간 요행이 따랐다고 할 수 있다. 우연한 발견은 몰리브데넘 샘플이 복사선을 쬔 결과 원자번호 42번의 몰리브데넘에서 그다음 43번 원소로 변성되었기 때문에 이뤄졌다. 분석에 관계했던 물리학자들과 화학자들이 43번 원소가 존재할 가능성을 까맣게 몰랐다는 뜻은 아니다. 오히려 그들은 방사성 반응에 관한 지식에 의거하여 그런 가능성을 얼른 짐작했고, 그렇기에 어쩌면 존재할지도 모르는 43번 원소를 검출하는 작업에 즉각 착수한 것이었다.

그 작업은 이탈리아 물리학자 에밀리오 세그레의 몫이었다. 세그레는 사이클로트론을 개발한 어니스트 로런스의 버클리 실험실에서 박사 후 연구원으로 일하다가 시칠리아 팔레르모 대학에 종신 교수직을 얻어 이탈리아로 돌아갔는데, 그 후 아직 캘리포니아에 남아 있던 이탈리아 동료로부터 복사선을 쬔 몰리브데넘 샘플을 전달받았다. 세그레는 화학자 카를로 페리에와 함께 샘플에서 다른 원소들을 제거하는 작업부터 시작했다. 복사선을 쬔 샘플에서는 43번 원소 외에도 다른 원소들이 많이 생성되었기 때문이다. 세그레는 이렇게 적었다.

> 우리는 원자번호가 우라늄보다 작은 원소들 중 아직 발견되지 않은 네 원소를 찾다가 마침내 43번 원소를 확보하여 그 성질을 자세히 조사했다. 이 물질은 버클리의 사이클로트론에서 생성되었다. 당분간은 사이클로트론이 이 원소의 유일한 '광산'인 셈이다.[23]

세그레와 페리에는 원자량이 95인 동위원소와 97인 동위원소를 분리하는 데 성공했다. 그리고 1940년 세그레와 우젠슝은 43번 원소가 우라늄 핵분열에서도 생성된다는 것을 발견했다. 팔레르모 대학은 그 원소를 팔레르모의 라틴어명 파노르무스를 따서 파노르뮴으로 명명하기를 바랐지만, 43번 원소는 결국 그리스어로 '인공'을 뜻하는 단어 테크네토스를 따서 불리게 되었다. 이것이 인공적으로 생성된 최초의 원소였기 때문이다. 이 결정은 파네트의 제안에 따른 것이었는데, 공교롭게도 테크네튬 발견자들의 논문이 실렸던 《네이처》 같은 호에 파네트의 논문도 실려 있었다. 여기서 잠시 파네트의 그 논문을 살펴보는 것도 괜찮겠다. 이 책의 일곱 원소 중 몇 가지에 해당하는 내용을 다룬 논문이었기 때문이다(표 6.3). 이전까지 많은 화학자들은 인공으로 합성된 원소는 진정한 원소가 아니라고 여겼다. 새로 합성된 원소는 이름을 받지 못하는 경우가 많았고 주기율표에도 오르지 못했다. 합성 원소는 어떤 면에서든 자연 상태로 존재하는 원소와는 좀 다르다고 보는 것이 보편적인 견해였는데, 파네트는 논문에서 이러한 상황을 바꾸려고 나섰다. 그는 자신의 옛 강연을 언급하면서 글을 시작했다.

> 지금으로부터 거의 5년 전 런던 화학 연구소에서 강연할 때, 나는 주기율표를 완성하는 작업에서 방사성 기법이 얼마나 큰 성공을 거두었는지 이야기했다. 그때 내가 제시했던 주기율표를 보면, 이전까지 빈칸이었던 87번 자리에 갓 발견된 악티늄 계열의 분기 생성물을 뜻하는[24] 기호가 쓰여 있었다. 그러나 43, 61, 85, 93번 자리에는 아무것도 쓰여 있지 않았다. 내가 꽤 자세히 설명했듯이 그 네 원소도 그때 이미 인공적으로 생성된 뒤였는데 말이다.[25]

이어서 파네트는 설령 자신이 그 강연을 했던 1942년에는 인공원소에 '온전한 시민권'을 부여할 수 없다는 견해가 정당했을지라도 5년 후인 지금은 그렇지 않다고 말했다. 1942년에는 인공적으로 생성된 원소들은 전부 불안정했고, 생성된 양은 눈에 보이지 않는 수준이었으며, 모두 지각에는 존재하지 않는 것으로 여겨졌다. 그러나 이후

주기에 따른 화학원소 분류

주기	족																	
	1	2	3	4	5	6	7	8	9	10	11	12	13	14	15	16	17	18
I																	1 H 1.0080	2 He 4.003
II	3 Li 6.940	4 Be 9.02											5 B 10.82	6 C 12.010	7 N 14.008	8 O 16.0000	9 F 19.00	10 Ne 20.183
III	11 Na 22.997	12 Mg 24.32											13 Al 26.97	14 Si 28.06	15 P 30.98	16 S 32.06	17 Cl 35.457	18 A 39.944
IV	19 K 39.096	20 Ca 40.08	21 Sc 45.10	22 Ti 47.90	23 V 50.95	24 Cr 52.01	25 Mn 54.93	26 Fe 55.85	27 Co 58.94	28 Ni 58.69	29 Cu 63.57	30 Zn 65.38	31 Ga 69.72	32 Ge 72.60	33 As 74.91	34 Se 78.96	35 Br 79.916	36 Kr 83.7
V	37 Rb 85.48	38 Sr 87.63	39 Y 88.92	40 Zr 91.22	41 Nb 92.91	42 Mo 95.95	43—	44 Ru 107.7	45 Rh 102.91	46 Pd 106.7	47 Ag 107.880	48 Cd 112.41	49 In 114.76	50 Sn 118.70	51 Sb 121.76	52 Te 127.61	53 I 126.92	54 X 131.3
VI	55 Cs 132.91	56 Ba 137.36	57–71 Rare Earths+	72 Hf 178.6	73 Ta 180.88	74 W 183.92	75 Re 186.31	76 Os 190.2	77 Ir 193.1	78 Pt 192.23	79 Au 197.2	80 Hg 200.61	81 Tl 204.39	82 Pb 207.21	83 Bi 209.00	84 Po 210	85—	86 Rn 222
VII	87 AcK 223	88 Ra 226.05	89 Ac 227	90 Th 232.12	91 Pa 231	92 U 238.07	93—											

희토류

VI 57–71	57 La 138.92	58 Ce 140.13	59 Pr 140.92	60 Nd 144.27	61—	62 Sm 150.43	63 Eu 152.0	64 Gd 156.9	65 Tb 159.2	66 Dy 162.46	67 Ho 164.94	68 Er 167.2	69 Tu 169.4	70 Yb 173.04	71 Lu 174.99

표 6.3 | 파네트의 1942년 논문에 실렸던 표. F. A. Paneth, Radioactivity and the Completion of the Periodic System, *Nature*, 149, 565-568, 1942. 네이처출판그룹의 허가를 얻어 재수록했다.

5년 동안 화학자들은 그중 하나인 94번 플루토늄을 몇 킬로그램이나 축적했다. 그리고 반감기가 약 20만 년이라는 점을 고려하자면 플루토늄은 앞으로도 오랫동안 지구에 존재할 것이 분명하다! 게다가 발전된 기술 덕분에 원자번호가 그보다 더 큰 원소도 곧 더 많이 합성되리라는 사실이 분명해졌다. 그래서 파네트는 이렇게 썼다.

> 사정이 이러하니, 이제 화학자들이 자연 원소와 인공원소를 더 이상 차별하지 말고 동등한 관심을 기울여 연구해야 하며 주기율표에서 적절한 자리에 적절한 기호를 삽입할 때가 되었다는 데 의심의 여지가 없는 듯하다.

파네트는 43, 61, 85, 87, 93, 94, 95, 96번 원소에 원소명과 원소기호를 부여할 때 적용할 규칙도 제안했다.

1 · 원소를 명명할 권리는 그 동위원소 중 하나의 존재를 처음 확실히 증명한 사람에게 돌아가야 한다.
2 · 발견의 우선권을 정할 때 자연에 존재하는 동위원소와 인공적으로 생성된 동위원소를 차별하지 말아야 한다.
3 · 과거 누군가의 발견에 우선권이 인정되었으나 나중의 연구에서 그 내용이 반박되었다면, 원래 주어졌던 이름은 삭제되고 진정한 발견자가 붙인 이름으로 교체되어야 한다.

마지막 규칙이 왜 필요한지에 대해서 파네트는 과거에 그 원칙을 위반한 사례가 최소한 두 차례 있었기 때문이라고 설명했다.

> 마수륨과 일리늄이라는 이름이 교과서와 주기율표에 워낙 굳건히 뿌리박은지라, 사람들은 43번과 61번 원소의 동위원소를 인공적으로 생성한 최근 연구들을 거론할 때도 마수륨과 일리늄을 생성한 작업이라고 일컫곤 한다. 사실은 그 인공 동위원소들이야말로 이제까지 미발견 상태였던 원소들을 처음 확인한 사례였는데 말이다.

이 대목에서 파네드의 비판은 특히 노다크 부부를 겨냥한 것이었다. 파네트는 몇 년에 걸친 대대적인 노력에도 불구하고 노다크 부부의 주장을 뒷받침할 증거가 없다는 것이 밝혀졌는데도 그들이 주장을 철회하지 않는다고 개탄했다. 또 발터 노다크가 어느 학회 주최자에게 왜 자신을 초대하는 것을 잊었느냐, 장소가 마침 알맞았기에 자신이 참석해서 마수륨의 화학에 관해서 강연할 좋은 기회였는데 하고 불평한 적도 있다고 했다.[26] 파네트는 전쟁 중 노다크가 점령국의 결정으로 스트라스부르의 무기화학 교수로 임명되었을 때 그곳 화학 강의실 주기율표에는 43번 자리에 계속 Ma이라는 기호가 적혀 있었다는 일화도 들려주었다.[27] 파네트는 세그레와 페리에야말로 43번 원소의 발견자라는 견해를 분명히 밝히고 61, 85, 93번 원소에 대해서도 진짜 발견자가 누구인지 강조한 뒤, 동료 화학자들에게 다음과 같이 촉구하며 글을 맺었다.

43, 61, 85번 원소의 발견자들, 즉 페리에와 세그레, 코리엘과 그의 동료들, 코슨과 매켄지와 세그레는 아직까지 원소명을 공식적으로 제안하지 않았다. 그들이 각자 적절하다고 생각하는 이름을 조속히 발표한다면, 계통 무기화학을 가르치거나 주기율표에 최신 정보를 입력하는 모든 화학자들에게 고마운 일일 것이다.

《네이처》의 편집자는 이 요청에 발 빠르게 대처했던 모양이다. 파네트의 논문이 실린 바로 그 호에 파네트가 언급했던 세 팀 중 두 팀이 기고문을 실어서 그의 요청을 언급하며 원소명을 공식적으로 제안했기 때문이다.[28]

세그레는 나중에 버클리로 돌아가서 1938년 글렌 T. 시보그와 함께 준안정 동위원소인 테크네튬-99m을 분리해냈다. 오늘날 전 세계에서 무수히 많은 의학 진단에 사용되고 있는 동위원소이다.[29] 세그레가 훗날 인터뷰에서 마수륨 일화에 대해 언급했던 말을 인용하면서 이 이야기를 마무리하자.[30]

뭐, 아시겠지만 복잡한 이야기였습니다. 나는 나중에야, 그러니까 1937년, 1938년, 1939년이 되어서야 노다크 부부가 참 복잡한 사람들이란 걸 확신하게 됐습니다. 그들은 레늄에 대해서는 훌륭한 연구를 해냈지만, 43번 테크네튬 혹은 그들이 마수륨이라고 불렀던 원소에 대해서는 아주 부정직했습니다. 달리 표현할 말이 없군요. 아시겠지만 처음에 그들은 자신들이 정말로 그 원소를 발견했다고 생각했습니다. 그거야 누구에게나 있을 수 있는 일이죠. 하지만 내가 그 후에 그들을 찾아가봤는데, 그렇게 직접 만나서 이야기를 나눠본 뒤에야 그들이 부정직한 사람들이라는 확신이 서더군요. 1937년쯤이었죠.

헤베시도 나와 같은 생각이라고 내게 편지로 말한 적이 있습니다. 뭐, 그들이 완전히 거짓말쟁이였던 건 아닐지도 모릅니다. 그보다는 차라리 이런 상황이었죠. 그들의 레늄 연구는 훌륭했습니다. 그건 분명한 사실입니다. 탁월한 연구였고, 그들은 정말로 레늄을 발견했습니다. 다만 마수륨 연구는 옳지 않았죠. 그리고 이젠 그들도 안정적인 마수륨은 존재하지 않는다는 걸 압니다. 그런데도 희망을 품었죠. 그때쯤(1937년)에는 이미 그런 생각이 틀렸음을 깨달아야 했는데도 그들은 여전히 어쩌면 43번 원소가 나타날지도 모른다는 희망을 품었습니다. 그리고 이렇게 말했죠. "좋아, 우리가 예전 연구를 취소하는 말을 한마디도 하지 않는다면 언제까지나 우리가 발견했다고 말할 수 있을 거야." 그러고는 영영 주장을 철회하지 않았지요. 죽을 때까지 철회하지 않은 채, 늘 자기들이 마수륨을 발견했다고 말하고 다녔습니다.

오클로 현상

핵반응 연구의 태동기였던 1939년, 지크프리트 플뤼게는 우라늄이 관여하는 자급적 연쇄반응이 과거 자연 상태에서도 벌어졌을지 모른다고 추측하는 논문을 발표했다.[31] 플뤼게는 또 보헤미아 지방 장크트요아힘슈탈의 대형 우라늄 광상이나 미국 콜로라도 주의 카르노타이트 광상에서 그런 일이 벌어졌을지도 모른다고 추측했다.

최초의 인공 원자로는 1942년 이탈리아 출신 물리학자 엔리코 페르미의 주도하에 시카고 대학에 건설되었다. 페르미가 그 사업에 성공하기 위해서 엄청난 과학적·기술적 노력을 투입해야 했다는 점을 근거로, 많은 물리학자들은 자연에서 그런 과정이 가능할 리 없다고 짐작했다. 그러나 1970년대 프랑스 원자력청은 아프리카 가봉공화국에서 그러한 자연적 과정을 암시하는 강력한 증거를 발견했다. 더욱 주목할 점은 '페르미 이전 원자로'라고도 불리는 그런 천연 원자로의 연대를 아칸소 대학의 일본 출신 핵화학자 폴 구로다가 이미 1965년에 놀랍도록 정확하게 예측한 바 있었다는 사실이다.

구로다는 몇 가지 기본적인 가정을 세워, 천연 원자로는 약 2×10^9년 전에 활동했을 것이라는 결론에 도달했다. 그런데 프랑스가 가봉에서 오클로 천연 원자로를 발견한 뒤 연대를 계산한 결과도 정확히 구로다의 결론과 일치하는 2×10^9년 전이었다. 물리학계는 아연실색했다. 중성미자의 공동 발견자인 클라이드 카원은 이렇게 적었다.

> 오클로 천연 원자로를 발견했다는 선언에 미국 핵과학자들은 회의적인 반응을 보였다. 스태그 경기장 원자로는 세계 최고의 물리학들이 기계적 세부 사항, 원료의 순도, 조립 구조에 세심하게

신경을 기울여 건설한 것이었다. 자연이 그와 똑같은 일을 식은 죽 먹기로 해낼 수 있다고? 우리는 이제 그 답이 "그렇다"임을 안다.[32]

1972년 6월 오클로 천연 원자로가 발견된 것은 우라늄의 주요한 두 동위원소인 ^{235}U와 ^{238}U의 비에 유의미한 이상이 감지된 사건 덕분이었다. 자연 상태의 우라늄에서 ^{235}U의 정상적인 비는 0.7202±0.0010퍼센트인데 비해, 오클로 광물에는 그 동위원소가 0.440퍼센트 들어 있었다. 프랑스 핵과학자들은 구로다가 예측했던 과거 그 시점에 그곳에서 자급적 핵연쇄반응이 벌어졌던 것이라고 결론지었고, 천연 원자로가 존속했던 기간은 60만 년에서 150만 년 사이로 추정했다. 과학자들은 또 대기 중 산소가 우라늄 광물 속에서 진행된 분별 과정에 관여했으리라고 추론했는데, 이것은 과거 광합성을 할 줄 아는 생물체들이 새롭게 등장하면서 대기에 산소가 극적으로 많아졌던 시점이 지금으로부터 약 2×10^9년 전이라는 별도의 추정치와도 일치했다.

오클로 천연 원자로의 광물을 좀 더 분석한 결과, 그때까지 지구에 존재하지 않는다고 여겼던 많은 원소들이 그런 특별한 현상에서 실제로 만들어졌었다는 사실이 밝혀졌다. 테크네튬뿐 아니라 프로메튬도 그랬고 94번 원소인 플루토늄도 그랬다.[33]

우주에 존재하는 테크네튬, 그리고 테크네튬의 용도

하늘로 시선을 돌려보면, 테크네튬은 일찍이 1952년부터 적색거성에서 검출되었다. 그러나 우리 태양은 아니었다. 이 사실은 우리 태양이 비교적 젊은 항성이라는 견해를 뒷받침하는 중요한 증거였다. 그리고 테크네튬 동위원소들의 반감기가 적색거성의 수명에 비해 짧다는 사실은 이 원소가 항성 내부에서 생성된다는 가설을 지지하는 증거였을 뿐 아니라 나아가 질량이 중간 규모인 원소들은 항성 내부에서 합성된다는 이론을 지지하는 증거였다.

이렇듯 색다른 유래를 자랑하지만, 오늘날 테크네튬은 의학 진단 도구로 일상에서 널리 쓰인다. 방사성 몰리브데넘-99가 붕괴하면 준안정상태인—들뜬 상태라는 뜻이다—테크네튬-99m이 된다. 방사선 진단 기기는 이 동위원소 ^{99}Tc이 바닥 상태로 떨어질 때 방출하는 감마입자를 읽음으로써 종양을 비롯한 여러 이상을 감지할 수 있다.

^{99}Tc의 유용성은 몇 가지 독특한 성질에서 비롯한다. 이 동위원소가 들뜬 상태에서 방사성 붕괴를 겪는 반감기는 여섯 시간이다. 붕괴가 다 끝나기 전에 환자의 몸에 주입할 수 있을 만큼은 길지만 낮은 농도에서도 방사선 방출량을 측정할 수 있을 만큼은 짧다. 게다가 반감기가 짧다는 것은 환자가 방사선에 오래 노출되지 않아도 된다는 뜻이다. 물에서의 화학적 성질도 중요하다. 이 동위원소는 과테크네튬산 이온(TcO_4^-)의 형태로 투여되는데, 이 이온은 가령 과망가니즈산 이온(MnO_4^-)과는 달리 광범위한 생리적 조건에서 물에 녹으면서

도 안정성을 유지한다.

마지막으로, 강철이 물과 접촉할 때 고온과 고압에서 부식하지 않도록 막는 최고의 방법은 $KTcO_4$로 코팅하는 것이다. 테크네튬이 방사성원소인 것은 안타까운 일이다. 그렇지 않다면 꼼꼼하게 밀봉한 용기 속에서만이 아니라 다른 상황에서도 이 기법을 많이 적용할 수 있을 것이기 때문이다.

의료 영상 촬영

테크네튬의 주된 용도는 의료 영상 촬영이다. 이 용도에는 테크네튬의 여러 동위원소 중 한 종류, 그중에서도 준안정상태의 핵이성체인 테크네튬-99m이 쓰인다. 이 핵이성체는 1938년에 세그레와 시보그에 의해 발견됐지만 널리 쓰이게 된 것은 훨씬 더 나중의 일이었다.

오늘날 모든 의료 영상 진단의 약 85퍼센트는 테크네튬-99m를 사용하며, 전 세계에서 매년 5천만 건이 넘는 촬영이 테크네튬-99m을 사용해서 이뤄진다.

이 핵이성체는 방사능이 있고 반감기가 약 여섯 시간이라 인체에 쓰기에 알맞다. 투여 후 스물네 시간이 지나면 이성체의 약 94퍼센트가 붕괴하여 몸에서 빠져나간다. 또한 이 이성체가 준안정상태에서 안정상태로 붕괴하면서 내놓는 감마선은 에너지가 140킬로전자볼트로, 상업적 진단에 쓰이는 엑스선 기계의 출력과 비슷하다. 안정된 테크네튬-99는 결국 루테늄-99로 붕괴하는데, 그 반감기는 무려 21

맥밀런, 세그레, 시보그. 미국 물리학회의 에밀리오 세그레 사진 콜렉션의 허가를 받아 수록했다.

만 1,000년인 데다가 모든 베타붕괴가 그렇듯이 무해한 전자만을 방출한다.

테크네튬 생성기

요즘은 모든 대형 병원들이 테크네튬 생성기를 갖추고 있다. 테크네튬 생성기에는 테크네튬-99m의 어미핵종인 몰리브데넘-99가 들어 있는데, 이 방사성 몰리브데넘은 고농축우라늄이 붕괴할 때 형성된다. 테크네튬 생성기는 뇌, 심근, 갑상샘, 폐, 간, 쓸개, 콩팥, 골격, 혈액, 종양을 촬영하는 등 다양한 용도로 사용된다.

테크네튬 생성기의 연료에 해당하는 몰리브데넘-99는 반감기가 약 2.75일이므로, 생성기는 전 세계 어디로든 운송될 수 있다. 몇 주가 지나도 여전히 상당량의 테크네튬-99m이 생성될 테니까 말이다. 생성기에서 만들어진 테크네튬은 과테크네튬산 이온의 형태로 배출되는데, 이 화합물에서 테크네튬은 산화 상태가 +7가라서 의료용으로 쓰기에는 적합하지 않다. 따라서 사용하기 전에 더 낮은 산화 상태로 환원시켜야 하며, 또한 리간드를 배위결합시킴으로써 촬영하고자 하는 인체 기관과 친화성을 띠도록 만들어야 한다.

테크네튬의 화학적 성질

대량으로 구할 수 있다는 장점, 그리고 원자량이 99인 동위원소는 감마선이 아니라 무해한 전자만 방출한다는 장점이 있기 때문에 과학자들은 테크네튬의 화학적 성질을 철저히 연구했다. 연구 목적은 인체의 모든 부위에 대해서 그것과 결합하는 테크네튬 화합물을 찾는 것이다.

의학적으로 유용한 화합물을 알아보기 전에 단순한 화합물부터 살펴보자. 멘델레예프가 1881년에 예측했듯이, 테크네튬은 색깔을 띤 산화물인 TcO_2, TcO_3, Tc_2O_7를 형성한다. 테크네튬은 화합물에서 최대 아홉 가지 산화 상태를 취하는 것으로 확인되었다. -1부터 0을 지

나 +7까지다.[34]

테크네튬의 배위화합물

테크네튬 화합물의 화학적, 생리학적 성질은 대체로 테크네튬과 배위결합하는 리간드에 따라 결정된다. 그런 화합물 중에서 처음 개발된 종류들은 뼈뿐만 아니라 배설기관을 촬영하는 데도 유용했다. ^{99m}Tc DTPA는 그런 1세대 테크네튬 화합물의 사례로, 이때 리간드로 쓰인 DTPA는 다이에틸렌 트라이아민 펜타아세트산을 뜻한다(표 6.4).

최근에는 심근과 뇌 촬영에 쓰기 위한 2세대 테크네튬 화합물도

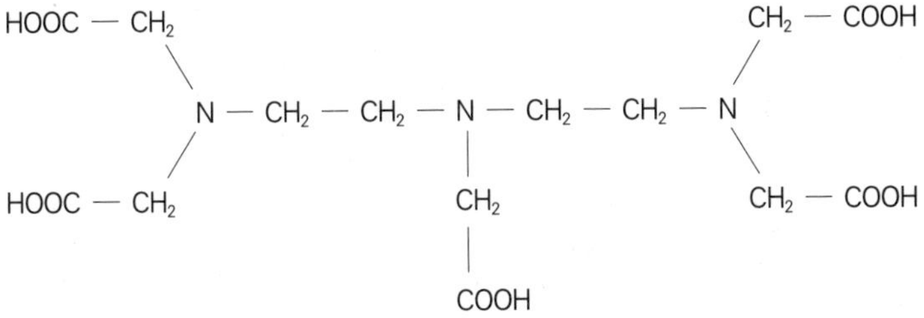

표 6.4 | DTPA, 즉 다이에틸렌 트라이아민 펜타아세트산 리간드.

개발되었다. 가령 상표명 '세레텍'으로 불리는 ^{99m}Tc HMPAO, 즉 헥사메틸프로필렌 아민 옥심 테크네튬(V)이 그런 화합물이다.

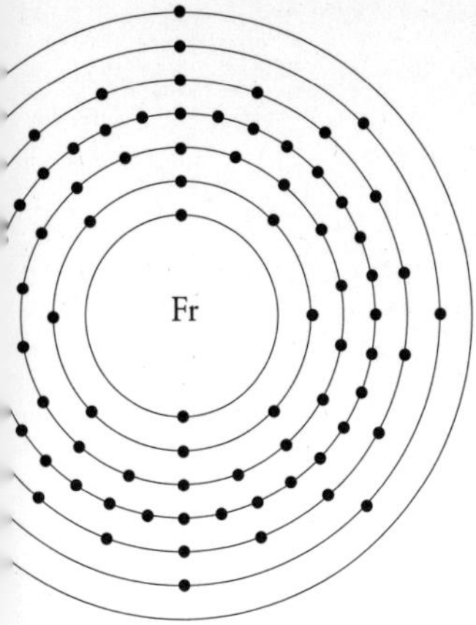

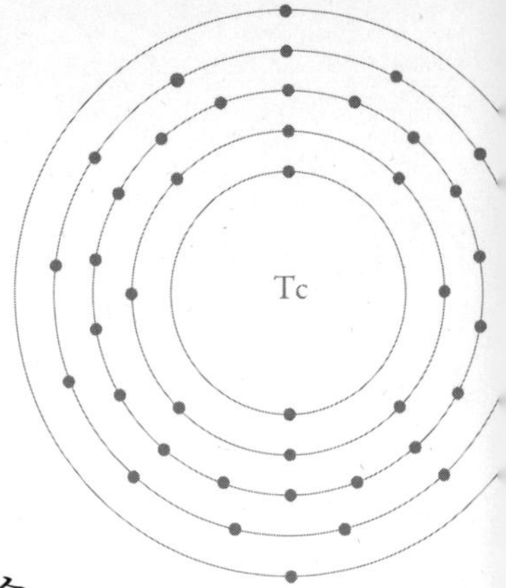

7장

87번 원소—프랑슘

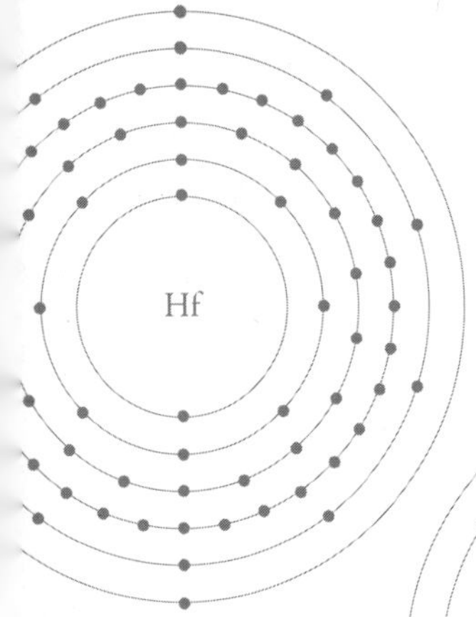

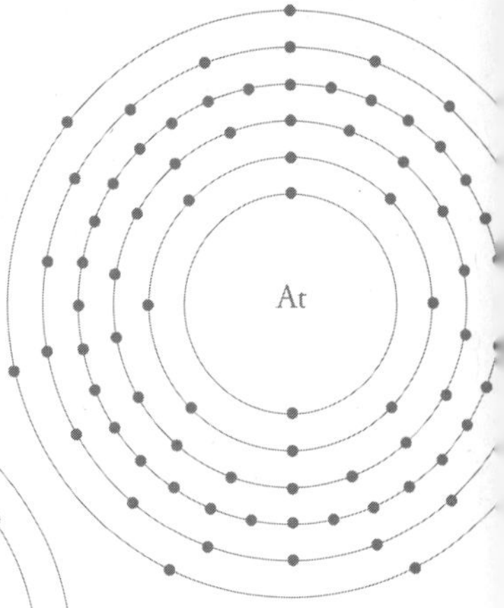

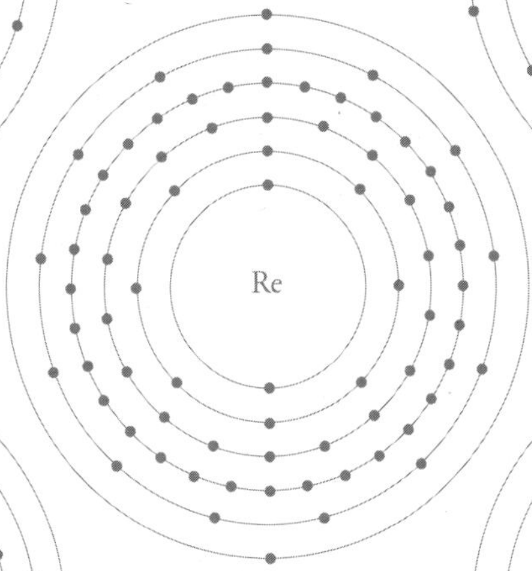

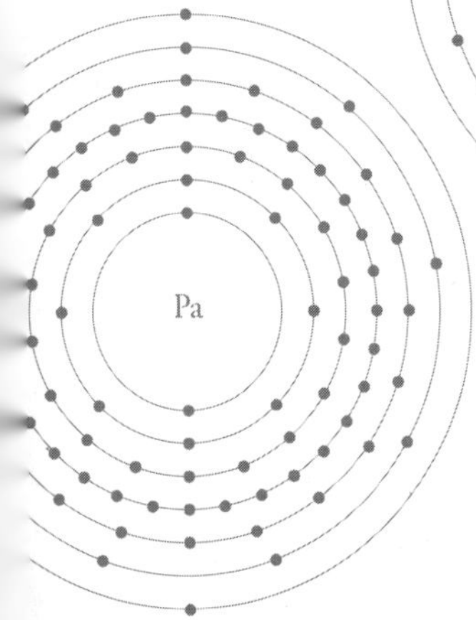

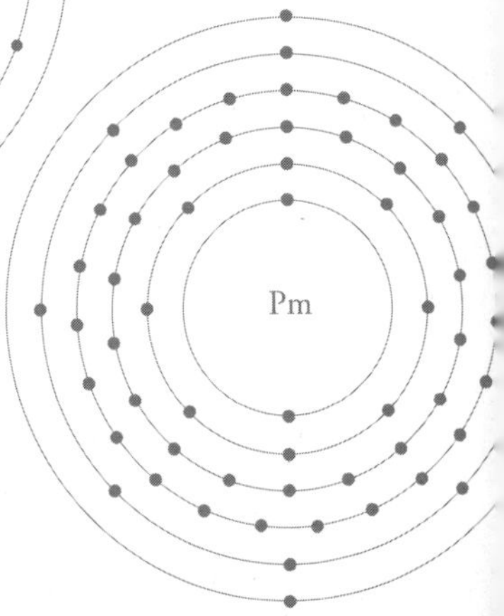

87번 원소에 관해서 주목할 사실 중 하나는 1871년에 멘델레예프가 그 존재를 예측하고 에카세슘이라는 임시명을 부여한 이래 꽤 많은 사람들이 이 원소를 발견했다고 주장했다는 점이다. 83번 비스무트 이후로 주기율표가 흐지부지되는 경향이 있다는 사실은 일찍부터 알려져 있었다. 비스무트 이후의 원소들은 모두 방사성원소라서 우라늄이나 토륨과 같은 소수의 예외를 제외하고는 전부 불안정하기 때문이다. 하지만 그 사실도 여러 과학자들이 자연원료에서 87번 원소를 찾아내려고 노력하는 것을 막지 못했으며, 많은 경우 그 과학자들은 원소를 분리하는 데 성공했다고 주장하기까지 했다. 가령 영국의 드루스와 로링은 모즐리가 개발한 기법, 즉 해당 원소의 엑스선 스펙트럼에서 K_α와 K_β 스펙트럼선을 측정하는 고전적 기법을 사용하여 자신들이 이 원소를 확인했다고 믿었다. 물론 사실은 아니었다.

H																	He
Li	Be											B	C	N	O	F	Ne
Na	Mg											Al	Si	P	S	Cl	Ar
K	Ca	Sc	Ti	V	Cr	Mn	Fe	Co	Ni	Cu	Zn	Ga	Ge	As	Se	Br	Kr
Rb	Sr	Y	Zr	Nb	Mo	Tc	Ru	Rh	Pd	Ag	Cd	In	Sn	Sb	Te	I	Xe
Cs	Ba	Lu	Hf	Ta	W	Re	Os	Ir	Pt	Au	Hg	Tl	Pb	Bi	Po	At	Rn
Fr	Ra	Lr	Rf	Db	Sg	Bh	Hs	Mt	Ds	Rg	Cn		Fl		Lv		

La	Ce	Pr	Nd	Pm	Sm	Eu	Gd	Tb	Dy	Ho	Er	Tm	Yb
Ac	Th	Pa	U	Np	Pu	Am	Cm	Bk	Cf	Es	Fm	Md	No

표 7.1 | 나중에 프랑슘으로 명명될 87번 원소의 위치.

1930년대는 앨라배마 공대(현재의 오번 대학)의 프레드 앨리슨 교수가 주장할 차례였다. 앨리슨은 용액에 자기장을 걸면 그 속을 통과하는 빛의 편광면이 회전하는 현상인 패러데이효과에 대해, 조건에 따라 그 현상이 나타나는 시간이 미세하게 지체된다고 보고 이를 이용하여 여러 원소와 화합물의 정체를 확인하는 광자기 기법을 개발했다. 원소마다 서로 다른 수준으로 시간 지체가 일어난다는 앨리슨의 생각은 사실 틀렸지만, 그는 그러한 현상을 우리가 맨눈으로 관찰할 수 있으며 그 효과를 이용하여 모든 물질의 정체를 확인할 수 있다고 주장했다. 그는 많은 논문은 물론이거니와 《타임》 특집 기사에서도 자신이 미발견 87, 85번 원소를 관찰했다고 대담하게 주장했다.

당시 이 현상을 주제로 말 그대로 수백 편의 논문이 발표되었고, 그중에는 그 진위가 의심스럽다고 논박한 글도 많았다. 결국 오늘날 앨리슨 효과는 N선(1930년 프랑스 과학자 프로스페르-르네 블롱들로가 엑스선과 비슷하지만 다른 복사선을 감지했다고 주장하여 한때 뜨거운 관심이 집중되고 논문도 무수히 쏟아졌으나 결국 정체가 묘연한 현상으로 밝혀졌다—옮긴이)이나 상온 핵융합(1989년 미국의 플라이슈만과 폰즈가 상온에서 핵융합이 가능하다고 주장하는 논문을 발표했으나 결국 거짓으로 판명났다—옮긴이)과 더불어 이른바 병적 과학의 사례로 자주 소개된다.[1]

그다음 주목할 만한 선언은 파리에서 나왔다. 아인슈타인의 브라운운동 이론을 입증함으로써 원자의 실체에 관한 증거를 제공한 것으로 유명한 물리학자 장 페랭이 지지한 선언으로, 페랭과 함께 일했던 루마니아 물리학자 호리아 훌루베이가 정밀한 엑스선 측정을 통해서 87번 원소의 것으로 예측되는 진동수에 정확하게 들어맞는 스펙트럼선들을 포착했다고 주장한 것이었다. 훌루베이는 재빨리 그 원소에 몰다븀이라는 이름을 붙였지만, 결국 이 또한 진짜 발견이 아닌 것으로 드러났다.

마침내 87번 원소를 발견한 사람은 놀라운 프랑스 여성 마르그리트 페레였다. 페레는 파리에서 다름 아닌 마리 퀴리의 실험 조수로 경력을 시작했다. 방사성물질을 정제하고 조작하는 데 능숙해진 페레는 퀴리로부터 89번 원소인 악티늄의 방사능을 조사해보라는 지시를 받았다. 페레는 모든 딸 동위원소들을 차근차근 배제함으로써 악티늄의 딸 동위원소들이 아니라 악티늄 자체가 생성하는 알파선과 베타선을 처음 관찰하는 데 성공했고, 그럼으로써 주요한 세 방사성 붕괴 계열 중 하나에서 미약하지만 의미심장해 보이는 갈래 붕괴 하나를 발견했는데, 그 데이터를 분석했더니 반감기가 21분인 새로운 원소가 나타난 것이었다. 나중에 그 원소를 명명하라는 요청을 받자, 페레는 모국을 기념하는 의미에서 프랑슘이라는 이름을 골랐다.[2] 이 이름은 방사능 연구 분야에서 꾸준히 이어진 프랑스 과학자들의 업적을 기리는 뜻에서도 어울리는 선택이었다. 방사능 현상 자체를 처음 발견한 사람은 베크렐이었고, 퀴리 부부는 폴로늄과 라듐을 분리했으며, 드비에른은 악티늄을 분리하지 않았던가. 모두 불과 몇 년 사이에 프랑스에서 이뤄진 발견들이었다.

프랑슘은 자연 상태에서 발견된 최후의 원소로, 지각 전체에 겨우 30그램쯤 들어 있을 것으로 추정된다. 상업적 용도가 전혀 없는 극소수의 원소들 중 하나이기도 한데, 수명이 가장 긴 동위원소조차 반감기가 21분밖에 안 된다는 점이 주된 까닭이다. 그러나 프랑슘은 원자지름이 2.7옹스트롬으로 모든 원소들을 통틀어 가장 크다는 점과 최외각전자가 하나뿐이라는 점 때문에 현대 핵물리학 이론의 한 가지 세부 측면을 탐구하는 연구자들 사이에서 상당한 관심의 대상이 되었다. 2002년 미국의 연구진은 프랑슘 원자 30만 개를 포획하여 그와 관련된 중요한 실험을 여러 가지 수행했다.[3]

87번 원소 추적 이야기, 더 자세하게

87번 원소를 발견했다는 보고가 처음 등장한 것은 1925년 11월 6

일 자《케미컬 뉴스》에서였다. F. H. 로링과 J. G. F. 드루스는 그 논문에서 예전에 드루스가 썼던 다른 논문을 언급했는데, 그때 드루스는 자신의 목표가 여러 광물에서 43번과 75번, 나아가 93번 원소를 찾는 것이라고 밝힌 바 있었다. 그리고 이제 두 저자는 이렇게 말했다.

> 정제되지 않은 레늄 산화물을 분리하던 중, 우리는 엑스선 스펙트럼이 찍힌 한 필름에서 이상한 선을 목격했다. (……) 조사 결과, 1.032옹스트롬 파장의 이 선은 원자번호 87번 원소의 $L_{\alpha1}$과 $L_{\alpha2}$ 선에 대한 이론적 예측치에서 정확히 한중간에 해당했다.

그들이 이 사실을 밝혀낸 과정은 꽤 흥미롭다. 그들은 구리의 잘 알려진 $L_{\alpha1}$와 $L_{\alpha2}$ 선 파장의 차이를 이용하여 87번 원소의 $L_{\alpha1}$와 $L_{\alpha2}$ 선이 어디쯤 있을지 추정했다. 그러자 87번 원소의 $L_{\alpha1}$선은 파장이 약 1.0275옹스트롬일 것이라는 계산이 나왔는데, 이것은 모즐리의 기법에서 이웃 원소들의 값을 외삽함으로써 얻은 이론치 1.027옹스트롬(표 7.2)에 놀랄 만큼 가까웠다.

그러니 로링과 드루스가 정말로 성공했다고 믿고 다음과 같이 합리적으로 주장을 폈던 것도 무리는 아니다.[4]

> 우리는 멘델레예프가 채택했던 명명법에 따라 당분간 이 원소를 에카세슘이라고 부르겠다. 이렇게 해서, 알칼리금속족(I)에서 원자량이 제일 크고 아마도 최후의 구성원인 듯한 원소의 존재가 확인되

81~93번 원소들의 $L_{\alpha1}$ 선

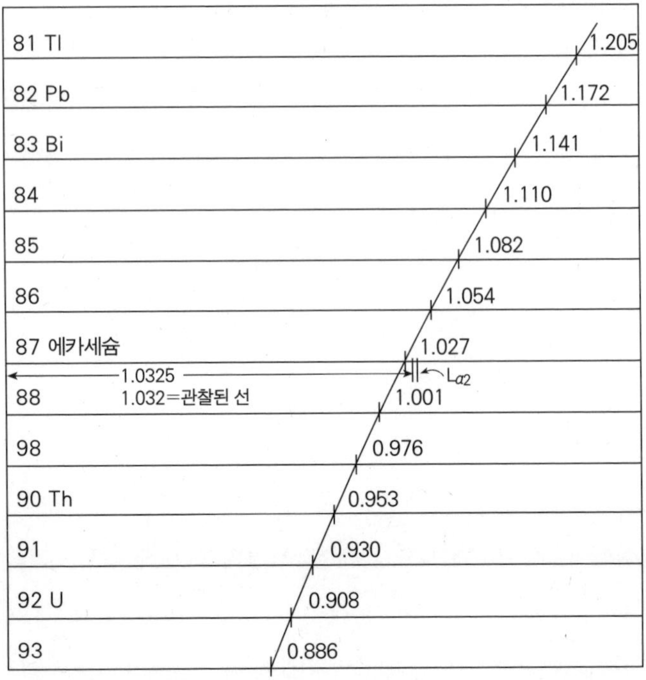

표 7.2 | 81~93번 원소들의 $L_{\alpha1}$ 선 파장을 예측한 값을 보여주는 로링과 드루스의 도표 (F. H. Loring, J. G. F. Druce, Eka-Caesium, *Chemical News*, 31, 289-289, 1925).

었다.[5]

한편 그들은 이 원소의 $L_{\beta1}$ 선을 관찰하는 데는 실패했다고 하면서 이렇게 덧붙였다.

이 스펙트럼선이 원자번호 87 원소의 것이라는 증거는 대단히 강력하다. 조건을 불문하고 이 근처에서 이런 강도로 드러날 만한

다른 스펙트럼선이 없기 때문이다.[6]

일주일 뒤인 11월 13일, 그들은 후속 발표를 냈다. 이번에는 '에카세슘과 에카아이오딘'이라는 제목이었다. 그들은 아쉽게도 87번 원소의 $L_{\beta 1}$선은 여전히 확보하지 못했지만 새로운 성공을 거두었다고 선언했다. 우리 이야기의 일곱 원소에 포함되는 또 다른 미발견 원소인 85번 원소를 발견했다는 것이었다.

> (……) 게다가 같은 필름에서 파장 1.086과 0.895의 스펙트럼선들도 아주 희미하게나마 관찰되었다. 이 선들은 85번 원소, 즉 에카아이오딘의 특징적인 L_α와 L_β 방사선에 상응하는 듯하다.

이번에도 그들의 낙관적 견해는 합당해 보인다. 앞의 그래프에서 예측한 바에 따르면 에카아이오딘의 $L_{\alpha 1}$선 파장은 1.082옹스트롬이니까. 로링과 드루스는 파이로루사이트에서 얻은 또 다른 샘플을 조사하여 파장 1.040옹스트롬의 선도 새롭게 발견했다고 보고했다.

> 폭을 감안하면 이 선은 에카세슘의 $L_{\alpha 1}$과 $L_{\alpha 2}$ 방사선을 포함할 수 있을 것이다.

이것은 다소 놀라운 주장이다. 그들이 이전 논문에서 제시했던 그래프(표 7.2)에 따르면 파장 1.040옹스트롬의 선은 에카세슘의 예측치보다는 86번 원소인 라돈의 예측치에 더 가깝기 때문이다. 진실이 어떻든 이 주장은 앞서 파장 1.032옹스트롬의 선을 확인했다고 발표했던 정확한 주장까지 망쳐버리는 듯했다.

좌우간 에카아이오딘(85번 원소)에 대한 주장은 확실한 것처럼 보였는데도, 저자들은 분별력을 발휘하여 다음과 같이 신중하게 말했다.

> 에카아이오딘의 결정적 증거로 보이는 특징적인 L_α와 L_β 스펙트럼선들이 나타났지만, 그럼에도 불구하고 이것이 이 샘플에 새로운 원소가 포함되어 있다는 확실한 표시라고 말하기는 어렵다. 그러나 우리가 7족에 속하는, 혹은 7족과 관련한 미발견 원소에 대한 연구를 이미 실시하고 있으며 연구가 긍정적인 조짐을 보이며 착실히 진행되고 있다는 점만큼은 확실하다.[7]

그들은 85번과 87번 원소를 둘 다 언급하면서 다음과 같이 결론 내렸다.

> 우리는 여기 언급한 두 원소를 확실하게 주장하기 위해서는 훨씬 더 많은 연구가 필요하다는 사실을 잘 안다.[8]

이 보고서들은 모즐리의 기법에 기반을 두어 나름대로 합리적인 주장을 펼치면서도 신중함을 발휘할 수 있다는 것을 보여주는 좋은 사례였다. 오늘날 우리는 새로운 원소를 발견했다고 선언했으나 결국 잘못된 선언으로 판명 나고 말았던 과학자들의 사례를 보고 참 물정 모르는 사람들이었다고 치부하고 싶을지도 모르겠지만, 사실 그들은 절대로 그렇지만은 않았다.

앨리슨과 앨라배뮴

다음은《타임》에 실렸던 기사 중 한 대목이다.

> "자, 이걸 보면 그들도 믿겠지" 하는 분위기로, 앨라배마 공대의 프레드 앨리슨 교수는 지난주에 나온《미국 화학 협회 저널》한 부를 책상에 철썩 내려놓았다. 여기에서 "그들"이란 앨리슨 교수가 스스로 개발한 광자기 기계를 써서 1930년에 87번 원소 에카세슘을 발견했고 지난 4월에는 에카아이오딘을 발견했다는 사실을 의심하는 사람들을 말한다. 특히 지난가을에 엑스선 분광법을 써서 에카세슘을 확인했던 코넬 대학의 제이컵 파피시 교수를 가리킨다. 한편 일리노이 대학의 B. 스미스 홉킨스 교수는 엑스선 분광법을 써서 주기율표의 세 번째 미발견 원소인 61번 원소를 발견하고 그것을 일리늄이라고 명명했다.[9]

이 기사에서 우리는 앨라배마 공대의 프레드 앨리슨 교수가 자신의 실험을 얼마나 확신했는지 짐작할 수 있다. 그는 자신이 그 실험으로 이 책의 주인공인 일곱 원소 중 하나도 아니고 두 가지를 검출했다고 주장했다. 그가 이 주장을 비롯하여 다른 많은 주장에서 틀렸다는 것과 오늘날 그의 실험은 이른바 병적 과학의 교과서적 사례로 통한다는 것을 말하기 전에, 그가 개발했던 이른바 광자기 분석 기법이 무엇이었는지부터 알아보자.

앨리슨의 기법은 패러데이효과를 활용했다. 패러데이효과는 과학적 사실로 분명히 인정된 현상일 뿐 아니라 빛과 전자기복사의 관계를 처음으로 증명한 사례였다. 1845년 런던 왕립 연구소 소장 마이클 패러데이는 액체를 통과하는 빛에 강한 자기장을 걸면 빛의 편광면이 눈에 띄게 회전한다는 사실을 발견했다.

그로부터 한참 후, 앨리슨은 그 현상을 응용한 도구를 제작했다. 한쪽에서 섬광을 일으킨 뒤, 그 빛을 십자로 교차시킨 두 편광자와 모종의 동일한 액체를 담은 두 유리세포로 통과시키는 기구였다. 유리세포에는 코일이 감겨 있어서 코일에 전류가 흐르면 자기장이 형성되었다. 앨리슨이 주로 관심을 둔 문제는 자기장을 건 시점과 패러데이효과가 나타나는 시점 사이에 발생한다고 믿었던 시간 지체를 측정하는 것이었다. 그는 전류가 두 유리세포에 도달하기까지 이동하는 거리를 조절함으로써 자기장 형성 시점을 이리저리 바꾸어보았다. 패러데이효과의 지체는 자기장이 걸린 뒤 섬광이 최소 강도로 흐려지는 현상을 관찰함으로써 확인할 수 있었다. 편광면이 회전하면 빛이 극히 미세하게나마 반드시 더 희미해질 것이라는 것이 앨리슨의 논리였다.[10]

앨리슨과 동료들은 여러 물질들에 대해서 빛이 최소화된 상태를 육안으로 확인했다고 주장했을 뿐 아니라 《피지컬 리뷰》, 《미국 화학 협회 저널》을 비롯한 유수의 과학 학술지에 논문을 말 그대로 수십 편 발표했다. 그들은 자신들의 기기가 워낙 민감하기 때문에 10^{-10}초 수준의 시간 지체까지 감지할 수 있다고 주장했다. 또한 시간 지체는 전적으로 금속의 양이온에 의해서 발생하는 현상이므로 질산칼륨, 황산염, 염화물과 같은 이온 용액의 경우에는 음이온이 있는 것만으로도 시간 지체가 완화된다고 말했다. 많은 연구자들이 회의적인 반응을 보였지만, 참으로 놀랍게도 앨리슨의 주장을 지지하는 연구를 발표한 실험실도 많았다. 이른바 앨리슨 효과에 관한 논문이 동료 심사를 거쳐 학술지에 발표된 것만도 수백 건이었다. 결국에는 앨리슨의 작업이 틀렸음을 입증한 논문들이 잔뜩 발표되었고 학술지들도 그 주제에 관한 연구를 싣기를 그만두었지만, 그것은 나중 일이었다. 그전에 앨리슨은 자신이 그 기법으로 모두가 오랫동안 찾아 헤매던 85번 원소를 발견했다고 주장했으며, 나중에는 87번 원소까지 발견했다고 주장했다.

반박

1933년, 훗날 버클리 캘리포니아 대학의 화학과를 이끌 화학 교수 웬들 래티머가 앨리슨을 찾아갔다. 앨리슨의 광자기 기법을 사용해서 당시 막 별개의 존재가 아닐까 의심되기 시작하던 원자량 3의 수소 원자를 검출할 수 있을지 알아보기 위해서였다. 래티머는 화학결합으로 유명한 길버트 N. 루이스(미국의 화학자로 공유결합을 발견했다—옮긴이)와 10달러 내기까지 걸었다. 루이스는 래티머가 앨리슨의 기법으로 아무것도 찾아내지 못하리라고 믿었다. 래티머는 앨리슨을 찾아가서 원하던 대로 기법을 배웠고, 자신이 그 방법을 써서 훗날 3중수소라고 불리는 ^{3}H 원자를 검출하는 데 성공했다고 주장했다. 래티머의 논문도 《피지컬 리뷰》에 문제없이 실렸으며, 그는 버클리로 돌아와 루이스가 건넨 10달러를 받았다.

1934년, 역시 버클리 캘리포니아 대학의 허버트 G. 맥퍼슨은 앨리슨의 최소 섬광이 착시에 불과하다고 지적하는 논문을 발표했다. 마지막 문장은 다음과 같았다.[11]

> 이상의 실험 결과를 볼 때, 그가 드문드문 관찰했다는 최소 섬광은 생리적 혹은 심리적 요인으로 설명할 수 있을 것이다.

몇 달 뒤, 래티머는 자신이 ^{3}H 원자를 관찰한 것으로 여겼던 실험 결과를 재현할 수 없음을 깨달았다.[12] 3중수소는 얼마 지나지 않아 같은 해에 러더퍼드, 올리펀트, 하르테크가 발견했다.[13]

앨리슨의 주장에 대해서 마지막으로 한 가지만 덧붙이자. 현재의 추정에 따르면, 지표면으로부터 깊이 1마일(1.6킬로미터)까지 지각에 포함된 85번 원소의 양은 지구를 통틀어 겨우 69밀리그램이고, 87번 원소는 24.5그램이다. 약 4천 톤이 들어 있는 폴로늄에 비하면 너무나 하찮은 양인데, 심지어 이런 폴로늄조차도 희귀한 원소로 여겨진다. 게다가 85, 87번 동위원소들은 수명이 극히 짧다. 이 모든 점들을 차치하더라도, 애초에 앨리슨은 잘못된 종류의 광물에서 그 원소들을 찾고 있었다.

호리아 훌루베이

호리아 훌루베이는 1896년 루마니아에서 태어났다. 그는 제1차 세계대전 중 루마니아 군대에 입대했다가 오스트리아-독일 연합군이 루마니아를 침공했을 때 간신히 프랑스로 탈출했다. 그것이 그의 첫 프랑스 방문이었다. 이후 그는 프랑스에서 과학자로 나름대로 이름을 알릴 테지만, 그토록 간절히 바랐던 87번 원소 발견에는 성공하지 못할 것이었다.

첫 프랑스 방문에서 훌루베이는 프랑스 공군의 전투기 조종사로 일했고 그 후 루마니아로 돌아가서 물리학 공부를 마쳤다. 1927년에는 도로 프랑스로 와서 파리 소르본 대학에 있는 장 페랭의 물리화학 실험실에 들어갔다.[14] 훌루베이는 1930년대에 줄곧 파리에 머물면서 엑스선 전문가 이베트 코슈아와 작업했는데, 두 사람이 함께 실시한 연구 중 하나가 바로 85, 87번 원소를 확인하려는 시도였다. 그들은 나아가 93번 원소도 찾아보았다.

1936년 훌루베이와 코슈아는 대단히 민감한 엑스선 기기를 써서 파장이 각각 1,032와 1,043엑스단위에 해당하는 87번 원소의 L_{α} 2중 스펙트럼선을 포함한 듯한 희미한 선들을 감지하고 그 사실을 발표했다. 그러나 이듬해 컬럼비아 대학의 F. R. 허시가 훌루베이의 주장을 강하게 비판하고 나섰다. 훌루베이가 수은의 엑스선 스펙트럼선을 87번 원소의 선으로 착각했다는 것이었다.

허시는 1,030과 1,047엑스단위에서 수은의 두 선이 나타난다는 점을 상기시켰고, 훌루베이와 코슈아가 보고한 두 파장의 간격이 그들 스스로 발표한 오차 범위보다 짧다는 점도 지적했다. 그리고 허시 자신이 직접 실험을 수행하여 레피돌라이트에서 87번 원소의 스펙트럼선을 찾아보았으나 그런 선이 존재한다는 결정적 증거를 찾지 못했다고 말했다.

훌루베이는 제2차 세계대전이 터지기 직전에 루마니아로 돌아가서 이아시 대학의 물리학 교수가 되었다. 전쟁 중 루마니아와 미국의 통신이 두절되었기 때문에, 훌루베이는 허시의 비판을 1943년에야 전해 들었다. 문제의 발견으로부터 족히 10년이 지난 시점이었지만 어쨌든 훌루베이는 1947년에 이 미국인의 비판에 대한 반론을 시도했다.[15] 훌루베이가《피지컬 리뷰》의 편집자에게 보냈던 글은 이렇게 시작한다.

> 전쟁 중 미국과 루마니아의 우편 왕래가 끊겼던 탓에, 나는 F. R. 허시의 논문「87번 원소를 찾아서」를 최근에야 읽었습니다.

훌루베이는 허시가 수은의 스펙트럼선이라고 말했던 파장 1,030과 1,047엑스단위의 선들은 모즐리의 법칙에 따르자면 잘못된 값이라고 지적하면서 허시의 비판을 고스란히 되돌려주었고, 이렇게 덧붙였다.

> (87번 원소에 대한) 다른 저자들의 추론에 그가 이토록 단정적으로 반대하는 것은, 등장하리라 기대되는 스펙트럼선들에 대해서 그가 부정확한 예측치를 갖고 있기 때문입니다.

허시의 실험에 관해서는, 아마도 그의 실험에 포함된 몰리브데넘과 텅스텐이 87번 원소의 선들을 모두 가렸을 터이니 "신빙성이 전혀 없다"고 했다. 훌루베이는 이렇게 편지를 맺었다.

> 87번 원소가 수명이 긴 동위원소로 존재하는가 하는 문제를 해결하는 데 있어서 허시의 조사는 아무짝에도 소용이 없었다고 봅니다.

프랑슘

1939년 마침내 진짜 87번 원소, 즉 에카세슘이 발견되었다. 발견자는 프랑스의 무명 테크니션 마르그리트 페레였다. 하지만 페레는 평범한 테크니션이 아니었다. 운 좋게도 그녀는 마리 퀴리의 개인 조수로서 퀴리에게 직접 방사성 동위원소 조작법을 배웠다. 결국 페레는 학위를 받고, 박사가 되고, 핵화학을 가르치는 교수가 될 것이었다. 바로 그 박사 학위 논문에서 그녀는 다들 오랫동안 찾아 헤맸던 에카세슘을 확인한 결정적 실험을 보고했다.

지금 돌아보면, 페레 이전의 시도들이 대부분 별다른 결실을 거두지 못했던 까닭을 이해하기가 어렵지 않다. 원자번호 83번 비스무트 이후의 원소들은 전부 방사성원소들인데도 이전 시도들은 대부분 비방사성광물을 대상으로 조사되었기 때문이다. 페레가 연구에 나선 시점은 이전 15년에 걸쳐 주로 프랑스에서 폴로늄(원자번호 84), 라듐(88), 악티늄(89), 프로트악티늄(91) 등 여러 방사성원소들이 발견된 뒤였다. 그러니 87번 원소를 찾는 연구자는 방사화학 분야를 탐색해야만 성공 가능성이 조금이라도 있을 것이었다.

방사화학 분야에서도 이 원소에 아슬아슬하게 접근한 사람이 페레 말고도 많이 있었는데, 이 역시 지금 돌아보면 왜 그랬는지 쉽게 이해할 수 있다. 1913년에는 방사성 붕괴에 크게 라듐, 토륨, 악티늄에서 시작되는 세 계열이 있다는 사실이 밝혀졌다. 방사성 변위 법칙, 즉 원소가 알파선을 방출하면서 붕괴하면 원자번호가 그보다 두 단위 더 낮은 원소로 변하고 베타선을 방출하면서 붕괴하면 원자번호가 한 단위 더 큰 원소로 변한다는 법칙도 밝혀진 상태였다. 전자인 이른바 알파붕괴는 알파입자가 두 단위의 전하를 지닌다는 사실로 설명되었다. 후자인 베타붕괴는 좀 더 복잡한데, 좌우간 핵 속 중성자가 양성자와 베타입자로 붕괴하면서 베타입자를 방출하는 것이라고 설명되었다. 이것은 원자번호가 0단위인 중성자를 원자번호 1단위인 양성자와 바꾸는 것에 해당한다.

따라서 87번 원소는 악티늄(89)이 알파붕괴를 하여 만들어지거나 라돈(86)이 베타붕괴를 하여 만들어질 것이라는 사실은 방사화학 역사 초기부터 명백했다.

$$_{89}\mathrm{Ac} \Rightarrow {}_{87}\mathrm{eka\text{-}Cs} + {}_{2}\alpha$$

$$_{86}\mathrm{Rn} \Rightarrow {}_{87}\mathrm{eka\text{-}Cs} + {}_{-1}\beta$$

그러나 희한하게도, 라돈의 알려진 동위원소들은 모두 알파입자만 방출하고 악티늄의 알려진 동위원소들은 모두 베타입자만 방출하는 듯했다. 하지만 연구자들은 한 동위원소가 두 경로로 붕괴할 가능성도 있다는 사실을 알았다. 실제로 결국 에카세슘은 악티늄이 알파붕괴와 베타붕괴를 동시에 겪음으로써 생성되는 것으로 밝혀질 것이었는데, 그렇다면 잠깐 악티늄의 역사를 살펴보자.

1900년 악티늄을 발견한 사람은 파리에서 퀴리 부부의 동료로 일하던 앙드레 드비에른이었다. 드비에른은 그리스어로 '광선'을 뜻하는 단어인 악티노스를 가져와 원소에 악티늄이라는 이름을 붙였지만, 사실 이 원소가 내는 방사선은 관찰 가능한 수준에서는 거의 무시할 만했다. 한편 1908년 런던의 유니버시티 칼리지에 있던 오토 한은 새로운 원소로 보이는 물질을 발견하고 메소토륨-2, 줄여서 MsTh2라는 임시명을 붙였는데, 그가 발견한 것은 사실 드비에른이 발견한 ^{227}Ac에 이어 악티늄의 두 번째 동위원소인 ^{228}Ac이었다.

따라서 에카세슘의 모체가 될 만한 악티늄의 동위원소는 두 종류였다. 그러나 누구도 그 가능성을 확인하지 않았다. 두 동위원소가 실제로 알파입자를 방출하는지 검출해본 사람이 아무도 없었다. 1926년에 가서야 한이 자신의 ^{228}Ac에서 에카세슘이 생성되는지를 적극적으로 살펴보았지만, 알파붕괴를 확인하진 못했다. 그는 다른 동위원소인 ^{227}Ac으로도 비슷한 실험을 해봐야 한다는 것을 알았으나, 나중에 밝히기를 그때 자신에게는 악티늄 정제 기술이 부족했다고 말했다. 그 기술을 페레는 갖고 있었고, 결국 그 기술을 활용하여 새로운 원소를 발견할 것이었다.

에카세슘 발견을 놓친 또 다른 방사화학자는 빈의 슈테판 마이어, 빅토르 F. 헤스, 프리드리히 파네트 팀이었다. 그들은 수많은 동위원소를 대상으로 방사선을 조사하던 중 ^{227}Ac이 미미한 강도로나마 알파선을 방출할지 모른다는 사실을 알아차렸고, 악티늄에서 시작되는 방사성 붕괴 계열에 아직 정체가 알려지지 않은 원소들이 더 숨어 있을지 모른다는 사실도 추측했다. 그러나 그들의 연구는 제1차 세계대전 발발로 갑작스레 중단되었다.

에카세슘 발견을 서술한 훌륭한 논문에서 조지 카우프먼과 장피에르 아들로프가 주장했듯이, 빈 팀은 실제로 ^{227}Ac에서 방출되는 알파선을 측정했지만 그 사실을 확신하진 못했던 것 같다.[16] 만일 그들이 확신했다면 당연히 새로운 원소를 발견했다고 선언했을 테니 말이다. 앞에서 설명했듯이, 악티늄(89)이 알파선을 방출한다면 그 결과 생성되는 것은 방사성 붕괴 법칙에 따라 원자번호가 그보다 두 단위 낮은 원소, 즉 87번 에카세슘일 수밖에 없다. 그러나 1930년대 초가 되어서도 마리 퀴리는 방사능에 관한 책에서 악티늄은 별달리 관측 가능한 방사선을 내놓지 않는다고 쓰고 있었다.

페레

마르그리트 페레가 퀴리의 라듐 연구소에 합류한 것은 1929년이었다. 페레는 처음부터 퀴리에게 악티늄 다루는 기술을 전수받았다. 이를테면 란타넘족 희토류를 함유하고 있을 때가 많은 혼합물로부터 악티늄을 분리, 농축하는 기술이었다. 그러려면 금속의 옥살산염 같은 화합물을 결정화하고 증발시키는 작업을 몇 번이고 반복해야 했다. 게다가 악티늄을 다루려면 동작이 재빨라야 했다. 악티늄 방사성 붕괴 계열에서 토륨, 라듐, 납, 비스무트, 탈륨의 동위원소들이 순식간에 줄줄이 생성되기 때문이다. 악티늄 자체의 성질을 조사하려면 이런 딸 동위원소들을 신속히 제거해야만 했다. 이런 원소들도 알파선과 베타선을 방출하기 때문에 더욱 그랬다.

마르그리트 페레. 미국 물리학회 에밀리오 세그레 사진 콜렉션의 허가를 받아 수록했다.

1934년에 마리 퀴리가 죽었지만, 페레는 악티늄 연구를 계속했다. 이제 악티늄의 발견자인 드비에른과 마리 퀴리의 딸 이렌느 졸리오퀴리가 페레의 작업을 공동 감독했다. 페레의 새 조언자들은 둘 다 페레에게 악티늄 정제를 계속하여 그 방사능을 조사해보라고 격려했다. 이즈음 ^{227}Ac이 베타선을 방출해야 한다는 사실이 분명해졌는데, 왜냐하면 딸 동위원소 중에 ^{90}Th이 있었기 때문이다.[17] 그러나 악티늄 자체로부터 베타선 방출을 확인하는 데 성공한 사람은 아직 없었다.

1935년 미국의 D. E. 헐, W. F. 리비, W. M. 래티머는 자신들이 그런 방사선을 감지했다고 생각했다. 페레는 그들의 보고를 읽고서 흥미가 동했다. 그들이 말한 방사선은 아마도 모종의 딸 동위원소에서 나오는 것이 아닐까 하고 생각하고 있었기 때문이다. 페레는 재깍 악티늄 자체가 방출하는 베타선을 확인하는 작업에 뛰어들었다. 그러려면 악티늄 원료를 농축하자마자(약 1분 만에) 그로부터 나오는 방사선을 확인해야 했다. 딸 동위원소들이 내는 방사선이 그것을 압도해버리기 전에.

실험을 통해서, 페레는 방사능이 첫 두 시간은 급속히 증가하다가 정체기에 도달한 뒤 다시 느린 속도로 증가한다는 것을 발견했다. 그리고 그 그래프를 시간이 0인 시작점까지 연장함으로써 순수한 악티늄에서 방출되는 알파선과 베타선의 예측치를 얻는 데 성공했다. 알고보니 악티늄의 방사선은 약 1퍼센트만이 알파붕괴였고 나머지 99퍼센트 가량은 베타붕괴였다. 페레의 관찰에서 아마도 가장 중요한 내용은 악티늄의 첫 방사성 붕괴의 반감기가 21분이라는 사실이었다. 1939년 1월 7일, 그녀는 지금까지 전해지는 실험 노트에 그 사실을 기록했다.

페레는 이런 정보들을 하나로 꿰어 다음과 같이 유추했다. ^{227}Ac은 주로 토륨, 라듐, 기타 붕괴 생성물들이 만들어질 때와 같은 경로로 붕괴한다. 그러나 거의 눈에 띄지 않을 정도로 사소할망정 또 다른 우회 경로가 있는데, 이것은 새로운 원소가 존재한다는 뜻이거나 악티늄의 또 다른 미발견 동위원소가 존재한다는 뜻이어야 했다. 페레는 이 알파붕괴가 토륨이나 라듐 같은 딸 원소에서 나오는 것은 아니라고 확신했으므로, 그렇다면 악티늄 자체에서 나오는 것일 수밖에 없었다. 그것은 곧 악티늄이 87번 원소로 붕괴할지도 모른다는 의미였다. 원소가 알파붕괴를 겪으면 원자번호가 두 단위 더 낮은 원소로 바뀌니까 말이다.

따라서 그녀가 관찰했던 초반의 재빠른 베타선 방출은 악티늄이 붕괴해서 나오는 것이 아니라 87번 원소가 (나중에 밝혀진 바로는 ^{88}Ra으로) 붕괴하면서 나오는 것이었다. 물론 악티늄도 베타붕괴를 한다. 앞에서 말했듯이 악티늄의 방사능은 99퍼센트가 베타붕괴에서 나오는 것이다. 그러나 이 과정의 반감기는 훨씬 더 길기 때문에 87번 원소의 베타붕괴와는 구별되었다. 새로운 원소가 세슘염과 함께 침전한다는 사실이 확인되면서 그 원소의 화학적 정체성은 분명해졌다. 세슘은 주기율표에서 1족에 속하는 알칼리금속이고, 에카세슘이 그런 성질을 갖고 있으리라는 것은 멘델레예프가 이 원소를 처음 예측했을 때부터 알려진 사실이었다. 그러나 물론 이런 정보도 완벽하게 결정적이라고 할 순 없었다. 혹시 악티늄의 또 다른 동위원소가 존재하여 갓 준비된 ^{227}Ac 샘플이 붕괴할 때 나타나는 이런 현상을 일으키는 것은 아닐까 하는 의문을 완전히 떨칠 수는 없었다.

그렇다보니 페레는 1939년《프랑스 과학 협회보》에 발견을 알리는 짧은 논문을 게재할 때 조심성을 발휘할 수밖에 없었다. 그녀는 우선 새로운 원소를 발견한 것 같다는 주장을 제기했다.

> 악티늄의 알파붕괴에서 방사성원소가 생성된다는 가설에 따르면, 그 생성물은 주기율표에서 87번 원소의 자리에 해당할 것이다. 우리는 이 사실을 확인하기 위해서 이 물질과 세슘을 동시 결정화함으로써 두 원소의 화학적 유사성을 확인해보았다. 우리가 이 용도로 택한 물질은 과염소산 세슘이었다. 비알칼리금속의 과염소산염은 용해성이 뛰어난 데 비해 과염소산 세슘은 그보다 용해성이 떨어져서 쉽게 구별되기 때문이다. 모액에 염화세슘을 더하고 과염소산 나트륨 용액에서 침전시키니 결정이 형성되었다. 결정은 방사성을 드러냈고, 21±1분의 주기로 붕괴했다.[18]

몇 줄 뒤에는 이렇게 적었다.

> 따라서 우리는 이렇게 결론 내린다. 악티늄에 약한 알파붕괴 분기가 있기 때문에, 혹은 베타붕괴를 겪는 동위원소와 알파붕괴를 겪는 동위원소가 섞여 있기 때문에, 악티늄의 알파붕괴에서는 원자번호가 87번이고 반감기가 21분인 방사성원소가 자연적으로 형성된다.[19]

얄궂게도 페레가 논문을 제출한 상대는 장 페랭이었다. 페랭이라면 이전에 자신과 함께 일했던 루마니아 물리학자 호리아 훌루베이가 에카세슘을 발견했다고 믿었던 인물이었다.[20] 페레는 새로운 물질의 정체성을 아직 확신하지 못했기 때문에 처음에는 그것을 '악티늄 K'라고 불렀다.

페레는 그동안 작업의 진척 상황을 두 조언자 드비에른과 졸리오퀴리에게 따로따로 알리고 있었다. 그러다 졸리오퀴리가 드비에른에게 페레가 자신의 제안에 따라 작업하여 새로운 동위원소 혹은 원소를 발견했다는 말을 꺼냈고, 자신이 페레의 유일한 감독자라 믿고 있던 드비에른은 불같이 화를 냈다고 한다. 이 분쟁은 둘 중 누가 페레와 함께 공을 인정받을 것이냐에 대해 두 조언자가 합의하지 못한 탓에 결국 페레가 공을 독차지하게 된 희한한 결과를 낳았다.

페레가 후속 실험으로 발견한 것이 악티늄의 또 다른 동위원소가 아니라 새로운 원소라는 사실이 명확해지자, IUPAC 명명 위원회 의장이었던 파네트는 그녀에게 새 원소명을 지으라고 요청했다. 처음에 페레는 양이온을 뜻하는 '캐튬'을 제안했다. 새 원소가 주기율표의 다른 어떤 원소보다도 가장 큰 양이온을 형성했기 때문이다. 그러나 이렌느 졸리오퀴리가 영어권 사용자들에게는 애완동물 '캣(고양이)'과 발음이 비슷해서 우스꽝스럽게 느껴질 것이라는 이유로 반대했다. 페레가 대신 고른 이름은 고국 프랑스를 기념하는 '프랑슘'이었다. 기호는 Fa로 제안했으나, 다른 원소들에 기호를 붙인 방식과 일관성을 유지하기 위해서 얼마 뒤에 Fr로 바꾸었다. 이렇게 해서 이 원소는 오늘날까지 그 이름과 기호를 간직하게 되었다.

발견 이후, 페레의 두 조언자는 그녀에게 학위를 받으라고 종용했다. 그녀는 박사 논문을 쓰기에 충분한 자료를 확보했으면서도 학사 학위조차 없는 희한한 처지였던 것이다. 학사 학위가 없으니 박사 과정에 등록할 수도 없었다. 그러나 그녀는 얼른 여러 과목에서 자격을 획득했고, 1946년 박사 논문 심사에 통과했다. 1949년에는 스트라스부르 대학에 신설된 핵화학 교수직에 임명되었다. 그러나 방사성원소를 오래 다룬 탓에 방사선증을 앓기 시작하여, 1975년 65세의 이른 나이로 사망했다.

페레가 발견한 원소는 자연 상태로 존재하는 원소 중 마지막으로 발견된 것이었다. 이제 미발견 원소는 61번과 85번뿐이었는데, 이 원소들은 둘 다 인공적으로 합성되어야만 했다.[21]

프랑슘의 용도

프랑슘은 너무 희귀하고 방사능이 강한 탓에 상업적 응용성이 없다. 그러나 과학에서 조금 특이하게 쓰이는 분야가 있기는 하다. 프랑슘 원자는 원자와 핵의 여러 물리적 속성을 점검하기에 안성맞춤이다. 전자기력과 약한 핵력을 약전자기력으로 통합하는 이론을 점검하는 데도 알맞다. 이런 실험은 거의 도시만큼 거대한 대형 입자가속기를 써서 수행하는 고에너지물리학과 대비된다는 뜻에서 '탁상(테이블톱) 물리학'이라고 불린다.

그 연구를 살펴보기 전에, 배경에 깔린 물리학 지식을 조금 알아보자. 1950년대 컬럼비아 대학의 리정다오와 양전닝은 일부 기본 입자들이 반전성을 위반할지도 모른다는 가설을 내놓았다. 이것은 달리 말해 입자들이 오른쪽과 왼쪽을 구분한다는 뜻이었는데, 당시에는 이것이 기묘한 이야기로만 들렸다. 그러나 1957년 역시 컬럼비아 대학에서 그들과 함께 연구하던 우젠슝은 방사성 ^{60}Co으로 실험하다가 반전성 위반이 실재하는 현상임을 발견하여 모두를 놀라게 했다. ^{60}Co 원자들에 자기장을 걸어 편극을 일으킨 뒤 베타붕괴를 겪게 하면, 원자들은 북극보다 남극에서 전자를 더 많이 방출하는 경향을 뚜렷이 드러냈다. 반전성 위반 개념은 1970년대에 안정된 원자, 즉 방사성이 없는 원자로도 확장되었으며 세슘을 비롯한 여러 원자에서, 가장 최근에는 이터븀에서 관찰되었다.

안정된 원자에서는 우젠슝의 ^{60}Co에서보다 효과가 훨씬 약하게 드러나지만, 연구자들은 그로부터 약력에 관한 새로운 현상들을 탐구할 수 있다. 그리고 그 효과의 강도는 Z^3, 즉 원자번호의 세제곱에 얼추 비례한다. 반전성 위반과 관련한 최근 연구들은 세슘에 집중하는 편인데, 이것은 세슘 원자에 최외각전자가 하나뿐이라 구조가 단순하기 때문이다. 그러니 프랑슘을 쓰면 어떻겠느냐는 제안이 나온 것은 당연한 일이었다. 프랑슘도 세슘과 마찬가지로 최외각전자가 하나뿐인 데다가 세슘보다 원자번호가 더 커서 반전성 위반 효과를 열여덟 배 더 강하게 드러낼 테니까.

과학자들은 프랑슘을 대상으로 반전성 위반 연구를 실시하기 전에 우선 그 에너지준위 사이의 스펙트럼 전이를 실험으로 정확하게 측정해야 한다. 프랑슘의 에너지준위와 전이를 이론적으로 계산하려는 시도도 일찍부터 이뤄졌다. 이처럼 프랑슘을 대상으로 이론을 엄밀하게 시험하는 작업이 제법 오래 진행된 결과, 현재는 이론과 실험의 차이가 약 1퍼센트 미만으로 좁혀진 상태이다. 또 다른 실험으로 프랑슘 핵의 '약한 핵전하'를 측정하는 실험이 있는데, 이것은 우리에게 익숙한 전자기력의 전하와 비슷한 개념이라고 보면 된다.

그다음 차원의 실험은 단순히 프랑슘의 반전성 위반을 관찰하는 것을 넘어선다. 사실 그 묘기는 이미 다른 많은 원자들에서도 성사되었으니까 말이다. 현재 연구자들이 프랑슘을 놓고 관심을 쏟는 문제는 아나폴 모멘트라는 완전히 새로운 현상을 이전보다 좀 더 정확하게 측정하는 것이다. 아나폴 모멘트란 약전자기력의 근본 속성으로서 양자역학 효과 때문에 발생한다고 예측되는 현상이다.[22] 아나폴이라는 이름이 붙은 것은 전자기력에서 등장하는 어떤 종류의 극성과도 무관하다는 뜻에서였다.[23]

전자기장에서 극성은 쌍극, 4중극, 8중극…… 하는 식으로 확장될 수 있는 데 비해, 약전자기력과 연관되는 아나폴은 그렇지 않다. 대신 아나폴은 이른바 토로이드류에 동반되는 자기 성분으로서 이때 토로이드 바깥에서는 자기장이 전혀 검출되지 않는다(표 7.3).

과학자들은 이 연구의 일환으로 프랑슘 원자 빔을 통제하고 집중시키는 기술을 개발했으며, 여러 종류의 동위원소들을 더 쉽게 만들어내는 기법도 연구했다. 현재 사용되는 기법은 산소 이온 빔을 고에

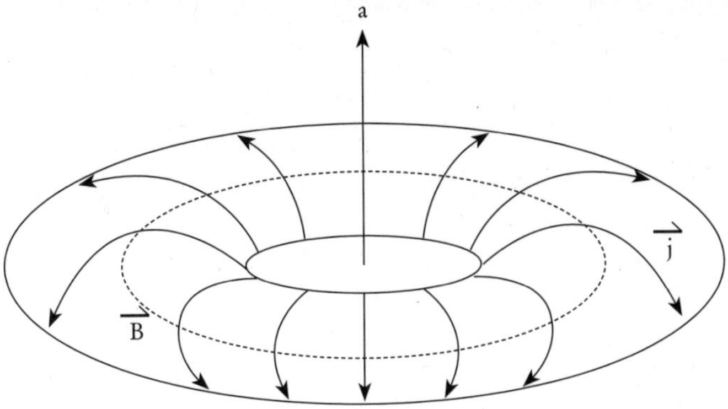

표 7.3 | 토로이드류가 발생시키는 아나폴 모멘트.

너지로 가속시킨 뒤 금 원자와 충돌시켜 핵융합반응을 일으키는 것이다. 귀금속 중의 귀금속인 금은 반응성이 없기 때문에 핵융합을 통해 생성된 프랑슘 원자가 금 화합물을 형성할 일이 없고, 따라서 과학자들은 프랑슘을 다른 지점으로 이동시켜서 '가두면' 된다.

프랑슘 원자를 가두려면 자기장과 공진 광선은 물론이거니와 여러 종류의 파장 가변 레이저를 사용해야 한다. 연구자들은 2002년까지 총 30만 개에 달하는 프랑슘 원자를 광자기 덫에 가두는 데 성공했고, 그것을 써서 원자 내부의 새로운 분광 스펙트럼 전이들을 측정했다.[24]

이 분야의 선구자인 루이스 오로스코에 따르면, 여러 프랑슘 동위원소들을 사용함으로써 다른 속성은 다 같게 둔 채 질량에만 변이를 주는 실험이 계획되고 있다고 한다. 그러면 약전자기 상호작용을 보다 깊이 탐구할 수 있다는 것이다.

이런 작업에서 우리가 주목할 점은 엄청나게 큰 에너지를 동원하는 입자가속기를 쓰지 않고도 자연의 두 근본 힘인 전자기력과 약한 핵력의 통합을 탐구할 수 있다는 사실이다.

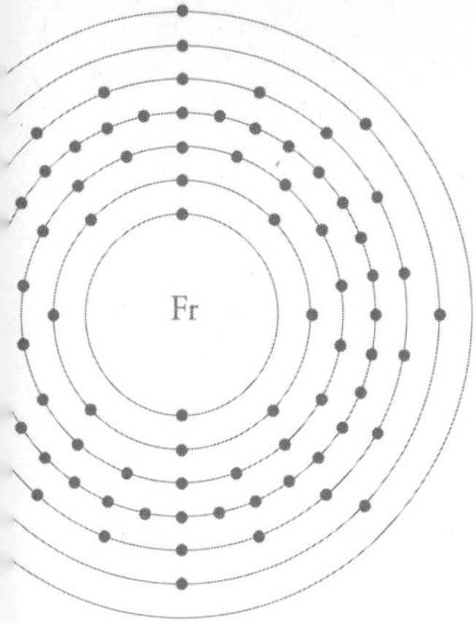

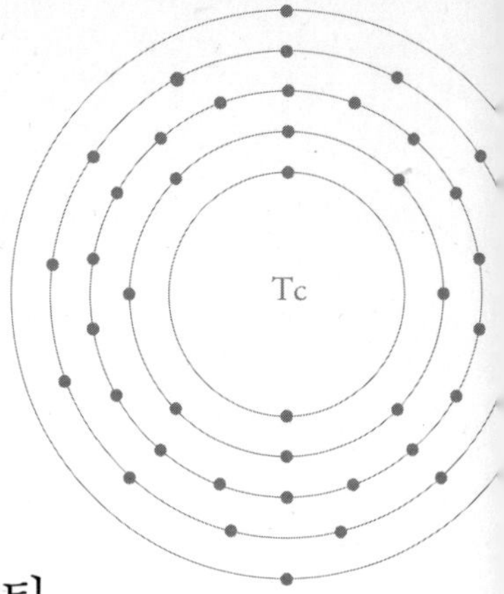

8장

85번 원소—아스타틴

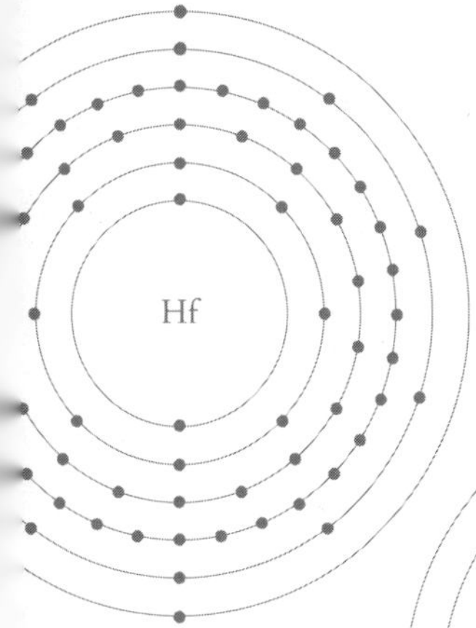

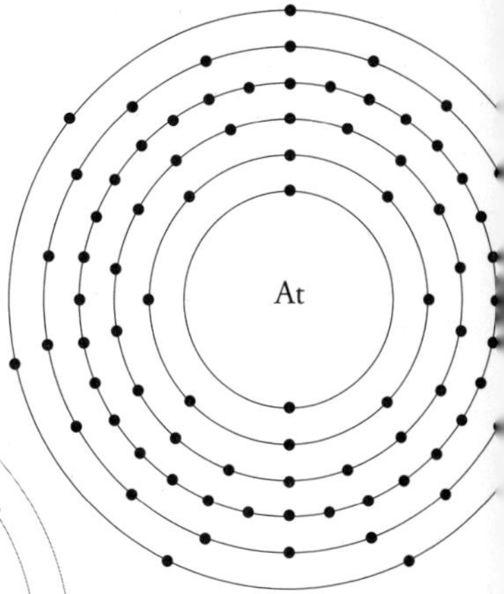

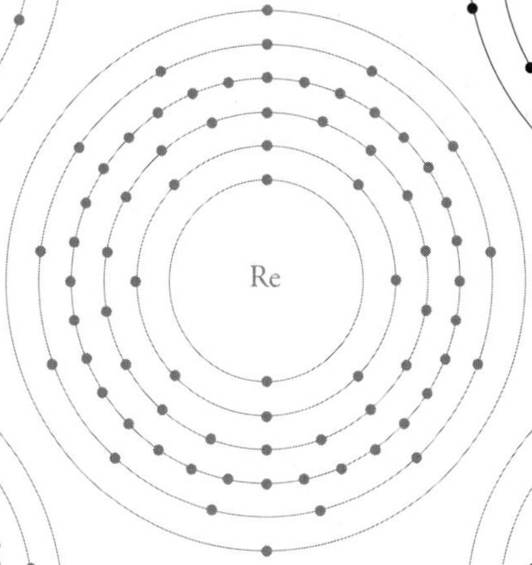

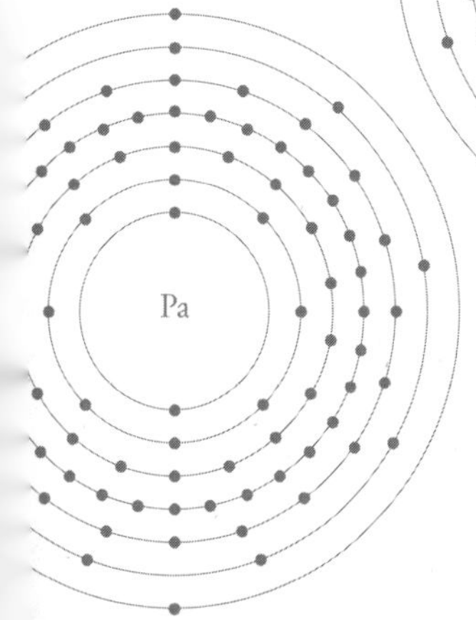

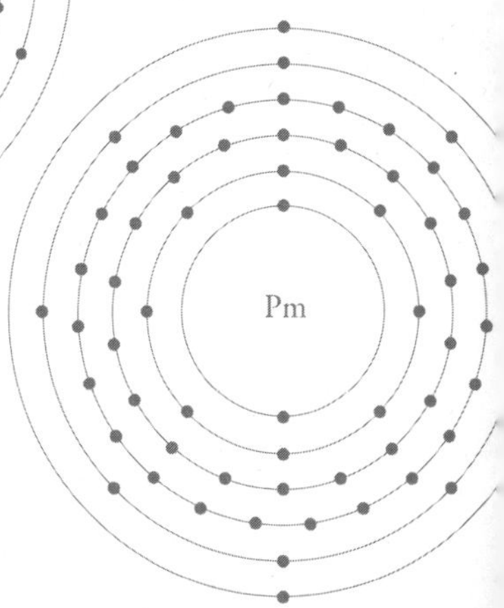

85번 원소를 둘러싼 사연은 일곱 원소 이야기 중에서도 가장 복잡하고 흥미로운 편이다. 85번 원소를 발견했다고 선언했던 여러 사람들의 주장에서는 우리가 다른 원소에서도 접했던, 요소 특히 72번 하프늄을 둘러싸고 벌어진 논쟁에서 두드러졌던 국수주의적 요소가 짙게 드러난다.

그러나 85번 원소는 우리가 지금까지 살펴본 다른 어떤 원소보다도 이 주제를 더욱 깊이 이해하도록 해준다. 우리가 이 원소의 사연에서 알 수 있는 것은 국수주의적 편견이 여러 측면에서 현재까지 지속되고 있다는 것, 그리고 이 원소의 '발견자'가 누구냐 하는 문제는 어느 나라 교과서를 펼치느냐에 따라 달라진다는 것이다. 또 이 원소는 대부분의 자료에서 발견자가 코슨, 매켄지, 세그레라고 잘못 기록되어 있다. 우선 내가 지금부터 할 이야기는 두 젊은 화학자 브렛 손

H																	He
Li	Be											B	C	N	O	F	Ne
Na	Mg											Al	Si	P	S	Cl	Ar
K	Ca	Sc	Ti	V	Cr	Mn	Fe	Co	Ni	Cu	Zn	Ga	Ge	As	Se	Br	Kr
Rb	Sr	Y	Zr	Nb	Mo	Tc	Ru	Rh	Pd	Ag	Cd	In	Sn	Sb	Te	I	Xe
Cs	Ba	Lu	Hf	Ta	W	Re	Os	Ir	Pt	Au	Hg	Tl	Pb	Bi	Po	**At**	Rn
Fr	Ra	Lr	Rf	Db	Sg	Bh	Hs	Mt	Ds	Rg	Cn		Fl		Lv		

La	Ce	Pr	Nd	Pm	Sm	Eu	Gd	Tb	Dy	Ho	Er	Tm	Yb
Ac	Th	Pa	U	Np	Pu	Am	Cm	Bk	Cf	Es	Fm	Md	No

표 8.1 | 아스타틴이라고 명명된 85번 원소가 주기율표에서 차지하는 위치.

턴과 숀 버데트의 최근 연구에 크게 의존했음을 밝혀야겠다. 나는 그들의 2010년 논문에서 많은 내용을 가져왔다.[1]

앞서 살펴본 원소들에서도 더러 그랬듯이, 모즐리가 실험을 통해 원자번호 개념을 입증한 뒤에는 이전까지 난무했던 모든 복잡한 문제들이 깔끔하게 해소되지 않았을까 하는 생각은 이 원소에서도 대단히 그릇된 것으로 드러난다.

초기의 주장들

주기율표에서 85번 원소는 할로겐원소들 사이에 있다. 초기 연구자들이 이 원소를 브로민이나 아이오딘과 같은 다른 할로겐원소가 흔히 발견되는 장소, 즉 바닷물이나 바닷물에 쓸린 모래에서 찾으려고 했던 것은 이상한 일이 아니었다. 나아가 그들은 이 새로운 원소가 전형적인 할로겐원소처럼 2원자분자를 형성할 테고 끓는점도 낮을 것이라고 자신 있게 예측했다.

이 원소를 발견했다는 주장을 처음으로 진지하게 제기한 사람은 프레드 앨리슨이었다. 87번 원소를 발견했다는 그릇된 주장을 제기했던 그 앨리슨이다. 역시 87번 원소처럼, 앨리슨은 용액에 자기장을 걸면 그 속을 통과하던 빛의 편광면이 회전하는 현상인 패러데이효과에서 드러나는 시간 지체를 자신이 개발한 광자기 기법으로 측정함으로써 새 원소를 발견했다고 주장했다. 앨리슨은 85번 원소를 감지했다고 주장하는 논문을 1931년과 1932년에 발표했고, 자신이 사는 앨라배마 주의 이름을 따서 앨라배뮴이라는 원소명을 제안했다 ('앨라배민'이라고도 했다—옮긴이).

1935년 미국 물리학자 H. G. 맥퍼슨은 앨리슨의 발견이 의심스럽다고 지적하며, 앨리슨이 관찰했다는 현상은 새로운 원소 때문에 발생하는 것이 아니라 기기에 존재하는 결함 때문임을 증명했다. 이후 다른 사람들도 속속 앨리슨의 주장을 반박했다.[2]

그다음으로 등장한 사람은 당시 영국령 인도에 속했으며 현재 방글라데시의 수도인 다카의 화학자 라젠드라 랄 데였다. 데는 1920년대 독일에서 한과 마이트너에게 배웠고, 역시 앨리슨처럼 모나자이트 모래를 탐색 대상으로 삼았다. 그는 모래에 수많은 화학 처리를 가한 끝에 승화물을 얻어낸 뒤 그것이 85번 원소라고 주장하면서 자신의 도시명 다카를 따서 다킨이라고 명명했다. 그러나 훗날 다른 연구자들은 아스타틴의 강력한 방사능을 근거로 들어 데의 주장을 기각했다. 아스타틴은 강력한 방사성물질이기 때문에 데가 주장했던 방식으로는 그 원소를 안전하게 다룰 수 없으며, 이는 데가 아니라 다른 누구라도 마찬가지라는 것이다.

앨리슨처럼 87번 원소 수색에 뛰어들었던 루마니아 출신의 호리아 훌루베이도 85번 원소 발견에 관여했다. 어쩌면 훌루베이는 정말로 자연 상태로 존재하는 아스타틴을 발견했을지도 모른다. 물론 아스타틴이라는 이름은 훗날 이 원소를 인공적으로 합성한 물리학자들이 붙였고, 보통은 바로 그 물리학자들이 이 원소의 발견자라고 일컬어지지만 말이다.

훌루베이는 1916년부터 프랑스에서 공부했고 1918년 제1차 세계대전이 끝난 뒤 고국 루마니아로 돌아갔다. 그러다 1926년 프랑스로 돌아와 소르본 대학에서 장 페랭과 함께 엑스선 실험실을 꾸렸다. 1928년에는 이베트 코슈아가 합류했다. 코슈아는 나중에 코슈아 분광계를 만든 사람으로 알려지는데, 그 분광계로 얻은 스펙트럼은 해상도가 뛰어났기 때문에 이전에는 희미하게만 관찰되었던 스펙트럼선들을 조사할 수 있었다. 훌루베이와 코슈아는 85번 원소의 증거를 관찰할 수 있기를 바라며 라돈의 방사능을 조사했다. 1936년 논문에서 그들은 151시그반 지점에서 스펙트럼선을 관찰했다고 주장했는데 바로 에카아이오딘의 $K_{\alpha1}$ 선이 발생할 것으로 예측되는 지점이었다.[3] 이어서 1939년에는 에카아이오딘이 존재한다는 가정과 모즐리의 법칙에 따른 예측에 모두 부합하는 엑스선 스펙트럼선을 두 개 더 발견했다고 보고했다. 새 실험은 이전보다 높은 해상도를 사용한 데다가 추가 확인까지 거쳤으므로, 두 사람은 새 원소를 발견했다는 주장을 한층 더 확신 있게 내세울 수 있었다. 한편 훌루베이와 코슈아의 학생이었던 마누엘 발라다르스는 고국 포르투갈로 돌아간 뒤 더 강한 엑스선으로 실험을 반복했고, 1941년 역시 에카아이오딘이 검출된다는 결과를 발표했다.[4]

1942년에는 또 다른 팀이 새 원소를 둘러싼 논쟁에 뛰어들었다. 빈의 라듐 연구소에서 일하던 두 여성 과학자 베르타 카를리크와 트라우데 베르네르트였다. 그들은 라돈 동위원소의 방사성 붕괴에서 방출된 알파선을 감지했다고 보고하며,[5] 이것은 자연 방사성 붕괴 계열에서 85번 원소가 등장한다는 뜻이라고 해석했다. 이즈음에는 보통 이 원소의 확실한 발견자로 여겨지는 버클리의 물리학자들이 85번 원소를 인공 합성하는 데 성공한 뒤였지만, 전쟁 중 통신이 끊긴 터라 오스트리아 연구진은 그 사실을 알지 못했다.

1944년 논문에서 훌루베이는 85번 원소에 관한 자신의 연구를 자세히 설명하며 다른 사람들의 연구까지 소개했는데, 여기에는 문제의 원소를 생성하는 자연 방사성 붕괴 계열에서 나왔다고 여겨지는 엑스선 스펙트럼선 여섯 개도 포함되어 있었다. 그리고 그는 카를리크의 연구를 언급하면서 그것이 자신의 발견을 지지하는 증거라고도 말했다. 논문에서 훌루베이는 새 원소명까지 제안했다. 루마니아어로 희망을 뜻하는 단어인 '도르'로, 평화를 바란다는 의미였다. 얼마

전까지만 해도 원소명을 지을 때 민족주의적 태도가 팽배했던 것을 떠올리자면 이 이름은 흥미로운 일탈이었다.

제2차 세계대전이 끝나가고 몇몇 원소들이 인공적으로 합성되기 시작하자, 원소를 어떻게 명명할 것이며 명명권을 누가 가져야 하는지가 중요한 문제로 대두되었다. 이 작업을 떠맡은 사람은 오스트리아 출신 방사화학자 프리드리히 파네트였다. 그는 유대계라는 이유로 베를린에서 교수직을 박탈당하자 1936년 영국으로 건너갔다. 1947년 파네트는《네이처》에 사설을 발표했는데, 그 글이 미친 영향 중 하나는 훌루베이와 코슈아의 85번 원소 발견 주장을 깎아내리는 것이었다. 앞에서도 말했듯이, 파네트는 만일 경쟁하는 연구자들이 서로 다른 원소명을 내놓았을 때는 재현 가능한 방식으로 원소를 생성한 쪽에 명명권이 돌아가야 한다고 말했다. 그렇다면 43번 원소의 경우에는 노다크 부부가 주장한 마수륨을 기각하고 세그레와 페리에가 합성한 테크네튬으로 대체해야 한다는 의미였다.

파네트는 85번 원소를 합성했다는 버클리 연구진의 주장과 그 원소가 자연 상태로도 존재한다는 것을 보여준 카를리크와 베르네르트의 연구를 언급했다. 그러고는 구체적으로 누구의 주장인지는 밝히지 않았지만 "이전에 이 원소를 발견했다는 다른 주장은" 카를리크와 베르네르트의 연구에 의해 반증되었다고 말했는데, 이것은 상당히 결정적인 발언이었다. 훌루베이와 코슈아의 연구를 기각한 셈이었기 때문이다. 더구나 파네트의 발언이 암시하는 바와는 달리 카를리크와 베르네르트는 훌루베이와 코슈아의 연구에 대해서 그런 식으

로 언급한 일이 없었다.[6]

홀루베이는 당연히 파네트의 사설이 마음에 걸렸다. 자신과 코슈아의 연구를 반박하는 듯한 내용이었기 때문이다. 홀루베이는 아마도 전쟁 중 통신이 어려워서 파네트가 그런 실수를 저지른 것 같다는 내용의 회답을 학술지에 보냈고, "파네트 씨의 해설을 읽은 독자가 생각하게 되는 바와는 달리" 카를리크와 베르네르트가 85번 원소에 관한 자신의 연구를 반박한 일은 없다고 바로잡았다. 그 직후에 카를리크도 결국 홀루베이의 연구에 관한 평을 내놓았는데, 한마디로 그의 연구는 85번 원소를 발견했다고 인정하기에는 부족한 수준이라는 내용이었다. 카를리크는 홀루베이의 샘플에 포함된 85번 원소의 양이 너무 적었기 때문에 다른 원소들로 인한 스펙트럼선 간섭이 일어났을지도 모른다고 말했다.[7]

한편 85번 원소를 인공적으로 합성했다고 주장한 버클리 연구진은—데일 코슨, 케네스 매켄지, 그리고 앞에서 소개한 에밀리오 세그레였다—파네트의 사설에 부응하여 아스타틴이라는 이름을 제안했다. 그리스어로 '불안정'을 뜻하는 단어 아스타토스에서 딴 이름이었다. 사실 그들이 그동안 원소명 제안을 미뤘던 것은 홀루베이와 카를리크 때문이 아니라, 앨리슨과 그 지지자들이 앨라배뮴이라는 이름을 끈질기게 주장하고 있었기 때문이었다. 그러나 이제 국제 화학 연합(IUC)의 명명 위원회 의장이 된 파네트가 1949년 아스타틴이라는 이름을 승인함으로써 세그레 등의 우선권 주장에 힘을 실어주었다.

손턴과 버데트의 분석에 따르면, 85번 원소의 발견을 주장할 만한 자격은 세 팀에게 똑같이 있었던 게 분명하다.[8] 손턴과 버데트는 우선 이렇게 지적했다.

> 다른 엑스선 분광 실험에는 모두 흠이 있었던 데 비해, 훌루베이와 코슈아의 샘플에는 틀림없이 85번 원소가 들어 있었다. 유일하게 불확실한 대목은 그들의 기기가 과연 85번 원소의 스펙트럼선을 분간할 수 있을 만큼 민감했느냐 하는 점이다.[9]

손턴과 버데트가 근거로 제기한 또 하나의 사실은 1930년대에 훌루베이와 코슈아가 폴로늄의 L_α 계열 스펙트럼선을 확실히 감지할 수 있었다는 점이다. 폴로늄의 전이 스펙트럼 강도는 그들이 85번 원소에 대해서 관찰했다고 보고한 강도에 비하면 500분의 1 수준이었다. 또한 훌루베이와 코슈아는 자신들의 포르투갈 학생 발라다르스가 수행한 실험에서는 85번 원소의 것으로 여겨지는 스펙트럼선들의 강도가 세 배로 강해졌을 것이라고도 덧붙였는데, 그것은 발라다르스가 방사능이 세 배 더 강한 라돈 원료를 썼기 때문이라고 했다.

훌루베이와 코슈아가 그동안 이 연구에서 그다지 인정받지 못했던 이유는 앞에서 설명했다. 한 요인은 파네트의 발언, 즉 실제로는 그렇지 않았음에도 불구하고 마치 85번 원소에 관한 '다른 연구'가 반박된 것처럼 말한 그의 발언이었다. 손턴과 버데트가 지적한 또 다른 이유는 훌루베이가 이전에 87번 원소를 발견했다는 잘못된 선언을 제기한 적이 있었는데 그 사안에서는 확실히 그가 틀렸기 때문에 이후 그의 주장이 신뢰성을 약간 잃었다는 것이다. 요컨대 훌루베이가 실제 85번 원소를 감지했음에도 불구하고 옛 실수 때문에 사람들의 의심을 샀다는 게 손턴과 버데트의 의견이다.[10]

헬베튬과 앙글로헬베튬

1940년, 스위스 물리학자 발터 민더는 이온화 상자 한 쌍을 전위계와 연결하여 실험함으로써 라듐 A의 미약한 베타붕괴를 감지했다고 주장했다. 그는 또 화학분석을 통해서 그 원소가 아이오딘과 비슷하다는 사실도 확인했다고 밝혔다. 민더는 그 원소를 헬베튬으로 명명하고 기호로 Hv를 제안했는데, 이는 스위스의 라틴어 이름인 헬베티아에서 딴 이름이었다. 《네이처》는 민더의 발견을 초록으로 알리면서 그가 방사성원소인 악티늄의 붕괴를 조사하여 85번 원소를 분리하는 데 성공했다고 보도했고, 그가 자기 나라를 기념하여 새 원소를 헬베튬으로 명명했다는 내용도 담았다. 이어서 좀 더 자세한 정보가 곧 입수되기를 바란다고 말하며, 《런던 이브닝 뉴스》에 다음과 같은 기사가 실렸다고 인용했다.[11]

> 전쟁이 한창인 오늘, 스위스의 한 끈기 있는 화학자가 그동안 통 종잡을 수 없던 '85번' 원소를 분리하는 데 성공했다는 소식은 어쩐지 묘하게 느껴진다. 더 묘한 것은, 역사를 장기적인 관점에서 보자면 요즘의 온갖 위기와 승리보다도 그런 발견이 훗날 더 중요

한 사건으로 여겨지리라는 점이다.

1942년 민더는 영국인 동료 앨리스 리스미스와 함께[12] 놀랍게도 에카아이오딘의 발견을 재선언했는데, 이번에는 앙글리아(잉글랜드의 라틴어 이름)와 헬베티아를 합하여 앙글로헬베튬이라는 이름을 새롭게 제안했다. 그러나 이번에도 다른 연구자들은 그들의 실험을 재현하지 못했고, 이후 그들로부터는 별다른 소식이 들리지 않았다. 적어도 원소 발견 분야에서는.

보통 정설로 간주되는 85번 원소 발견 이야기

일반적으로 통용되는 이야기에 따르면, 85번 원소는 1940년 버클리의 세 과학자 데일 코슨, 케네스 매켄지, 에밀리오 세그레가 발견했다고 한다. 세 사람은 어니스트 로런스가 건설한 60인치 사이클로트론(자기극의 지름이 60인치, 즉 1.5미터인 기계였다—옮긴이)을 써서 83번 비스무트 원소에 알파입자 빔을 쏘았다.[13] 비스무트는 이런 실험에서 표적으로 쓰기에 꽤 유용한 원소인데, 왜냐하면 동위원소가 원자량 209인 한 종류밖에 없어서 생성물 분석이 엄청나게 수월하기 때문이다. 알파입

아스타틴의 공동 발견자인 데일 코슨. 미국 물리학회 에밀리오 세그레 사진 콜렉션의 허가를 받아 수록했다.

자의 폭격을 받은 비스무트 표적은 여러 형태의 복사선을 방출했다. 알파선, 감마선, 엑스선은 물론이거니와 저에너지 전자도 있었다. 반감기는 약 7.5시간으로 모두 같았다. 연구자들은 분석을 통해서 그런 복사선 중 일부를 일으키는 물질의 정체를 확인했다. 알고보니 85번 원소가 K 전자 포획을 거쳐 폴로늄으로 변하는 것이었다.

$$^{211}_{85}\mathrm{At} + {}_{-1}\mathrm{e} \Rightarrow {}^{211}_{84}\mathrm{Po} + 90\text{킬로볼트의 엑스선}$$

그들은 발견을 알리는 논문에서 85번 원소가 자연 상태로 존재할지도 모른다는 가능성을 제기하며, 흥미롭게도 앞서 스위스에서 민더가 했던 작업과 파리에서 훌루베이와 코슈아가 했던 작업을 언급했다. 양쪽 모두 스스로 그 원소를 관찰했다고 주장한 사람들이었다.

버클리 연구진은 조지프 해밀턴과 메이오 솔리의 연구도 언급했다. 기니피그를 대상으로 실험한 결과 85번 원소가 갑상샘에 축적된 뒤 주기율표에서 바로 위에 있는 아이오딘과 비슷한 방식으로 체외로 배출되더라는 내용이었다. 하지만 코슨 등이 수행한 화학 실험에 따르면 85번 원소의 성질은 아이오딘보다는 이웃한 84번 폴로늄과 더 비슷했다. 가령 85번 원소는 황화물로 침전하고 황산에서는 아연에 의해 침전되는데, 두 반응 모두 아이오딘과 같은 비금속이 아니라 금속의 특징이었다.

아스타틴의 일반적 성질

85번 원소의 찜찜한 성질 중 하나는 이것이 고체 원소 중에서 맨눈으로 볼 수 있는 양이 한 번도 확보되지 않은 극소수의 사례에 해당한다는 점이다. 설령 눈에 보일 만한 양이 생성되더라도 방사성 활동에서 방출되는 열 때문에 순식간에 기화해버릴 것으로 추측된다. 이 때문에 아스타틴의 녹는점, 끓는점, 색깔, 금속성과 같은 거시적 성질들은 이론적으로만 추정할 수 있다.

할로겐원소들의 녹는점 경향성에 근거하여 계산하면, 아스타틴의 녹는점은 섭씨 302도일 것으로 예상된다. 그러나 이 계산에 대해서는 아직 논란이 있다. 섭씨 337도로 예상되는 끓는점도 마찬가지다.[14] 또 다른 논쟁의 대상은 언뜻 간단해 보이는 문제인데, 다른 모든 할로겐원소들처럼 아스타틴도 2원자분자인 At_2 형태로 존재하느냐 하는 것이다.[15] 아스타틴의 색깔은 아스타틴이 속한 할로겐족의 색깔 경향에 비춰 판단할 때 아주 짙을 것이다. 아마도 검을 텐데, 플루오린은 무색에 가깝거나 노랗고, 염소는 초록색이고, 브로민은 갈색이고, 아이오딘은 보라색이기 때문이다.

아스타틴이 원자로에서 인공적으로 합성된 지 3년만인 1943년, 이 원소가 극미량이나마 자연 상태로 지각에 존재한다는 사실이 밝혀졌다. 알고보니 아스타틴은 자연 상태에서 존재하는 원소 가운데 가장 희귀한 물질로, 어느 시점이든 지각에 존재하는 총량이 28그램에 지나지 않는다. 지금까지 합성되었거나 자연에서 발견된 동위원소는 약 서른 가지로, 그중 수명이 제일 긴 것은 반감기가 8.1시간인 ^{210}At이다.

이런 특징들 때문에 이 원소에는 실용성이 없다시피 하다. 유일한 예외는 ^{211}At을 방사선치료에 사용할 수 있을까 살펴보는 연구가 계속되어왔다는 것뿐이다. 알파입자를 방출하는 이 동위원소는 반감기가 7.2시간이라 방사선치료에 쓰기에 편리한 수준이다. 주기율표에서 바로 위에 있는 아이오딘과 마찬가지로 아스타틴은 갑상샘에서 대사되는 성향이 있다. 따라서 갑상샘은 물론이고 목 부위 전체의 상태를 관찰하는 의료 촬영에 사용될 수 있을 것이다. 게다가 이 동위원소가 방출하는 알파입자는 좁은 영역에서만 퍼진다. 요즘 사용되는 다른 동위원소들이 암의 주변 조직까지 파괴하는 문제를 일으킬 때가 많은 데 비해 아스타틴은 그런 위험을 한결 줄이면서 인체 모든 부위의 암 치료에 쓰일 수 있을지도 모른다. 이것만으로 부족하다면 장점이 하나 더 있다. ^{211}At은 현재 방사선치료에 사용되는 많은 동위원소와는 달리 해로운 베타선을 내지 않는다.

치료 도구로서 아스타틴의 매력적인 잠재력을 연구자들이 어언 35년 넘게 탐구해왔음에도, ^{211}At을 인체에 안전하게 주입하는 문제와 이 동위원소를 쉽게 생산하는 문제가 해결되지 않은 탓에 모든 원소를 통틀어 가장 희귀한 이 원소를 생체에 적용하는 실험은 아직 이뤄지지 않고 있다.[16]

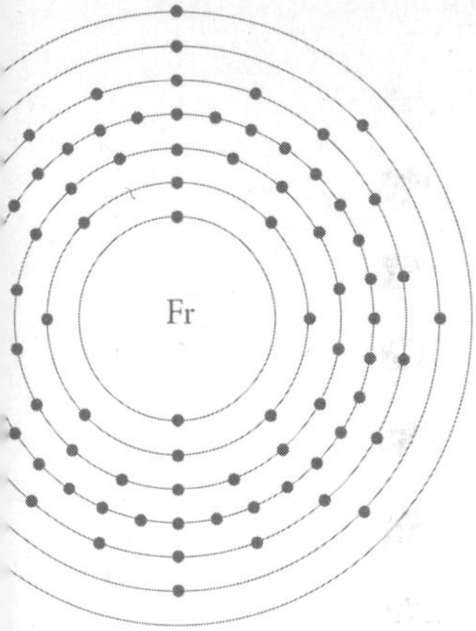

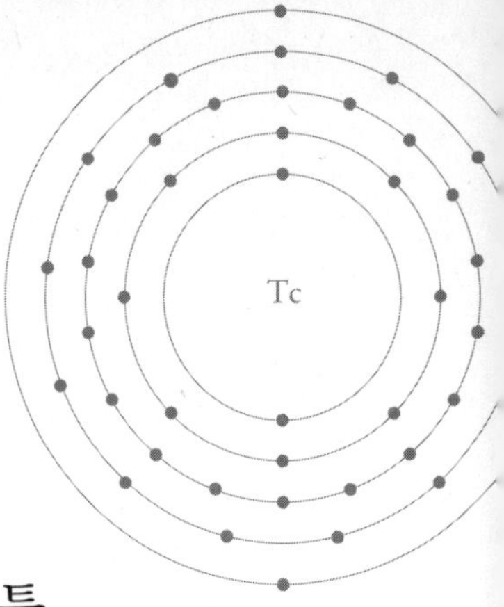

9장

61번 원소—프로메튬

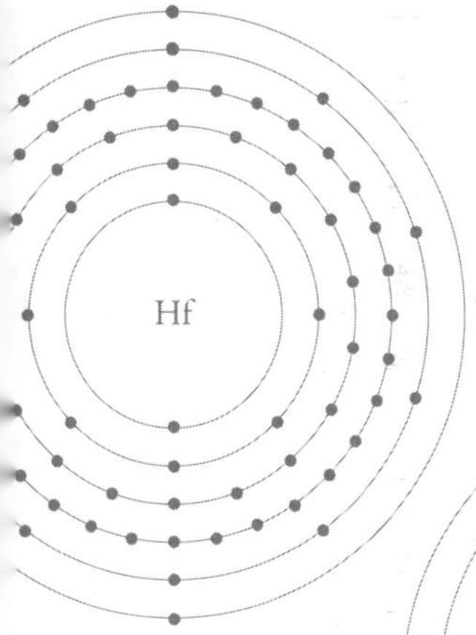

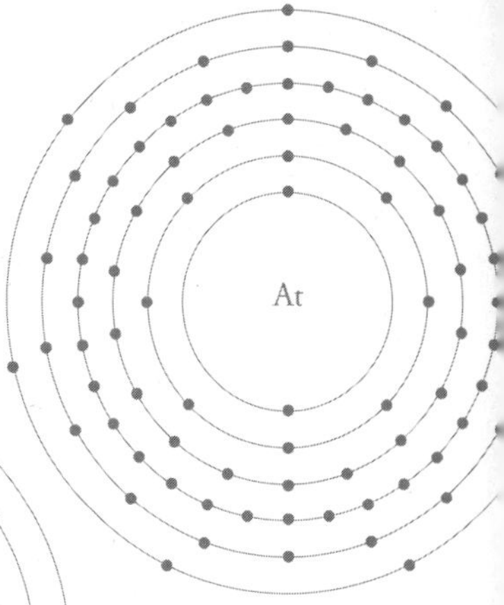

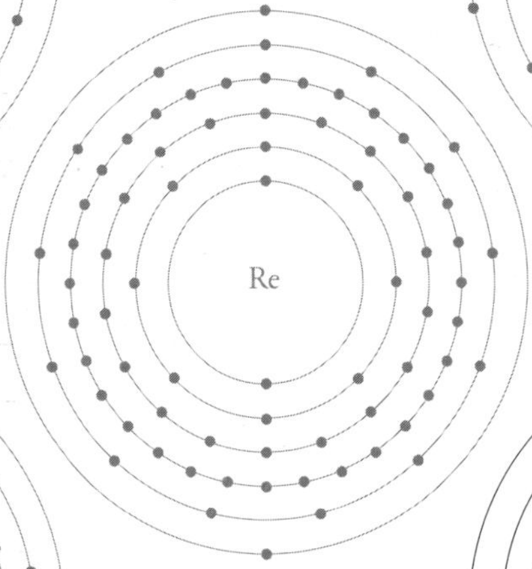

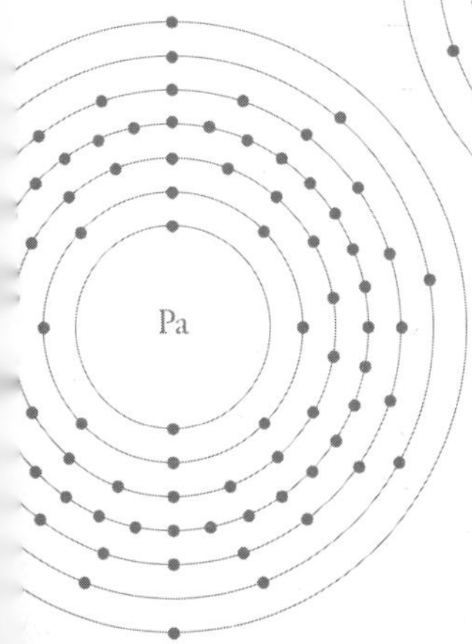

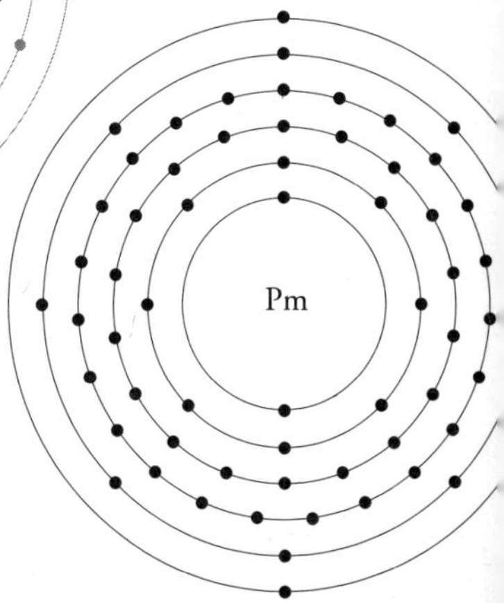

일곱 원소 중에서 마지막으로 분리된 것은 61번 원소였다. 61번 원소는 일곱 원소 가운데 유일한 희토류이기도 하다. 헤아리기에 따라

H																	He
Li	Be											B	C	N	O	F	Ne
Na	Mg											Al	Si	P	S	Cl	Ar
K	Ca	Sc	Ti	V	Cr	Mn	Fe	Co	Ni	Cu	Zn	Ga	Ge	As	Se	Br	Kr
Rb	Sr	Y	Zr	Nb	Mo	Tc	Ru	Rh	Pd	Ag	Cd	In	Sn	Sb	Te	I	Xe
Cs	Ba	Lu	Hf	Ta	W	Re	Os	Ir	Pt	Au	Hg	Tl	Pb	Bi	Po	At	Rn
Fr	Ra	Lr	Rf	Db	Sg	Bh	Hs	Mt	Ds	Rg	Cn		Fl		Lv		

La	Ce	Pr	Nd	**Pm**	Sm	Eu	Gd	Tb	Dy	Ho	Er	Tm	Yb
Ac	Th	Pa	U	Np	Pu	Am	Cm	Bk	Cf	Es	Fm	Md	No

표 9.1 | 프로메튬으로 명명된 61번 원소가 주기율표에서 차지하는 위치.

서 그 수가 열다섯 개가 될 수도 있고 열일곱 개가 될 수도 있는 희토류의 문제점은 서로 성질이 아주 비슷해서 분리하기가 매우 까다롭다는 것이다. 주기율표가 처음 발견되었던 1860년대에는 희토류가 두세 개밖에 없었다(표 9.2). 이후 점점 더 많은 종류가 나타나자, 주기율표에서 이 원소들의 위치를 찾아주는 일이 갈수록 어려워졌다.

초기의 주장들

우리 이야기의 일곱 원소가 전부 그렇듯이, 이 원소에 대해서도 잘못된 주장이 많이 있었다. 게다가 초기에 제기된 주장들은 당시로서는 꽤 그럴듯해 보였을 것이다. 엑스선 데이터와 모즐리의 법칙이 든든한 증거로 여겨졌을 테니까. 1920년대 초 하프늄의 발견을 둘러싸고 벌어졌던 우선권 분쟁처럼, 61번 원소 발견에도 국제적 논쟁이 따라붙었다. 이번에는 그 원인을 세계대전의 여파로만 돌릴 수도 없었다. 대립한 양측이 이탈리아와 미국 연구진이었기 때문이다. 당시 관행대로 그들은 런던에서 발행되는《네이처》의 지면에서 각기 과학적 책략을 펼쳤다.

우선권 분쟁의 양측은 둘 다 엑스선 데이터와 모즐리의 법칙에 호소했지만, 사실은 양측 모두 틀렸다. 양쪽 모두 서로 다른 방식으로 망상에 빠진 채 연구하고 있었다. 61번 원소는 방사능이 대단히 강하고 불안정하며 자연 상태에서 존재하지 않는다. 따라서 인공 합성 기법이 충분히 발달한 1940년대가 되어서야 비로소 극미량 분리될 수

원소 주기율표

족	I.	II.	III.	IV.	V.	VI.	VII.	VIII.
주기	(RX_7), R_2O	(RX_6), R_2O_2	(RX_5), R_2O_3	RH_4, R_2O_4	RH_3, R_2O_5	RH_2, R_2O_6	RH, R_2O_7	(R_2H), (R_2O_8) 화합물 형태
1. 2.	1 H Li 7	Be 9	B 11	C 12	N 14	O 16	F 19	
3. 4.	23 Na K 39	24 Mg Ca 40	27 Al Sc 44	28 Si Ti 48	31 P V 51	32 S Cr 52	35.5 Cl Mn 55	Fe 56, Co 59, Ni 59, Cu 63
5. 6.	(63 Cu) Rb 85	65 Zn Sr 87	69 Ga Y 89	72 ? Zr 90	75 As Nb 94	78 Se Mo 96	80 Br ? 100	Ru 104, Rh 104, Pd 106, Ag 108
7. 8.	(108 Ag) Cs 133	112 Cd Ba 137	114 In La 139	118 Sn Ce 141.6	120 Sb Di 146.7	126 Te Tb 148.8 ?	127 J Sm 150 ?	? 152, ? 153, ? 154, ? 156
9. 10.	156 ? ? 170	158 ? ? 172	? 159 Ya? Yb 173	162 ? ? 177	166 Er? Ta 182	167 ? W 184	? 169 Tm? ? 190	Os 193*, Jr 193, Pt 195, Au 197
11. 12.	(197 An) ? 221	200 Hg ? 225	204 Tl ? 230	207 Pb Th 234	210 Bi ? 237	? 214 Ng ? U 240	219 ? ? 244	

* OsO_4의 증기 밀도를 볼 때(Deville and Debray, Ann. Chim. Phys. (3) 56, 476) 오스뮴의 원자량은 193이다.

표 9.2 | 희토류원소들을 동족으로 묶어 배치한 브라우네르의 1882년 주기율표(*Chem. News*, 58, 307). 이 단계에서는 네오디뮴과 사마륨 사이에 새로운 원소가 존재할 것이라는 암시가 없다. 사실 네오디뮴은 아직 발견되지도 않았다.

있었다.

이야기를 처음부터 해보자. 1902년, 보헤미아[1]의 희토류 전문 화학자였던 보후슬라프 브라우네르는 네오디뮴과 사마륨 사이에 미지의 미발견 원소가 존재할 것이라는 사실을 처음 지적했다. 그는 고향 보헤미아에서만 강의했고 유명하지 않은 학술지 몇 군데에만 논문을 발표했기 때문에, 좀 더 넓은 화학계에서 그의 연구를 아는 사람은 거의 없었다. 시간이 흘러 61번 원소를 둘러싼 우선권 분쟁이 절정에 달했던 1961년, 브라우네르는 자신도 우선권을 내세워야겠다는 생각이 들었다. 단 원소 발견에 대한 우선권이 아니라 그 원소가 네오디뮴과 사마륨 사이에 존재할 것이라는 1902년 예측에 대한 우선권이었다(표 9.2). 그가 《네이처》에 보냈던 편지는 모즐리의 기법이 흔히 이야기되는 것처럼 그렇게 강력하진 않다는 사실을 새삼 조명한다는 점에서도 흥미롭다.

브라우네르의 배경부터 조금 살펴보자. 브라우네르는 1870년대부터 멘델레예프가 주장한 주기율의 타당성을 뒷받침하는 물질들을 연구하기 시작했다. 1881년부터는 멘델레예프와 편지를 주고받았고, 둘 사이에 끈끈한 우정이 생겨났다. 브라우네르의 작업을 하나만 예로 들면, 그는 베릴륨이 화합물에서 3가가 아니라 2가로 존재한다는 사실을 밝힘으로써 멘델레예프가 주기율표에 따라 베릴륨의 원자량을 수정했던 것이 정확한 판단이었음을 증명했다. 그보다 중요한 것은 희토류원소들의 원자량을 결정한 연구였다. 멘델레예프가 브라우네르를 가리켜 주기율을 근거로 삼아 세륨에 대해 처음으로 확실한 결론을 내린 화학자라고 평가한 것은 그 연구 때문이었다. 1900년 브라우네르는 희토류원소들을 별도의 '간(間)주기' 집단으로 묶어 란타넘 바로 뒤에 배치하자고 제안했다. 훗날 원자구조가 밝혀짐으로써 그의 발상은 기본적으로 옳았음이 확인되었다. 브라우네르는 멘델레예프의 요청으로 멘델레예프의 유명한 저서 『화학 원리』 7판 중 '희토류원소'라는 두꺼운 장을 집필하기도 했다.

1927년 《네이처》에 투고할 때 브라우네르는 일흔두 살이었다. 그는 우선 미국 연구진의 일리늄 발견을 축하한다는 말로 글을 열었다. 일리늄은 미국 연구진이 61번 원소에 붙인 이름이었다. 이어서 브라우네르는 미국 연구진이 자신들의 논문 첫머리에 적었던 말로 관심을 돌렸다. 이런 문장이었다.

> 모즐리의 법칙에 따라 원자번호 61번 원소가 아직 발견되지 않았다는 사실이 확인되기 전에는 에카네오디뮴(원문에 적힌 표현 그대로)이 존재할지도 모른다는 가정을 지지하는 이론적 근거가 없었다.

브라우네르는 독자들에게 자신이 1877년부터 과학자로서의 경력을 거의 다 바쳐 희토류원소를 연구했으며 희토류가 주기율표에서 어느 위치를 차지하는지도 탐구해왔다고 상기시켰다. 그러고는 자신이 네오디뮴과 사마륨의 원자량 차이가 6.1단위인 것은 비정상적으로 큰 수준이라는 확신에 어떻게 도달했었는지를 설명했다. 설명에 따르면, 그 값은 주기율표에서 나란히 놓인 어떤 두 원소의 원자량 차이보다도 컸다. 몰리브데넘과 루테늄의 차이(5.7)와 같은 수준이었는데, 이 원소들 사이에는 에카망가니즈가 있었다.[2] 또한 텅스텐과 오스뮴의 차이(6.9)와도 비슷한 수준이었는데, 이 원소들 사이에는 드비망가니즈가 있었다.[3]

브라우네르의 요지는 명확하다. 망가니즈 밑의 두 원소가 멘델레예프 때부터 충분히 예측되었던 것을 감안할 때, 네오디뮴과 사마륨의 원자량 간격도 또 다른 새로운 원소를 암시하는 게 분명하다는 말이었다. 그런 예측은 구태여 모즐리의 엑스선 기법이나 모즐리의 법칙까지 끌어들이지 않아도 할 수 있었다. 같은 문단에서 브라우네르는 우리 일곱 원소 이야기의 맥락에서 흥미롭게 여겨질 만한 말도 했다. 자신이 예전에 일곱 원소의 발견을 예측했으며 그 원자번호는 43, 61, 72, 75, 85, 87, 89였다고 주장한 것이다. 스스로 개발한 실험 기법과 법칙으로 무장한 모즐리조차 이렇게 정확한 결론에는 이르지 못했는데 브라우네르가 그보다 약 12년 앞서서 화학적 근거만으로 이런 예측을 해냈다는 것은 상당히 놀라운 일이다. 반면 모즐리가 어느 정도 자신 있게 예측했던 원소는 43, 61, 75번뿐이었다.

브라우네르의 일곱 원소와 우리 일곱 원소의 차이는 그가 89번 원소를 포함시키고 91번 원소를 누락했다는 점뿐이다. 나중에 악티늄으로 명명될 89번 원소의 분리에 관해서는 브라우네르가 예측했던 1902년에는 확실히 확인되지 않은 상태였다.[4] 그 문제는 1904년에야 해결되었으며 그나마도 부분적인 해결이었다. 따라서 굳이 따지자면 브라우네르의 '실수'는 우리가 3장에서 이야기했던 91번 원소의 발견을 예측하는 데 실패했다는 것 하나뿐이다.

게다가 브라우네르가 그 원소를 예측하지 못했던 것도 조금은 이해할 만한 구석이 있다. 다른 원소들은 모두 연속된 두 원소의 원자량 간격이 넓은 지점에 해당하지만, 91번 원소는 주기율표를 통틀어 다섯 쌍밖에 없는 희귀한 순서 역전의 사례에 해당한다.[5] 나란히 놓인 세 원소 토륨(90), 프로트악티늄(91), 우라늄(92)의 원자량은 (현재의 값으로) 232.03, 231.035, 238.02이다. 그러나 다르게 보면 이런 순서 역전에도 불구하고 브라우네르는 토륨과 우라늄 사이에 새 원소가 존재한다는 사실을 충분히 예측할 수 있었을지도 모른다. 토륨과 우라늄의 원자량 차이가 거의 정확히 6단위에 이르기 때문이다.

마지막으로 브라우네르는 자신이 예전에 보헤미아 화학 협회와 페테르부르크 과학원에서 강연할 때 언급했던 또 다른 논증, 주기율표 원소들의 원자량 간격에 의존하지 않는 논증을 제시했다. 브라우네르는 이렇게 썼다.

> 주기율표에서 여덟 번째 주기에 해당하는 원소들의 진정한 수소화물(수소가 음이온이고 금속이 양이온인 화합물을 말한다)을 원자량에 따라 나열하면, 이 특이한 화합물들의 구조에 두드러진 규칙성이 존재한다는 것을 알 수 있다.

$$CsH_1, BaH_2, LaH_3, CeH_4, PrH_3, NdH_2, XH_1, SmH_0$$

사마륨은 수소와 결합하지 않으므로, 네오디뮴과 사마륨 사이에는 XH_1 형태의 수소화물을 형성하는 미지의 원소가 존재해야만 한다. 그것이 바로 일리늄이다. 내 추정은 헛되지 않았다.

이탈리아 연구자들의 주장

1924년, 이탈리아 피렌체의 루이지 롤라와 로렌초 페르난데스는 자신들이 61번 원소를 발견했다고 생각했다. 그러나 한동안 그 발견을 발표하지 않다가, 1926년 이탈리아 화학 학술지에 실은 논문에서야 1922년에 브라질산 모나자이트 모래를 가지고 수행했던 실험을 소개했다. 자신들이 그때 얻은 엑스선 스펙트럼의 L 계열을 점검했을 때는 새로운 원소를 암시하는 결과가 없었지만 또 다른 동료인 리타 브루네티 교수가 같은 샘플로 K 계열을 조사한 결과에서는 61번 원소 특유의 진동수에서 스펙트럼선이 확인되었다는 주장이었다. 하지만 1924년 6월 그 결과를 얻었을 때는 자신들이 확보한 물질의 양이 너무 적었기 때문에, 결과를 발표하는 대신 엑스선사진들을 꾸러미로 봉해서 린체이 학회에 맡겨두기로 결정했다고 말했다.

우리가 얻은 물질이 워낙 소량이었기 때문에, 그 발견을 발표하는 것은 양심적이지 않다고 여겼다. 그래서 우리는 결과물을 포함한 작은 꾸러미와 지금 이야기한 스펙트럼 사진들을 린체이 학회로 보내두었다.[6]

이어서 그들은 최근에 자신들이 그 샘플을 다시 꺼내어 실험을 재개했다고 말했다. 새 원소로 짐작되는 물질을 정제하기 위해서, 요즘의 기준으로는 말문이 막힐 만큼 많은 횟수인 3,000번의 결정화 작업을 실시했다고 했다. 그 결과로 얻은 새로운 스펙트럼에서 예전과 똑같은 특이 사항이 발견되었기 때문에, 그들은 애초 그 샘플에 실제로 문제의 원소가 들어 있었던 것 같다고 결론 내렸다. 그리고 자신들이 이제 와서 굳이 논문을 발표하는 것은 얼마 전에 미국에서 들려온 소식 때문이라는 것도 인정하는 듯했다. 그사이에 미국의 B. 스미스 홉킨스, 레너드 F. 인테마, 제임스 앨런 해리스가 이 원소를 발견했다고 주장하는 논문을 발표하고 자신들이 사는 일리노이 주를 따서 일리늄이라고 부르자고 제안했기 때문이다.

최근 일군의 이탈리아 학자들이 롤라와 페르난데스의 작업에 대하여 흥미롭고 자세한 해설을 발표했다.[7] 그들은 동포 과학자의 우선권을 복권하려고 시도하진 않았지만, 그래도 피렌체와 미국 연구진 양쪽에 61번 원소 발견의 공을 어느 정도 나눠주려는 마음만큼은 억제하지 못한 듯하다.

> 우리는 피렌체에서 분석했던 샘플과 미국에서 분석했던 샘플 모두에 이 원소가 미량 포함되어 있었을 가능성이 있다고 본다.[8]

찰스 제임스와 B. 스미스 홉킨스

61번 원소를 발견했다고 주장한 사람들 중 다음으로 살펴볼 두 사람은 묶어서 이야기하겠다. 서로 독자적으로 작업했음에도 둘의 사연이 조금 얽혀 있기 때문이다. 대부분의 자료들은 둘 중 B. 스미스 홉킨스만 언급할 뿐, 그와 동시대에 살았던 찰스 제임스는 거의 언급하지 않는다. 이런 편향의 한 이유는 스미스 홉킨스가 좀 더 유명한 학술지인《미국 화학 협회보》에 주장을 발표했다는 점이다. 그가 원소명을 제안했다는 사실도 작용했을지 모른다. 그보다 내성적이었던 제임스는 원소명을 제안하지 않았다.[9]

제임스의 연구와 61번 원소의 발견에 관해서 조사했던 클래런스 머피는 다음과 같은 말로 글을 열었다.

> 61번 원소의 탐색과 발견에 관한 이야기는 주기율표에 있는 어떤 다른 원소의 역사보다 복잡하고 혼란스럽다. 단언컨대 61번 원소보다 더 자주 '발견되고' 명명된 원소는 없었다. 이 원소를 발견했다는 주장은 최소 일곱 차례 제기되었으며, 원소는 때에 따라 일리늄, 플로렌튬, 사이클로늄, 프로네튬 등등 다양한 이름으로 불렸다. 또한 61번 원소의 사연은 원자구조의 이해와 주기율표의 발전뿐 아니라 19세기 말과 20세기 초 과학기술의 발전과도 밀접하게 연관되어 있다. 뢴트겐의 엑스선 발견과도, 그 엑스선을 이용해서 원자번호를 확인했던 모즐리의 작업과도 관계된다. 과학자들이

희토류를 분리하고 주기율표에서 그 원소들의 자리를 찾아주려고 100년 넘게 노력했던 것과도 관계된다. 마지막으로, 이온교환 크로마토그래피의 발달과 제2차 세계대전 중 진행되었던 원자폭탄 연구와도 관계된다. 1947년 61번 원소를 프로메튬(Prometheum)이라고 명명한 사람은 공동 발견자인 코리엘, 마린스키, 글렌데닌이었다. 이것은 신들로부터 불을 훔친 죄로 영원한 고통에 처해진 티탄족 거인 프로메테우스의 이름을 딴 것으로, 핵에너지가 인류의 구세주가 될 수도 있고 파괴자가 될 수도 있다는 사실을 경고하는 의미였다. 철자는 훗날 IUPAC의 결정에 따라 현재의 형태(Promethium)로 바뀌었다.

나는 찰스 제임스부터 소개하겠다. 그가 희토류 연구를, 특히 61번 원소 연구를 스미스 홉킨스보다 먼저 시작했던 것 같기 때문이다. 영국에서 태어난 제임스는 어려서부터 화학에 흥미를 보였다. 그는 고등학생일 때 벌써 유니버시티 칼리지의 화학자이자 하나를 제외한 모든 비활성기체를 발견한 윌리엄 램지 경에게 편지를 여러 통 보냈다. 제임스가 61번 원소를 찾기 시작한 것은 1912년 램지로부터 답신을 받고 나서였는데, 그 편지에서 램지는 주기율표에서 연속된 원소들 중 원자량 간격이 넓어 보이는 지점이 몇 있다고 지적했다. 특히 램지는 네오디뮴과 사마륨 사이의 간격을 딱 꼬집어 말했다.[10]

제임스는 그보다 이른 1908년부터 역시 기사 작위를 받은 또 다른 영국 화학자 윌리엄 크룩스 경과도 편지를 주고받았다. 크룩스는 제임스를 위해서 희토류 샘플을 몇 차례 분석해주었던 모양이다. 영국 화학계 거물들과의 연줄이 한층 돋보이는 또 다른 사례는 헨리 모즐리와 주고받은 편지들이었다. 그중 1912년 편지에서 모즐리는 제임스에게 툴륨 샘플을 좀 보내달라고 요청했다. 그 시점은 모즐리가 원자번호에 관한 중대한 돌파구를 열기 전이었으니, 제임스의 61번 원소 탐색은 모즐리가 그 원소에 해당하는 빈틈이 존재한다는 사실을 명확하게 선언할 때까지 기다릴 필요가 없었던 게 분명하다.

제임스가 61번 원소를 발견했다고 선언한 논문은 주요 화학 학술지가 아니라 《미국 국립 과학원 회보》에 실렸다. 논문은 당시 뉴햄프셔 대학에서 그의 대학원생이었던 허먼 포그와 미시간 대학 물리학과의 제임스 코크와 함께 쓴 것으로 되어 있다. 제임스와 포그가 제공한 샘플을 가지고 결정적인 엑스선 스펙트럼 측정을 실시한 사람이 코크였다. 논문의 핵심 문장은 다음과 같다.

> 희토류원소들의 엑스선 스펙트럼에서 K 계열 선들의 파장을 측정한 결과, 사마륨(62)과 네오디뮴(60)의 샘플이 있는 엑스선판에서 원자번호 61번 원소의 K 계열에 해당하는 스펙트럼선들의 흔적이 아주 희미하게 나타났다.

61번 원소를 찾기 위한 제임스의 연구는 1923년에 시작되었다. 그는 가돌리나이트, 이터스파(노르웨이에서 채굴된 불순한 제노타임 광물을 가리키는 이름—옮긴이), 모나자이트 등 다양한 광물을 사용했다.

그는 자신이 직접 오랜 시간에 걸쳐 개발한 여러 기법들을 동원하여 셀 수 없이 많은 분별 작업을 실시했는데, 그 기법들은 이후 다른 희토류 연구자들도 많이 사용하게 된다. 자신이 "미량의 61번 원소"라고 칭한 단서를 확인한 뒤, 제임스는 가망이 제일 높아 보이는 모나자이트 광물을 대량으로 동원하여 새로운 원소를 보다 확실하게 확인하고자 했다. 결국 그는 새로운 원소가 포함되어 있는 듯한 분별물을 미량 원소의 엑스선 측정 전문가인 제임스 코크에게 보냈다.

결과적으로 말하자면, 다른 대학 연구자와 협동했던 이 마지막 단계 때문에 논문 발표가 늦어졌던 것 같다. 코크가 제임스에게 결과를 돌려보내는 데 시간이 좀 걸렸기 때문이다. 그동안 제임스의 경쟁자인 스미스 홉킨스는 나중에 밝혀지기로 이보다 불확실했던 엑스선 증거를 가지고 61번 원소를 발견했다고 주장하는 논문을 이미 발표한 터였다. 제임스와 코크의 논문으로 돌아와서, 그들이 61번 원소에 대해서 제시한 데이터는 다음과 같았다. 그들은 이 원소의 엑스선 스펙트럼에서 L 계열 선으로 보이는 것들을 조사하여 그것이 60번과 62번 원소의 선들 사이에 놓인다는 것을 확인한 뒤, 다음과 같은 결과를 발표했다.

2.289, 2.279, 2.078, 2.038, 195.2, 1.799, 1.725엑스단위

이 결과의 배경을 설명하기 위해서, 저자들은 각 원소의 L 계열에는 스펙트럼선이 약 스무 개씩 있지만 그중 상당히 또렷한 것은 일곱

개뿐이라고 밝혔다.

그로부터 한참 후인 1949년, 상당히 주목할 만한 일이 있었다. 결국 프로메튬으로 명명된 61번 원소를 합성해냈던 오크리지 국립 연구소 연구진이 그로부터 2년이 지난 1949년에 '진짜' 61번 원소의 L 계열 스펙트럼을 측정하여 그 결과를 《피지컬 리뷰》에 발표한 것이었다.[11] 논문에서 그들은 나아가 자신들이 합성한 원소의 스펙트럼을 23년 전에 제임스, 포그, 코크가 보고했던 스펙트럼과 비교했는데, 그 비교, 그리고 스미스 홉킨스가 독자적으로 얻었던 스펙트럼선들과의 비교는 표 9.3에 나와 있다.

보다시피 오크리지 연구진의 결과와 제임스, 포그, 코크의 결과가 썩 일치하는데도, 오크리지 연구진은 이 결과가 자신들보다 앞서서 61번 원소를 발견했다고 선언했던 제임스 등의 주장을 입증하는 증거인가 아닌가 하는 문제에 관해서는 가타부타 아무 말이 없었다.

선	코크, 제임스, 포그의 1926년 값	해리스, 인테마, 홉킨스의 1926년 값	'진짜' 61번 원소에 대한 1949년 값
$L_{\alpha1}$	2289		2287.9 ± 0.4XU
$L_{\alpha2}$	2279	2278.1 ± 3.0	2277.5 ± 0.3
$L_{\beta1}$	2078	2077	2075.4 ± 0.4
$L_{\beta3}$	2038		2037.9 ± 0.4
$L_{\beta2}$	1952		1951.8 ± 0.6
$L_{\gamma1}$	1799		1795.2 ± 0.9

표 9.3 | 다음 논문에서 가져온 데이터로 작성했다(W. F. Peed, K. J. Spitzer, and L. E. Burkhart, The L Spectrum of Element 61, *Physical Review* 76, 143-144, 1949).

$L_{\alpha 2}$	2288	2289
$L_{\alpha 1}$	2278	2279
$L_{\beta 1}$	2076	2078
$L_{\beta 3}$	2038	2038
$L_{\beta 2}$	1952	1952
$L_{\gamma 1}$	1796	1799

표 9.4 | 코크, 제임스, 포그가 보고했던 엑스선 선들과 '진짜' 61번 원소의 선들을 비교한 표.

1949년 오크리지 연구진이 발표했던 표에서 측정값의 오차를 포함한 최대값을 선택하고, 그 값을 다시 반올림하자. 코크, 제임스, 포그가 보고했던 값과 정확도를 맞추기 위해서다. 그런 다음 두 값이 얼마나 일치하는지 살펴보면 표 9.4와 같다.

이렇게 비교하면, 여섯 항목 중 두 가지는 정확히 일치하고 다른 두 가지는 약 2,300단위에서 한 단위 정도만 차이 난다는 것을 알 수 있다.[12] 2006년 클래런스 머피는 제임스가 실제로 61번 원소를 발견했을지도 모른다고 제안했는데, 그 제안도 이런 근거 때문이었는지 모른다.[13]

언급했듯이 코크, 제임스, 포그의 논문은 코크가 동료들에게 측정값을 전달하는 데 시간이 걸렸기 때문에 발표가 늦어졌다. 그러나 어쩌면 그보다 더 중요한 요인이 그들의 주장을 약화하는 걸림돌로 작용했을 수도 있다. 자신의 발견을 발표할 준비가 거의 다 되었을 무렵, 제임스는 《미국 화학 협회보》의 편집자로부터 일리노이 대학의 스미스 홉킨스가 61번 원소 발견에 관해서 쓴 논문을 심사해달라는 요청을 받았다. 제임스는 그 논문에서 흠을 찾으려고 애쓰는 대신 출간을 권유했다. 모르면 몰라도 아마 같은 잡지에 발표하려고 했을 자신의 논문을 제출할 기회를 제 손으로 막았던 셈이다.[14] 결국 제임스는 이해관계 상충을 피하기 위해서 자기 논문을《미국 국립 과학원 회보》에 발표했다.[15] 그야 어쨌든, 오늘날 지각에 포함된 61번 원소의 양을 추정한 값에 따르면 제임스의 연구를 복권시키려는 머피의 노력과는 무관하게 실제로 제임스는 당시에 그 원소를 분리할 수 없었을 것으로 보인다.[16]

1947년에 이뤄진 '진짜' 61번 원소의 발견

앞에서도 말했듯이, 이 원소를 실제 발견한 사람들이 의도적으로 이 원소를 합성하려고 애쓴 것은 아니었다. 그들은 그저 맨해튼 프로젝트에서 탐구됐던 여러 핵반응에서 생성된 다양한 물질들의 정체를 확인하고 그 프로젝트로 인해 등장한 새로운 연구 분야를 좀더 발전시키려고 한 것뿐이었다.

그들이 사용한 기법은 이온교환 크로마토그래피였다. 종류를 불문하고 모든 크로마토그래피가 그렇듯이, 이 기법은 혼합물에 포함된 구성 성분들의 이동속도가 제각각 달라지게끔 만드는 모종의 흡수지 혹은 특수한 물질 기둥 같은 매질과 그에 적절한 용매를 사용함으로써 성분들을 따로따로 분리해내는 작업이다.

이온교환 크로마토그래피는 1850년대부터 사용되었지만, 기법이 대대적으로 개량된 것은 맨해튼 프로젝트 때였다. 우라늄과 플루토늄을 비롯하여 수많은 희토류 동위원소들을 분리할 필요가 있었기 때문이다. 이때 새로이 도입된 요소는 희토류 동위원소의 하전 이온을 붙잡을 수 있는 특수한 흡수제를 사용하는 것이었다. 그러면 동위원소들이 크로마토그래피 기둥에서 용리되는 속도가 제각기 달라졌다.

각각 박사 후 연구원과 대학원생이었던 제이컵 마린스키와 로런스 글렌데닌이 오크리지 국립 연구소에서 작업을 개시할 때 연구 대상으로 삼은 것은 맨해튼 프로젝트에서 드러난 한 가지 발견이었다. 방사선을 쬔 네오디뮴 표적에서 핵분열생성물로 만들어진 희토류원소들 가운데 정체가 밝혀지지 않은 물질이 두 개 있는 듯했던 것이다. 이전 연구에서 확실하게 밝혀진 내용은 그 정체 모를 물질들이 프라세오디뮴이나 네오디뮴, 아니면 61번 원소의 동위원소라는 점뿐이었다.

오크리지 국립 연구소에서 두 연구자가 이온교환 크로마토그래피에 사용한 물질은 앰벌라이트 IR이라고 불리는 합성 유기 양이온 교환 물질, 즉 설폰화 페놀-포름알데하이드 화합물이었다. 실험 결과, 문제의 원소들의 용리 순서는 원자번호에 반비례했다. 그들의 논문에서 가져온 표 9.5를 보자. 59, 58, 57번 원소, 즉 프라세오디뮴, 세륨, 란타넘이 용리된 순서를 보면 원자번호가 큰 59번 프라세오디뮴이 1등이고 다음이 58번인 세륨, 그다음이 57번인 란타넘이다.

59, 60, 61번 원소(프라세오디뮴 집단)와 이트륨만을 포함한 또 다른 실험에서, 다양한 동위원소들은 표 9.6의 용리 피크를 나타냈다. 부피 1.6리터 지점의 피크는 이트륨 원소의 피크였다. 남은 네 피크 중

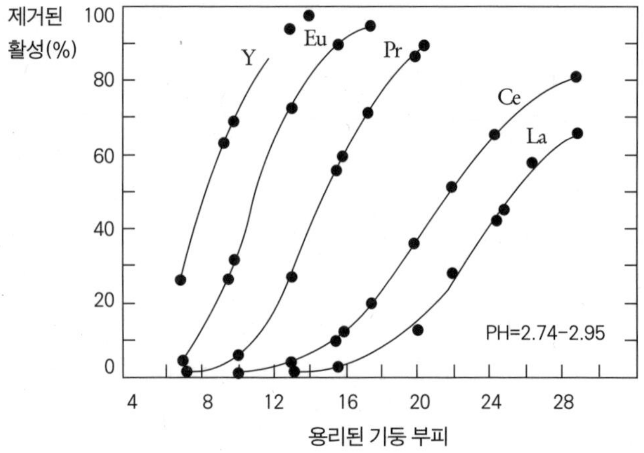

표 9.5 | 다양한 원소들의 이온교환 크로마토그래피와 용리 곡선. 미국 화학 협회의 승인을 받아 재수록했다(J. A. Marinsky, L. E. Glendenin, C. D. Coryell, The Chemical Identification of Radioisotopes of Neodymium and of Element, *Journal of the American Chemical Society*, 69, 2781-2785, 1947).

에서 2.8리터에 해당하는 것은 네오디뮴(60)의 피크였고, 3.6리터 지점의 아주 높은 피크는 프라세오디뮴(59)의 피크로 확인되었다. 이전 도표로부터 유추하자면, 그리고 용리 순서와 원자번호가 반비례한다는 점을 감안하자면, 두 번째로 높은 피크로서 활동성 17단위와 부피 약 2.6리터에 해당하는 피크는 새로운 원소인 61번 원소의 피크여야 했다.

사실 이 실험에서는 두 가지 동위원소가 발견되었다. 첫 번째는 반감기가 3.7년으로 방금 설명한 피크에 해당하는 동위원소인데, 원자량은 147로 확인되었다. 후속 연구에서 수명이 그보다 짧은 동위원소가 하나 더 확인되었는데, 원자량은 149였고 반감기는 47시간이었다.

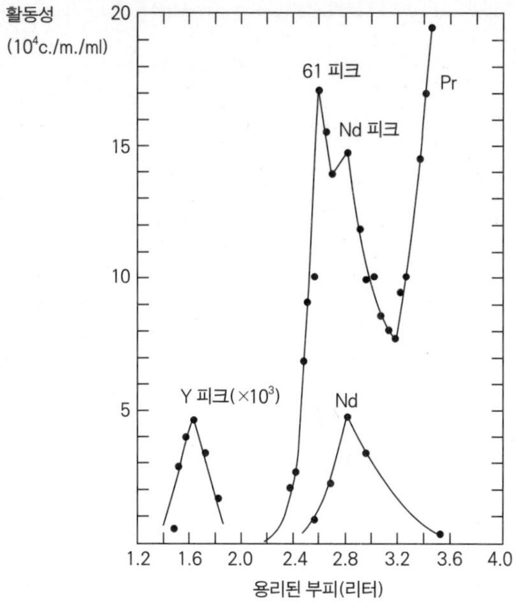

표 9.6 | 희토류 중간 분별물의 용리 곡선. 미국 화학 협회의 허가를 받아 재수록했다(J. A. Marinsky, L. E. Glendenin, C. D. Coryell, The Chemical Identification of Radioisotopes of Neodymium and of Element, *Journal of the American Chemical Society*, 69, 2781-2785, 1947).

잠깐 살펴보는 원자구조 이야기

희토류의 성질을 이해하려면 그 원소들의 전자배치가 어떤지, 그리고 주기율표의 왼쪽에서 오른쪽으로 나아갈 때 원소들의 전자껍질이 어떻게 채워지는지 아는 것이 도움이 된다. 또한 원조 주기율표였던 8열짜리 단주기율표(표 9.2), 오늘날 거의 보편적으로 쓰이는 18열짜리 장주기율표(표 9.1), 32열짜리 확장주기율표(표 9.7)의 차이도 언급해야 한다. 단주기율표에서 장주기율표로의 변환은 d 블록 원소들, 즉 전이금속들을 주기율표 본체에서 떼어내어 중앙에 별도 구역으로 배치하며 이루어졌다. 그러면 가령 단주기율표에서는 탄소, 규소, 저마늄, 주석, 납과 함께 네 번째 열을 차지했던 타이타늄, 지르코늄, 하프늄과 같은 전이원소들이 실은 그들보다 자기들끼리 훨씬 더 비슷하다는 사실이 잘 드러난다.

비슷하게, 희토류 중에서 란타넘, 세륨, 프라세오디뮴 같은 첫 몇 원소들은 이론적으로 전이원소들 사이에 배치할 수 있었다. 그러나 연구자들은 곧 그들을 따로 떼어 별도의 계열로 두는 편이 낫다는 것을 깨달았다. 그러니까 희토류, 즉 f 블록 전체를 떼어내는 것이다. 장주기율표에서 희토류 블록은 마치 각주나 보충 자료처럼 본체의 발치에 놓여 있다. 이게 싫다면 32열로 이뤄진 확장주기율표를 쓰면 되는데, 여기에서는 희토류가 본연의 위치에 놓여 있기 때문에 장주기율표처럼 원자번호가 증가할 때 도중에 서열이 끊어지는 일이 없다.

그런데 이것과 전자배치가 무슨 상관일까? 답은 전이금속 블록에서 원자번호가 커질 때 새롭게 추가되는 전자들이 소수의 예외를 제외하고는 모두 최외각 껍질이 아니라 겉에서 두 번째 껍질에 들어간다는 데 있다. 가령 스칸듐, 타이타늄, 바나듐의 전자배치는 각각 $[Ar]3d^1 4s^2$, $[Ar]3d^2 4s^2$, $[Ar]3d^3 4s^2$이다. 이와 달리, 희토류 블록에서 왼쪽에서 오른쪽으로 진행할 때는 각 원소를 구별 짓는 추가의 전자가 그보다 하나 더 안쪽 껍질에, 즉 겉에서 세 번째 껍질에 들어간다.

전자의 이런 미묘한 특징은 화학적으로 제법 큰 효과를 낳는다. 흔

H																															He
Li	Be																									B	C	N	O	F	Ne
Na	Mg																									Al	Si	P	S	Cl	Ar
K	Ca															Sc	Ti	V	Cr	Mn	Fe	Co	Ni	Cu	Zn	Ga	Ge	As	Se	Br	Kr
Rb	Sr															Y	Zr	Nb	Mo	Tc	Ru	Rh	Pd	Ag	Cd	In	Sn	Sb	Te	I	Xe
Cs	Ba	La	Ce	Pr	Nd	Pm	Sm	Eu	Gd	Tb	Dy	Ho	Er	Tm	Yb	Lu	Hf	Ta	W	Re	Os	Ir	Pt	Au	Hg	Tl	Pb	Bi	Po	At	Rn
Fr	Ra	Ac	Th	Pa	U	Np	Pu	Am	Cm	Bk	Cf	Es	Fm	Md	No	Lr	Rf	Db	Sg	Bh	Hs	Mt	Ds	Rg	Cn	113	Fl	115	Lv	117	118

표 9.7 | 확장주기율표.

히 전형원소라고 불리는 단주기에서 오른쪽으로, 가령 베릴륨, 붕소, 탄소, 질소 순으로 나아가면 원소들의 물리적 성질은 물론이거니와 화학적 성질도 크게 차이가 난다. 이 원소들의 경우 원소들을 구별짓는 전자가 최외각 껍질에 들어가는데, 알다시피 원자의 성질은 최외각 껍질에 담긴 전자의 개수에 따라 결정되기 때문에 원소들의 성질에 큰 변이가 발생하는 것이다.

한편 첫 번째 전이원소 계열에서 오른쪽으로, 즉 스칸듐에서 타이타늄을 거쳐 바나듐으로 이동하면 원소들을 구별 짓는 전자가 겉에서 두 번째 껍질에 들어간다. 그래서 원소들 간 성질 차이가 전형원소들의 경우보다 작다. 마지막으로 희토류원소들을 보면, 성질 차이가 그보다도 덜해서 심지어 전부 똑같아 보일 지경이다. 이것은 연속된 원소들을 구별 짓는 전자가 겉에서 세 번째 껍질에 들어가기 때문이다. 원소의 성질은 최외각전자의 개수에 따라 결정된다는 사실을 상기하자. 희토류의 경우에는 최외각 껍질뿐 아니라 겉에서 두 번째 껍질까지도 전자 개수가 다 같은 것이다.

멘델레예프는 주기율표를 작성할 때 전자배치에 대한 이런 사실을 몰랐으며, 전자배치가 원소의 화학적 행동에 어떤 영향을 미치는지도 몰랐다. 사실 멘델레예프가 주기율을 발견했을 때는 전자조차 발견되지 않은 상태였다. 멘델레예프 자신은 희토류를 주기율표에 어떻게 끼워 넣을까 하는 문제를 포기하다시피 했고, 체코 화학자 보후슬라프 브라우네르에게 그 까다로운 작업을 대신 맡아달라고 부탁했다.

희토류 분리

희토류를 분리하는 고전적 기법은 분별결정법을 반복 적용하는 것이었다. 그 지루한 작업을 수백 수천 번 해야 할 때도 있었다. 19세기와 20세기 초 화학자들은 그런 작업을 끈기 있게 수행함으로써 하나를 제외한 모든 희토류원소들을 분리하는 데 성공했다. 그 예외가 바로 61번 원소였다. 앞에서 보았듯이, 이 마지막 원소의 발견은 이온 교환 크로마토그래피라는 새로운 분리 기술의 발달을 기다려야 했다.[17]

고전적 분리 기법이 실패할 수밖에 없었던 이유가 있다. 61번 원소는 지각에 거의 존재하지 않으며, 설령 조금이나마 존재했더라도 오래전에 벌써 다른 원소로 붕괴해버렸을 것이기 때문이다. 이 원소는 모든 동위원소들이 다 불안정하고 수명이 짧다.

따라서 61번 원소가 실제로 발견되려면 앞 장에서 이야기했던 테크네튬이나 아스타틴의 경우와 마찬가지로 인공 합성 기술이 발전해야 했다. 그러니 1947년 61번 원소의 자리가 메워짐으로써 주기율표의 첫 아흔두 개 원소가 완전히 갖춰진 것은 원소 합성 기술과 이온 교환 크로마토그래피라는 발전된 기법이 결합한 덕분이었다.[18] 이 작업에 관여했던 연구자들이 61번 원소를 생성하려는 의도를 품고서 작업에 나선 건 아니었다는 점도 흥미롭다. 그 화학자들과 물리학자들은 수많은 동위원소들을 생성한 뒤 그것들의 정체를 밝히던 과정에서 우연히 이 원소를 발견하여 프로메튬이라고 명명했다.

61번 원소는 원자번호가 그다지 크지 않은데도 1945년이 되어서야 발견되었다는 점에서 테크네튬과 마찬가지로 약간 희한한 사례에 해당한다. 61번 원소가 유달리 불안정하다는 점, 란타넘(57)에서 이터븀(70)에 이르는 란타넘족의 열네 가지 원소들 가운데 유일한 방사성원소라는 점 때문이다. 이 원소는 워낙 불안정하기 때문에 자연 상태로는 지구가 아닌 몇몇 다른 별들에만 존재한다고 한다. 최소한 대부분의 책과 인터넷 자료가 들려주는 표준적인 설명은 그렇다. 그러나 실제 이야기는 그보다 훨씬 더 복잡하다.

프로메튬은 사실 지구에 자연 상태로 존재한다. 1965년 올라비 에래메채가 애퍼타이트 광물에서 처음으로 극미량의 프로메튬을 발견했고,[19] 1968년에는 폴 구로다가 역청에서 미량을 발견했다. 구로다와 동료들의 보고에 따르면 그 양은 역청 1킬로그램당 ^{147}Pm이(4 ± 1) 10^{-15}그램이었다.[20]

원자력전지

방사성 붕괴로부터 직접 전력을 생성하는 원자력전지에는 여러 종류의 동위원소들이 쓰인다. 3중수소 즉 ^{3}H도 쓰이고, 스트론튬도 ^{90}Sr 동위원소의 형태로 쓰인다. 3중수소는 베타선을 적게 방출하는 데 비해 ^{90}Sr은 그 반대편 극단이다. 한편 프로메튬 동위원소 ^{147}Pm은 베타선을 중간 수준으로 방출하기 때문에 이상적인 타협안에 가깝다. 작동 중에 바람직하지 않은 2차복사를 너무 많이 방출하지 않는다는 것도 장점이다. 그러니 ^{147}Pm을 활용한 원자력전지를 개발하는 데 많은 관심이 집중되는 것은 당연한 일이다.[21]

원자력전지는 전반적으로 비싸지만, 통상의 화학전지에 비해 반감기가 보통 10~20년으로 아주 긴 편이다. 따라서 우주선과 같은 곳에 적용하기에 제격이고, 나아가 보청기나 심박 조절기처럼 전원을 자주 교체하지 않는 편이 좋은 기기에도 쓰인다. 리튬전지 같은 화학전지와 ^{210}Po을 활용한 원자력전지의 상대 출력을 비교하면 원자력전지가 무려 1만 배 우수하다.

^{147}Pm으로 돌아와서, 베타붕괴를 겪는 이 동위원소를 활용한 전지는 에너지를 최대 220킬로전자볼트까지 내며 반감기가 2.6년인 고에너지 전원이다. 최근까지만 해도 우주공학 및 군사 용도로 사용되는 프로메튬 전지는 크기가 꽤 컸다. 그러나 미주리 대학 연구진이 1센트 동전만 한 프로메튬 전지를 개발하는 데 성공했고, 앞으로 두께를 사람 머리카락 수준까지 줄이는 것을 목표로 잡고 있다. 그런 전지는 기존 전지에 비해 전하를 100만 배 더 많이 수용할 수 있으며, 고체가 아니라 액체 반도체를 사용하기 때문에 으레 발생되는 에너지로 인한 손상을 최소화할 수 있다.[22]

10장

미발견 원소에서 합성 원소로

주기율표에는 자연 상태로 존재하는 원소가 아흔 개가량 포함되어 있는데 그 마지막은 92번 우라늄이다. 주기율표의 첫 아흔두 개 원소 중 하나 혹은 둘은 지구에는 존재하지 않거나 존재하더라도 극미량만 존재한다고 한다. 자연 원소와 합성 원소의 뚜렷한 구분을 더욱 어렵게 만드는 요소가 또 있는데, 테크네튬 같은 원소는 먼저 인공적으로 만들어진 뒤에야 지구에 자연 상태로도 미량 존재한다는 사실이 밝혀졌다는 점이다.

지금까지 살펴보았듯이, 화학자들과 물리학자들은 수소(1)와 우라늄(92) 사이에 빈칸으로 남았던 원소들 중 일부를 합성으로 확인하는 데 성공했다. 프로메튬과 아스타틴이 그런 경우였다. 그것만이 아니었다. 우라늄 너머에서도 스물다섯 개가량의 새로운 원소가 더 합성되었다. 그중에서도 하나 혹은 둘, 가령 넵투늄과 플루토늄은 나중에 자연 상태로도 극히 소량 존재하는 것으로 확인되었다.

내가 이 글을 쓰는 지금, 실험 증거가 충분한 원소들 가운데 제일 무거운 것은 원자번호 118번이다. 92번에서 118번 사이의 원소들도 모두 성공적으로 합성되었다. 가장 최근에 합성된 것은 2010년 4월 발표된 117번 원소였다. 이 원소가 합성됨으로써 현재의 주기율표는 역사상 처음이자 아마도 마지막으로 단 하나의 빈칸도 없이 전부 채워졌다. 몇몇 원소는 아직 공식 승인을 기다리는 중이지만 말이다.[1]

원소 합성 과정은 표적이 되는 핵에 작은 입자들을 마구 쏘아대는 것으로 시작한다. 표적핵의 원자번호를 더 높여서 원소의 정체성을 바꾸려는 것이다. 최근에는 묵직한 핵 두 개를 충돌시킴으로써 그보다 더 크고 무거운 핵을 만드는 방법으로 합성 기법이 변했다.

어떻게 보면 오늘날의 모든 합성 작업은 1919년 러더퍼드와 소디가 맨체스터 대학에서 실시했던 결정적 실험에서 유래했다고 할 수 있다. 그 실험에서 러더퍼드와 소디는 질소 핵에 알파입자(헬륨 이온)를 쏘아 질소 핵을 다른 원소의 핵으로 바꾸는 결과를 얻었다.

$$^{14}_{7}\mathrm{N} + {}^{4}_{2}\mathrm{He} \Rightarrow {}^{17}_{8}\mathrm{O} + {}^{1}_{1}\mathrm{H}$$

처음에는 그들도 깨닫지 못했지만, 그들이 생성한 것은 산소의 동위원소였다. 러더퍼드와 소디는 한 원소를 전혀 다른 원소로 바꾸는 변성 작업을 역사상 최초로 해냈던 것이다.[2] 한 원소를 다른 원소로 바꾸고 싶어 했던 옛 연금술사의 꿈이 현실이 된 셈이었으며, 그 돌파구 덕분에 최근까지도 새로운 원소가 계속해서 만들어지고 있다.

그런데 엄밀히 말하자면 러더퍼드와 소디가 생성해낸 것은 완전히 새로운 원소가 아니라 기존에 알던 원소의 특이한 동위원소라고 할 수 있다. 그들이 사용한 알파입자는 우라늄 같은 불안정한 핵이 방사성 붕괴를 겪을 때 방출하는 알파입자였다. 또 질소가 아닌 다른 원자를 표적으로 써도 비슷한 변환이 가능했지만, 최대 한계는 원자번호 20인 칼슘까지였다. 그보다 더 무거운 핵을 변환시키려면 자연적으로 생성되는 알파입자보다 좀 더 에너지가 큰 발사체가 필요했는데, 한동안은 그런 고에너지 발사체를 구할 수 없었다.

상황이 바뀐 것은 1930년대였다. 버클리 캘리포니아 대학에서 어니스트 로런스가 사이클로트론을 발명한 것이다. 이 기계를 쓰면 알파입자를 자연 붕괴 과정에서 생성될 때보다 수백 수천 배 더 빠르게 가속할 수 있었다.[3] 얼마 뒤인 1932년에는 또 다른 발사체 입자인 중성자가 발견되었다. 중성자는 전하가 0이라는 이점도 있었다. 양전하를 띤 핵 속 양성자들의 반발을 겪지 않고 표적원자 속으로 침투할 수 있다는 뜻이었다.[4]

미발견 원소들과 초우라늄 원소들

1930년대 중반의 주기율표에는 아직 메워지지 않은 빈칸이 네 개 남아 있었다. 원자번호 43, 61, 85, 87이었다. 흥미로운 점은 이 중 세 원소의 존재를 멘델레예프가 이미 오래전에 똑똑히 예측했으며 각각에 에카망가니즈(43), 에카아이오딘(85), 에카세슘(87)이라는 임시명까지 붙여두었다는 것이다. 앞에서 보았듯이, 이 세 원소는—테크네튬, 아스타틴, 프로메튬—20세기 들어서야 인공적으로 합성되었다.

그러면 이제 92번 너머의 원소들이 어떻게 합성되었는지 살펴보자. 테크네튬이 합성되기 3년 전인 1934년, 로마에서 연구하던 엔리코 페르미는 초우라늄 원소를 합성할 요량으로 표적 원소에 중성자를 쏘기 시작했다. 그는 곧 그런 원소 두 가지를 합성하는 데 성공했다고 믿고서 각각 오소늄(93)과 헤스페륨(94)이라고 명명했다.[5] 그러나 그것은 착각이었다. 두 원소는 영영 현실화하지 못한 채 사라진 수많은 미심쩍은 원소들의 명단에 추가되었다.

페르미는 같은 해 노벨상 수상 연설에서 그 발견을 알렸으나, 이후 서면으로 작성한 연설문에서는 그 주장을 빼버렸다. 페르미가 왜 그렇게 잘못된 주장을 내세웠던가에 대한 설명은 1년 뒤에 등장했다. 1938년에 한, 슈트라스만, 마이트너가 핵분열을 발견했던 것이다. 그제서야 과학자들은 우라늄 핵이 중성자와 충돌하면 페르미가 생각했던 것처럼 더 큰 핵으로 변하는 게 아니라 중간 크기의 핵 두 개로 쪼개진다는 사실을 깨달았다. 가령 우라늄은 핵분열반응을 거쳐 세슘과 루비듐을 생성한다. 한, 슈트라스만, 마이트너가 처음으로 기술한 것이 바로 이 반응이었다.

$$^{235}_{92}U + ^{1}_{0}n \Rightarrow ^{144}_{55}Cs + ^{90}_{37}Rb + 2^{1}_{0}n$$

페르미와 동료들은 자신들이 믿었던 것처럼 더 무거운 핵을 형성한 게 아니라 이런 핵분열 과정의 생성물들을 목격한 것이었다.

진정한 초우라늄 원소들

진정한 초우라늄 원소로서 처음 합성되고 확인된 것은 93번 원소였다. 1939년 마침내 그 일에 성공한 사람은 버클리 캘리포니아 대학의 에드윈 맥밀런과 동료들이었다.[6] 그들은 그 원소를 넵투늄이라고 명명했다. 하늘에서 천왕성 다음에 해왕성이 오듯이 주기율표에서 우라늄 다음에 오는 원소였기 때문이다. 주기율표의 위치에 근거하여 예측하자면 93번 원소는 에카레늄다운 반응을 보여야 하겠지만, 연구진의 화학자 필립 에이벨슨은 그렇지 않다는 것을 확인했다. 이와 더불어 94번 플루토늄도 비슷한 성질이 있다는 것이 밝혀지자, 역시 버클리의 화학자인 글렌 시보그는 주기율표를 대대적으로 손볼 것을 제안했다(표 3.6). 그 결과 이제 악티늄(89) 이후 원소들은 더 이상 전이금속이 아니라 란타넘족과 비슷한 별개의 집단으로 여겨지게 되었다. 따라서 93, 94번과 같은 원소들은 더이상 에카레늄이나 에카오스뮴답게 행동할 이유가 없었다. 수정된 주기율표에서 전혀 다른 위치를 배정받았으니까 말이다.

94번에서 100번까지 원소들

94번에서 97번까지 원소들, 즉 플루토늄, 아메리슘, 퀴륨, 버클륨은 모두 1940년대에 합성되었고 98번 캘리포늄은 1950년에 발표되었다. 이 행진은 곧 끝날 것처럼 보였다. 핵이 무거울수록 더 불안정하기 때문이다. 표적물질에 중성자를 쏘아서 그 원소를 더 무거운 다른 원소로 변환시키려면 표적물질을 충분히 많이 한자리에 모아두어야 하지만, 핵이 무거워질수록 그렇게 많이 모으기가 어려웠다.

이 시점에서 요행이 끼어들었다. 1952년 태평양의 마셜 제도 환초에서 '아이비 마이크'라는 작전명으로 최초의 열핵폭탄 시험이 벌어졌다. 그 결과 강력한 중성자들이 발생하여, 다른 방식으로는 가능하지 않았던 핵반응들이 벌어졌다. 일례로 ^{238}U 동위원소가 최대 열다섯 개의 중성자와 충돌하여 ^{253}U를 형성했고, 이 동위원소가 다시 베타입자 일곱 개를 잃어서 99번 원소, 즉 아인슈타이늄을 생성했다.

$$^{238}_{92}U + 15^{1}_{0}n \Rightarrow {}^{253}_{92}U \Rightarrow {}^{253}_{99}Es + 7^{0}_{-1}\beta$$

페르뮴으로 명명된 100번 원소도 비슷한 방식으로, 즉 똑같은 폭발에서 고중성자속이 발생함으로써 생성되었다. 과학자들은 태평양 제도에 가까운 곳의 토양을 분석함으로써 100번 원소가 생성된 사실을 확인했다.[7]

101번에서 106번까지 원소들

이보다 더 무거운 핵으로 나아가려면 사뭇 다른 접근법이 필요했다. 원자번호 100 너머 원소들에서는 베타붕괴가 일어나지 않기 때문이다. 따라서 여러 기술적 혁신이 마련되어야 했다. 사이클로트론 대신 선형가속기를 사용하는 것이 한 예다. 선형가속기를 쓰면 고강도의 이온빔을 정확한 에너지로 생성할 수 있을 뿐 아니라 중성자나 알파입자보다 더 무거운 입자도 발사체로 쓸 수 있다. 냉전 시대에 그런 장치를 보유한 나라는 두 초강대국 미국과 소련뿐이었다.

1955년 버클리의 선형가속기에서 원자번호 101번 멘델레븀이 이런 방식으로 생성되었다.

$$^{4}_{2}\mathrm{He} + {}^{253}_{99}\mathrm{Es} \Rightarrow {}^{256}_{101}\mathrm{Md} + {}^{1}_{0}\mathrm{n}$$

이 발견에 관여한 미국 과학자들은 러시아인 멘델레예프의 이름을 따서 새 원소를 명명했다. 두 나라 사이에 긴장이 팽배하던 시기에 보기 드물게 우호적인 순간이었다. 새 선형가속기 덕분에 이제 핵을 새로운 방식으로 조합하는 것도 가능해졌다. 예를 들어 104번 러더포듐은 버클리에서 다음 반응을 통해 만들어졌다.[8]

$$^{12}_{6}\mathrm{C} + {}^{249}_{98}\mathrm{Cf} \Rightarrow {}^{257}_{104}\mathrm{Rf} + 4{}^{1}_{0}\mathrm{n}$$

한편 러시아 두브나 대학에서는 같은 원소의 또 다른 동위원소를 다음 반응을 통해 만들어냈다.

$$^{22}_{10}Ne + ^{242}_{94}Pu \Rightarrow ^{259}_{104}Rf + 5^{1}_{0}n$$

이런 접근법을 써서 101번에서 106번까지 총 여섯 개 원소가 합성되었다. 냉전 시절 미국과 소련 사이의 긴장 때문에, 그리고 모든 새로운 원소의 발견에 따라붙는 듯한 예의 국수주의적 분쟁 때문에, 원소를 합성했다는 주장이 제기되면 거의 반드시 논쟁이 벌어져서 몇 년씩 이어졌다.

그러나 일단 106번에 도달하자, 또 다른 접근법을 필요로 하는 또 다른 문제가 등장했다. 이 시점에는 독일 과학자들도 다름슈타트에 중이온 연구소(GSI)를 지어 이 분야에 뛰어든 참이었다. 그들이 개발한 새로운 기술은 '저온 융합'이라고 불렸다. 훗날 1989년 화학자 마틴 플라이슈만과 스탠리 폰즈가 시험관에서 상온 핵융합이 가능하다고 선언했던 잘못된 주장과는 아무 관계가 없는 이름이다.[9]

초우라늄 원소 합성 분야에서 말하는 저온 융합은 예전보다 더 느린 속도로 핵들을 충돌시키는 기법이다. 그러면 에너지가 더 적게 발생하므로, 융합된 핵이 도로 분해될 확률이 낮아진다. 이 기법은 원래 소련 물리학자 유리 오가네샨이 고안했지만 실용적으로 완성된 것은 독일에서였다.

107번 원소 이후

1980년대 초 독일 과학자들은 저온 융합 기법을 사용하여 107번(보륨), 108번(하슘), 109번(마이트너륨) 원소를 합성하는 데 성공했다.[10] 그러나 이 지점에서 또다시 장벽이 존재한다는 게 뚜렷해졌다. 이후 베를린 장벽이 무너졌고, 러시아로 이름을 바꾼 소련과 미국은 독일과 더불어 생산적인 협동 연구를 수행하기 시작했다. 10년의 정체기를 겪은 뒤인 1994년, 독일 다름슈타트 연구진은 납과 니켈 이온을 충돌시켜 110번 원소를 합성하는 데 성공했다고 발표했다.

$$^{208}_{82}\mathrm{Pb} + ^{62}_{28}\mathrm{Ni} \Rightarrow ^{270}_{110}\mathrm{Ds} \Rightarrow ^{269}_{110}\mathrm{Ds} + ^{1}_{0}\mathrm{n}$$

나중에 다름슈타튬이라고 명명된 110번 원소의 반감기는 겨우 170마이크로초였다.[11] 미국과 러시아 연구진이 자신들이 발견한 원소를 각각 버클륨과 더브늄이라고 명명했던 전례를 따라서 독일 연구진은 이 원소를 다름슈타튬으로 명명했다. 한 달 뒤, 독일 연구진은 111번 원소도 생성해냈다. 이 원소는 엑스선을 발견한 뢴트겐의 이름을 따서 뢴트게늄으로 명명되었다.[12] 1996년 2월에는 그다음 원소인 112번 원소도 합성되었다. 이 원소는 2010년에 코페르니슘이라고 공식적으로 명명되었다.[13] 그다음 두 원소 114번과 116번에는 각각 플레로븀과 리버모륨이라는 이름이 주어졌다.

113번에서 118번까지 원소들

1997년 이래 113번부터 118번까지 원소들을 합성했다고 주장하는 논문이 여럿 발표되었다. 가장 최근은 2010년 합성된 117번 원소였다.[14] 이 중 원자번호가 홀수인 원소를 생성하기가 좀 더 까다로웠던 것은 이상한 일이 아니다. 양성자 개수가 홀수인 핵은 짝수인 핵보다 반드시 더 불안정하기 때문이다. 이 현상은 양성자도 전자처럼 1/2 혹은 -1/2의 스핀을 취하며 한 에너지준위에는 스핀이 서로 다른 한 쌍의 양성자가 들어간다는 점에서 비롯한다. 따라서 양성자 개수가 짝수인 핵은 총 스핀이 0인 경우가 많으므로, 115번이나 117번 원소처럼 양성자 개수가 홀수라 짝짓지 못한 스핀이 발생하는 경우보다 더 안정적인 상태이다.

114번 원소

114번 원소의 합성은 진작부터 기대되던 일이었다. 주기율표에서 '안정성의 섬'이라 불리는 장소, 즉 주변보다 안정성이 더 높은 지점에 해당하는 터라 일찍부터 그 존재가 예측되었기 때문이다. 1998년 말 러시아 두브나의 연구진이 처음 이 원소를 발견했다고 주장했지만, 보다 확실한 결과가 나온 것은 플루토늄 표적과 원자량 48의 칼슘 동위원소 이온을 충돌시킨 1999년의 후속 실험에서였다.[15] 최근 버클리와 다름슈타트의 연구진은 이 발견을 승인했다. 이 글을 쓰는 시점(2013년 현재)에 114번 원소가 관여하는 붕괴 과정은 여든 가지쯤 보고되었는데, 그중 서른 가지는 116번이나 118번 같은 더 무거운 핵이 붕괴하는 과정이다. 114번 원소의 동위원소들 가운데 수명이 제일 긴 것은 원자량 289에 반감기가 약 2.6초인 동위원소이다. 이 원소가 안정성이 높을 것이라는 기존 예측에 부합하는 결과이기는 하지만 일부 전문가들은 이런 뛰어난 안정성을 다소 실망스러운 현상으로 여긴다.[16]

118번 원소

1998년 12월 30일, 두브나와 버클리의 연구진은 공동 논문을 발표하여 다음 반응을 통해서 118번 원소를 검출했다고 주장했다.[17]

$$^{86}_{36}\mathrm{Kr} + ^{208}_{82}\mathrm{Pb} \Rightarrow ^{293}_{118}\mathrm{Uno} + ^{1}_{0}\mathrm{n}$$

그러나 일본, 프랑스, 독일에서 이 결과를 재현하려 한 시도들은 모두 실패했다. 결국 기존의 연구진은 2001년 7월 자신들의 주장을 정식으로 철회했고, 이 사건을 둘러싼 논란 끝에 버클리의 선임 연구자 한 명이 해고되기까지 했다.[18]

그로부터 2년 뒤 두브나 연구진이 새롭게 발견을 선언했고, 2006년에는 캘리포니아의 로런스-리버모어 국립 연구소에서도 발견을 선언했다. 미국과 러시아의 데이터를 함께 고려하면, 다음 반응을 통해서 형성된 118번 원소의 붕괴를 네 차례 더 검출했다는 그들의 주장에 힘이 실린다.

$$^{249}_{98}\mathrm{Cf} + ^{48}_{20}\mathrm{Ca} \Rightarrow ^{294}_{118}\mathrm{Uno} + 3^{1}_{0}\mathrm{n}$$

연구자들은 이제 이러한 결과의 신뢰성을 상당히 확신하며, 이 검출이 우발적 사건일 확률은 10만 분의 1도 안 된다고 지적한다.[19] 말할 필요도 없는 일이지만, 이 원소에 대한 화학적 실험은 아직 수행된 바 없다. 생성된 원자의 양이 턱없이 적은 데다가 수명이 1밀리초도 안 될 만큼 짧기 때문이다.

2010년에는 두브나의 대규모 연구진과 미국의 여러 실험실에서 이보다 더 불안정한 117번 원소를 합성하고 확인하는 데 성공했다. 이로써 주기율표는 흥미로운 지점에 도달했다. 이제 백열여덟 개 원소가 전부 자연에서 발견되거나 특별한 실험을 통해서 인공적으로 만들어졌다. 이 중 한때 자연 상태로 존재하는 원소로서는 마지막일 것으로 여겨졌던 우라늄보다 원자량이 더 큰 원소도 스물여섯 개나 있다. 그보다 더 무거운 119, 120번 원소를 만들려는 시도도 벌써 시작되었으며, 우리가 합성할 수 있는 원소들의 행렬이 가까운 시일에 끝날 것이라고 내다볼 이유는 없다. 전문가들은 '주기율표의 끝'에 대해서 많은 논의를 벌이고 있으며 의견 차이도 많다. 어떤 사람들은 원자번호 137번이 새로운 원소 생성의 상한선일 가능성이 높다고 본다.[20] 그러나 핵의 유한한 부피를 고려하여 좀 더 정확하게 계산한 추

정에서는 상한선이 172번이나 173번일 것으로 예측되었다.[21]

합성 원소의 화학적 성질

이런 초중량 원소들은 주기율표에서 흥미로운 문제를 제기했을 뿐 아니라 중요한 과제로도 작용했다. 또한 이 원소들은 이론적 예측과 실험 결과의 대조라는 흥미로운 작업이 가능한 새로운 영역을 열어주었다. 이론적 계산에 따르면, 원자의 핵전하가 증가함에 따라 상대성 이론의 효과가 점점 더 중요해진다. 가령 금은 원자번호가 79로 그다지 크지 않지만 그 독특한 색깔은 이제 상대성 이론으로 설명된다. 원자의 핵전하가 클수록 안쪽 껍질의 전자들이 더 빨리 움직인다. 상대성 이론의 범위에 해당하는 속도를 획득한 전자들은 핵에 더 가깝게 끌림으로써 최외각전자들을 보다 많이 가리게 되는데, 알다시피 어떤 원소의 화학적 성질을 결정하는 것은 최외각전자들이다. 이 때문에 일부 원자들은 주기율표에서 차지하는 위치에 따라 추정되는 것과는 사뭇 다른 화학적 성질을 가질 것으로 예측된다.

상대성 효과는 주기율표가 아우를 수 있는 폭과 보편성을 시험하는 가장 최근의 과제인 셈이다. 이러한 상황은 104번과 105번 원소, 즉 러더포듐과 더브늄의 화학적 성질을 조사할 때 절정에 올랐다고 할 수 있다. 알고 보니 러더포듐과 더브늄의 화학적 성질이 주기율표에서 놓인 위치에 따라 예상했던 것과는 사뭇 달랐던 것이다. 이렇게 높은 원자번호 영역에서도 주기율표가 여전히 유효하다면 러더포늄

과 더브늄은 각각 바로 위에 있는 하프늄과 탄탈럼과 비슷해야 하는데, 실제로는 그렇지 않은 듯했다.[22]

1990년 버클리의 케네스 체르빈스키는 104번 러더포듐이 용액 상태일 때 화학적 성질이 주기율표에서 그 위에 있는 두 원소, 즉 지르코늄과 하프늄의 성질과는 다르다는 것을 발견했다. 러더포듐의 화학적 성질은 오히려 꽤 멀리 떨어진 곳에 놓인 플루토늄과 비슷했다. 한편 더브늄에 대한 초기 연구에서도 이 원소가 바로 위에 있는 탄탈럼과 비슷하게 행동하지 않는다는 사실이 밝혀졌다. 더브늄은 오히려 악티늄족 원소인 프로트악티늄과 대단히 비슷한 성질을 보였다. 또 다른 실험에서는 러더포듐과 더브늄이 하프늄과 탄탈럼보다는 그보다 한 칸 더 위 원소들, 즉 지르코늄과 나이오븀과 더 비슷한 것 같다는 결과가 나왔다(표 10.1).

3	4	5	6	7	8	9	10	11	12
Sc	Ti	V	Cr	Mn	Fe	Co	Ni	Cu	Zn
Y	Zr	Nb	Mo	Tc	Ru	Rh	Pd	Ag	Cd
Lu	Hf	Ta	W	Re	Os	Ir	Pt	Au	Hg
Lr	Rf	Db	Sg	Bh	Hs	Mt	Ds	Rg	Cn

표 10.1 | 주기율표에서 3~12족 원소들만 따로 뗀 표.

주기율에 부합하는 반응이 재개되어 주기율표의 지위를 다시 굳건하게 다진 것은 그다음 번호인 시보귬(106)과 보륨(107)에 와서였다. 이 발견을 알렸던 논문들은 제목만 봐도 그 내용이 짐작되는데, 제목은 '희한하게 정상적인 시보귬'과 '뻔한 보륨'으로 둘 다 두 원소의 성질이 주기율표에 비추어 특이하지 않다는 사실을 언급한 말이었다.[23] 두 원소에서 상대성 효과가 훨씬 더 두드러질 가능성이 있음에도, 주기율에 따라 예측되는 화학적 성질이 그런 경향성을 압도하는 듯했다. 시보귬과 보륨은 주기율표가 지시하는 대로 반응하고 있었다.

보륨이 어엿한 7족의 구성원처럼 행동한다는 사실은 내가 예전에 다른 글에서 제시했던 다음과 같은 논증에서도 드러난다.[24] 이 논증은 일종의 '원점 회귀'라고 불려도 좋은 것이, 그 옛날의 3원소 체계와 관련되기 때문이다. 1장에서 말했던 내용을 기억하겠지만, 3원소의 발견은 성질이 비슷한 원소들의 집합에 모종의 수학적 규칙성이 있다는 사실을 최초로 알려준 사건이었다. 표 10.2는 테크네튬, 레늄, 보륨의 산소 화합물과 염소 화합물의 표준 승화 엔탈피(고체를 기체로 곧장 변환시키는 데 드는 에너지)를 측정한 데이터다.[25]

TcO_3Cl = 49kJ/mol
ReO_3Cl = 66kJ/mol
BhO_3Cl = 89kJ/mol

표 10.2 | 6족 원소들의 승화 엔탈피.

Tc
Re
Bh

표 10.3 | 7족 원소들.

3원소 기법을 이용하여 BhO_3Cl의 승화 엔탈피를 예측하면 몰(mol)당 83킬로줄이 나오는데, 이는 위의 표 10.2에 제시된 실험값인 몰당 89킬로줄과 비교하여 오차가 6.7퍼센트에 불과하다. 이 사실은 보륨이 진정한 7족 원소(표 10.3)처럼 행동한다는 견해를 뒷받침하는 또 하나의 증거인 듯하다.

가장 최근에 화학적 실험이 실시된 원소인 112번 코페르니슘으로 넘어가면 상대성 효과가 주기율에 미치는 영향이 한층 커진다.[26] 이번에도 역시 상대성 이론을 적용한 계산에서는 이 원소의 화학적 성질이 크게 변형되어, 주기율표에서 그 위에 놓인 수은보다는 오히려 비활성기체를 닮았으리라는 예측이 나온다. 그러나 실제 112번 원소의 승화 엔탈피를 측정한 실험 결과는 이론적 예측과 달리 이 원소가 아연, 카드뮴, 수은과 함께 어엿한 12족 구성원처럼 반응한다는 것을 보여주었다. 표 10.4를 보라.

114번 원소도 비슷하다. 이전 계산과 실험에서는 이 원소가 비활성기체의 성질을 띨 것으로 예측되었으나, 최근의 실험 결과는 주기율표에서 14족에 속하는 위치에 걸맞게 납 금속처럼 행동한다는 가설을 뒷받침하는 듯하다. 우리가 이로부터 내릴 수 있는 결론은, 화학적 주기성이란 놀랍도록 견고한 현상이라는 것이다. 전자들의 빠른 움직임으로 인한 강력한 상대성 효과조차도 약 150년 전에 발견된 단순하기 그지없는 과학적 현상을 거꾸러뜨리지 못하는 것 같다. 물론 언제라도 놀랄 일이 벌어질 수 있다는 점은 늘 염두에 두어야겠지만 말이다.

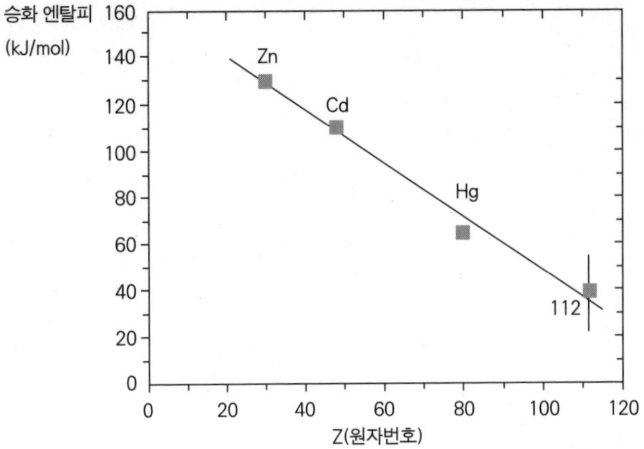

표 10.4 | 12족 원소들의 승화 엔탈피를 보면 112번 원소 또한 어엿한 구성원임을 알 수 있다(H. W. Gäggeler, A. Türler, Gas Phase Chemistry, *The Chemistry of the Superheavy Elements*, ed. M. Schadel, Kluwer Academic Publisher, Dordrecht, 2003). 슈프링어 과학 비즈니스 미디어의 허가를 받아 재수록했다.

최소한 우리가 내다볼 수 있는 가까운 미래까지는 상대성 이론의 효과가 주기율표를 심하게 뒤흔들어놓을 것 같지 않다. 원자번호가 커진다고 해서 상대성 효과도 단순히 따라 커지기만 하는 건 아니기 때문이다. 어떤 원자의 에너지준위 순서는 상대성 효과와 양자 효과가 상호 작용한 결과에 더 가깝다. 가령 여섯 번째 주기에서 상대성 효과가 제일 큰 원소는 원자번호가 최대인 맨 마지막 원소가 아니라 그보다 앞에 있는 금이다(표 10.5). 핀란드 화학자로 상대성 양자화학 분야의 선구자인 페카 퓌쾨는 이 현상을 '금 최대화 현상'이라고 부른다. 금이 자신이 속한 주기에서 상대성 효과를 제일 크게 겪음으로써 변칙적인 화학적 · 물리적 성질을 드러낸다는 의미이다. 가령 금은

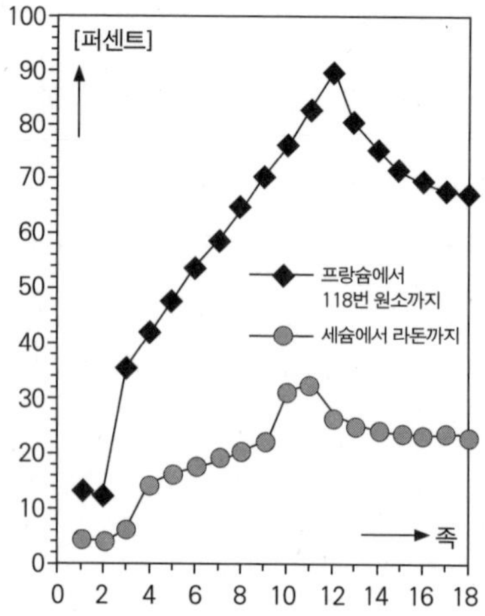

표 10.5 | 금 최대화 효과(동그라미로 표시한 데이터)와 그다음 주기에서 112번 원소가 마찬가지로 상대성 효과를 최대로 겪는 현상(다이아몬드로 표시한 데이터)를 보여주는 도표. 존 와일리 앤드 선즈의 허가를 얻어 재수록했다(P. Schwerdtfeger, M. Seth, Relativistic Effects of the Superheavy Elements, *The Encyclopedia of Computational Chemistry*, eds. P. v. R. Schleyer, N. L. Allinger, T. Clark, J. Gasteiger, H. F. Schaefer III, P. R. Schreiner, John Wiley and Sons, New York, 1998).

주기율표에서 양옆에 있는 다른 전이금속들과는 달리 독특한 황금색을 띤다. 화학전지에 사용될 때는 변칙적인 출력을 내며, 특이한 산화 상태를 취하여 예상 밖의 새로운 화합물을 다수 형성하는 경향이 있다. 퓌쾨 교수는 이런 성질 중 많은 부분을 예측할 수 있었다.[27]

다른 연구자들의 계산에 따르면, 일곱 번째 주기에서는 112번 원소에서 상대성 효과가 최대로 발휘되어야 할 것 같았다.[28] 표 10.5를 보면 그 뒤에 오는 원소들에서는 효과가 제법 급격히 줄어드는 것을 확인할 수 있다. 그러나 실제 112번과 114번 원소의 화학적 성질을 조사한 실험에서는 이 원소들이 그다지 변칙적인 성질을 드러내지 않았다. 112번 이후 원소들이 주기율표에 입각하여 예측되는 반응을 보인다는 것을 암시하는 결과로, 이 현상은 주기율이 얼마나 근본적인 성질인지 말해주는 또 하나의 증거이다. 양자역학과 상대성 이론의 협공에도 불구하고 주기율은 여전히 그 유효성을 굳게 지키고 있는 것이다.

· 들어가며 ·

1 · S. Kean, *The Disappearing Spoon*, Little, Brown and Co., New York, 2010; H. Aldersey-Williams, *Periodic Tales*, Penguin Viking, London, 2011.

2 · 웹 사이트: http://www.meta-synthesis.com/webbook/35_pt/pt_database.php?PT_id=406 http://guitarnoize.com/the-periodic-table-of-guitarists/

3 · J. Emsley, *The Elements*, 3rd Edition, Clarendon Press, Oxford, 1998.

4 · Eric, R. Scerri, *The Periodic Table, Its Story and Its Significance*, Oxford University Press, New York, 2007.

5 · V. Karpenko, The Discovery of Supposed New Elements, *Ambix*, *27*, 77-102, 1980.

6 · F. Habashi, The History of Elements 43—Technetium, *Journal of Chemical Education*, *83*, 213-213, 2006.

7 · 우리가 만일 주기율표와 관련한 이론들의 발전에 대해서도 이야기한다면, 마리아 괴페르트마이어, 샬럿 무어, 버사 스윌즈와 같은 다른 여성들도 더 포함해야 할 것이다.

8 · 이것은 이론적으로만 사실이었다. 실제 모즐리가 어느 정도 확신을 가지고 예측할 수 있었던 미발견 원소는 네 개뿐이었다.

9 · 이 원소들을 규정하는 또 다른 방법은 1~92번 원소로 구성되었던 '옛 주기율표'의 한계 내에서 빈칸으로 존재했던 일곱 원소라고 말하는 것이다.

10 · 가장 최근에 합성된 원소는 2010년 발표된 117번이다. 이로써 역사상 처음이자 아마도 마지막으로 주기율표는 모든 줄에 단 하나의 빈칸도 없이 완전히 메워졌다. 그러나 이 속성은 119번 원소가 합성되자마자 사라질 것이다. 119번

원소의 합성은 무려 쉰 개 원소로 구성된 엄청나게 긴 주기의 시작을 알릴 것이기 때문이다. 그 원소들 대부분이 세상 빛을 보지 못할 테지만 말이다.

11 · S. Lyle, Narrative understanding: developing a theoretical context for understanding how children make meaning in classroom settings, *Journal of Curriculum Studies, 32*, 45-63, 2000.

12 · J. Emsley, *The A-Z of the Elements*, Oxford University Press, Oxford, 2001; A. Swertka, *A Guide to the Elements*, Oxford University Press, New York, 1998.

13 · 마이트너가 한에게 보낸 편지. 1911년 2월 22일.

14 · 용어를 엄밀하게 따지자면, 하우라늄 원소에서 우라늄 자체는 제외된다.

15 · 주기율표는 최소한 여섯 명의 과학자가 서로 독자적으로 발견했다. 멘델레예프는 그중 맨 마지막이었다. 물론 그의 체계가 가장 성공적이기는 했다. 주기율표에 관한 내 책을 참고하라. E. R. Scerri, *The Periodic Table, Its Story and Its Significance*, Oxford University Press, New York, 2007.

16 · J. Levy, *Scientific Feuds*, New Holland, London, 2010.

17 · R. Merton, Priorities in Scientific Discovery, *American Sociological Review*, 635-659, 1957.

18 · 예를 들어, 젊은 패러데이가 전자기 회전 실험의 공을 가로챘다고 넌지시 암시한 것은 윌리엄 울러스턴 본인이 아니라 울러스턴의 친구들이었다.

19 · 물론 사회학자가 다른 방식으로 결론을 내렸다면 그것도 좀 이상했을 것이다.

20 · 분쟁은 1997년 IUPAC 위원회가 미국 연구진을 지지하는 결정을 내림으로써 마감되었다.

21 · 다음과 같은 연구들이다. A. Brannigan, *The Social Basis of Scientific Discoveries*, Cambridge University Press, Cambridge, 1981; G. Markus, Why Is There No Hermeneutics of Natural Sciences? Some Preliminary Theses, *Science in Context, 1*, 5-15, 1987; M. Mulkay, Norms and Ideology in Science, *Social Science Information, 15*, 637-656, 1976.

22 · A. G. Gross, Do Disputes over Priority Tell Us Anything about Science? *Science in Context, 11*, 161-179, 1998.

23 · E. Rancke-Madsen, The Discovery of an Element, *Centaurus, 19*, 299-313, 1976.

24 · 나는 주기율표에 관한 이전 책에서도 주기율표의 발견에 관해 똑같은 논점을 제기했다.

25 · 글렌 시보그는 94번 원소 플루토늄의 발견을 어린이 라디오 퀴즈 쇼에서 처음 발표했다.

26 · T. S. Kuhn, *Historical Structure of Scientific Revolutions*, 2nd ed., University of Chicago Press, Chicago, 1970, p. 55.

27 · Roald Hoffmann and Carl Djerassi, *Oxygen*, a play, Wiley-VCH, 2001.

28 · 멘델레예프가 주기율표를 처음 발견한 사람이 아닌데도 그의 업적을 제일 큰 것으로 인정해야 하는가 하는 문제도 이와 비슷하다. 통상적인 견해는 그래야 한다는 것이다. 멘델레예프가 경쟁자들보다 그 발견을 더 깊이 있게 이해했기 때문이다.

29 · 라부아지에 시대 이전에는 오늘날 우리가 화합물이라고 부르는 물질 중에서 원소로 여겨진 것이 많았고 거꾸로 우리가 원소라고 여기는 물질 중에서 화합물로 여겨진 것도 많았다.

30 · T. S. Kuhn, Historical Structure of Scientific Discovery, *Science, 136*, 760-764, 1962.

31 · 나는 이 원소들의 발견을 둘러싼 우선권 문제를 예단하지 않기 위해서 현대 원소명이 아니라 원자번호를 사용하여 지칭하겠다.

32 · A. F. Holleman, E. Wiberg, *Inorganic Chemistry*, Academic Press, San Diego, CA, 2001, p. 1695.

33 · Eric R. Scerri, *The Periodic Table, Its Story and Its Significance*, Oxford University Press, New York, 2007. 또한 나는 2007년 책에 있었던 오류 몇 가지를 이번 기회에 이 두 장에서 바로잡았다. 2007년 책은 개정판을 준비하는 중이다.

· 1장 ·

1 · 아주 초기에 발표된 이 주기율표에서는 산소의 무게가 5.5라고 나와 있지만, 돌턴은 금세 그것을 본문에서 이야기되는 값인 8.0으로 바꿨다.

2 · P. Needham, Has Daltonian Atomism Provided Chemistry with Any Explanations? *Philosophy of Science, 71*, 1038-1047, 2004; P. Needham, When did atoms begin to do any explanatory work in chemistry? *International Studies in the Philosophy of Science, 18*, 199-219, 2004.

3 · P. J. Hartog, A First Foreshadowing of the Periodic Law, *Nature*, *41*, 186-188, 1889; P. E. Lecoq De Boisbaudran, A. Lapparent, A Reclamation of Priority on Behalf of M. De Chancourtois Referring to the Numerical Relations Among Atomic Weights, *Chemical News, 63*, 51 – 52, 1891.

4 · 드 샹쿠르투아가 이 이름을 고른 것은 '텔로스'가 그리스어로 지구를 뜻하기 때문이기도 했다. 그는 지질학자로서 지구의 원소들을 분류하는 데 흥미가 있었던 것이다.

5 · 드 샹쿠르투아가 자비로 출판한 논문을 받은 사람 중에는 나폴레옹 공도 있었다.

6 · A. E. Béguyer De Chancourtois, *Compes Rendus de l'Académie des Sciences, 54*, 1862, 757-761, 840-843, 967-971.

7 · 이 실패는 현대 주기율표에서 두 번째와 세 번째 전이금속 주기 사이에 끼어드는 란타넘족 원소들 때문이라고 할 수 있다. 란타넘족 원소들은 모든 주기율 발견자들에게 골칫거리가 될 것이었다. 초기 연구자들이 주기율을 발전시키던 1860년대 이전에는 총 열네 개의 란타넘족 가운데 여섯 개만 발견되어 있었기 때문이다.

8 · 잠시 뒤에 이야기하겠지만, 같은 해에 오들링도 서로 유사한 원소들끼리 묶은 집단에서 첫 번째와 두 번째 원소의 원자량 차이를 비교한 표를 독자적으로 발표했다. 오히려 이 점에서는 오들링이 뉴랜즈를 능가했다. 뉴랜즈는 그런 관계를 여섯 개 발견했지만 오들링은 열 개 확인했기 때문이다.

9 · 원소 여덟 개 단위로 반복되는 주기란 당시의 화학 지식에서는 정확했다. 오늘날의 주기는 엄밀히 말해서 아홉 개 단위이다. 어느 원소부터 시작해서 그 원소와 비슷한 다음번 원소가 나올 때까지 헤아리되 그 다음번 원소까지 포함하기 때문이다(가령 리튬에서 나트륨까지).

10 · J. A. R. Newlands, On the Law of Octaves, *Chemical News, 12*, August 18, 83-83, 1865.

11 · J. A. R. Newlands, On the Law of Octaves, *Chemical News, 13*, 130-130, 1866.

12 · 한편 뉴랜즈가 실수했다고 할 수 있는 대목은 나중에 멘델레예프가 그랬던 것처럼 미발견 원소들을 위한 빈칸을 남겨두지 않았던 점이다.

13 · 나는 이 책의 다른 부분에서 주기를 말할 때 어느 원소에서 그다음 비슷한 원소까지를 포함한 숫자를 말했지만, 여기에서는 뉴랜즈의 글과 일관성을 유지하기 위해서 그 원소들 사이의 거리로 말했다.

14 · W. Odling, On the Proportional Numbers of the Elements, *Quarterly Journal of Science, 1*, 642-648, October 1864.

15 · 위와 같음.

16 · 판 스프론선은 오들링이 이 속성을 처음 깨달은 사람이었다고 칭찬했다. 나도 옳은 의견이라고 보지만, 세부적인 측면에서는 견해가 조금 다르다. 자세한 내용은 본문에서 이야기하겠다.

17 · Carl A. Zapffe, Hinrichs, Precursor of Mendeleev, *Isis, 60*, 461-476, 1969. Quotation from p. 464.

18 · 그러나 실제 그 관계는 힌리히스가 추측했던 것과는 전혀 다른 방식이다.

19 · 보다시피 행성들의 거리와의 대응 관계는 근삿값에 지나지 않았다.

20 · 아이작 뉴턴은 햇빛으로 비슷한 실험을 처음 수행했던 사람으로 일컬어진다. 뉴턴도 유리 프리즘을 써서 백색광을 여러 색깔의 구성 성분으로 분산시켰다.

21 · 분젠은 자신의 학생이었던 멘델레예프와 로타어 마이어의 연구를 글에서든 강연에서든 평생 한 번도 언급하지 않았다고 한다. 두 사람이 각자 원소 분류 체계를 발표하여 상당히 유명해졌는데도 말이다.

22 · 힌리히스가 사용했던 원자량에 따르면 칼슘은 20, 바륨은 68.5였다.

23 · 현대 주기율표에서도 이 세 금속은 같은 족으로 묶여 있지만, 탄소와 규소가 속한 족은 아니다. 오늘날 탄소와 규소는 4족으로서 저마늄, 주석, 납과 같이 묶인다.

24 · 가령 힌리히스는 산소, 황, 셀레늄, 텔루륨을 같이 묶었다. 뉴랜즈도 이 원소들을 함께 묶었지만 오스뮴도 포함시켰다. 힌리히스는 질소, 인, 비소, 안티모니, 비스무트를 같이 묶었다. 역시 뉴랜즈도 그랬지만 망가니즈까지 포함시키는 실수를 저질렀으며 더구나 디디뮴과 몰리브데넘도 같은 지점에 배치했다. 힌

리히스는 리튬, 나트륨, 칼륨, 루비듐을 같이 묶었다. 역시 뉴랜즈도 그랬지만 이번에도 그릇되게 구리, 은, 세슘, 금, 탈륨까지 포함시켰다.

25 · G. Hinrichs, *The Elements of Chemistry and Mineralogy*, Griggs, Watson & Day, Davenport, Iowa, 1871; G. Hinrichs, *The Principles of Chemistry and Molecular Mechanics*, Day, Egbert & Fidlar, Davenport, Iowa, 1874.

26 · 힌리히스의 분류가 원자량과는 무관했다는 말은 아니다. 그의 접근법은 기본적으로 천문학적 논증에 기반했던 듯하며 그에 비해 원자량과의 관련성은 다소 간접적이었다는 뜻이다.

27 · 하지만 힌리히스의 스펙트럼 연구는 보편적으로 인정되지 않는다. 클라우스 헨첼을 비롯한 현대의 몇몇 과학사학자들은 그가 데이터를 다소 선택적으로 골라서 계산에 활용했다는 점을 지적하며 비판했다.

28 · 칸니차로가 원자량을 다듬는 작업을 하게 된 계기 중 하나는 앞에서 말했던 아보가드로의 연구였다.

29 · Lothar Meyer in his editorial on the papers of Cannizzaro in Oswald's *Klassiker der Exacten Wissenschaften*: 30, Arbis eines Lehrganges der theoretischen Chemie, vorgetragen von Prof. S. Cannizzaro, Leipzig, 1891.

30 · 지나가는 말로라도 언급해야 할 점은, 멘델레예프가 똑같은 학회에 참석하고 돌아와서 역시 원소를 원자량 오름차순으로 정렬한 표를 작성하기까지는 약 9년이 걸렸다는 사실이다.

31 · 수평 관계라는 표현은 약간 모호할지도 모른다. 원소 집단을 세로로 보여준 주기율표도 있고 가로로 보여준 주기율표도 있기 때문이다. 나는 여기에서 이 표현을 화학적 유사성이 없는 원소들의 관계, 달리 말해 그저 원자량 오름차순으로 배열된 관계를 지칭하는 뜻으로 사용했다. 현대 주기율표에서는 이 관계가 수평 관계로 나타난다. 로타어 마이어와 멘델레예프 시절에도 많은 주기율표가 그랬지만 전부 다 그런 것은 아니었다.

32 · 현대 주기율표에서는 원자가가 1에서 시작하여 4로 커졌다가 다시 줄어들어 할로겐족에서 1이 된다. 로타어 마이어의 주기율표가 현대 주기율표와 다른 점은 그가 현대의 4족에서 시작했다는 점이었다. 게다가 1864년에는 아직 비활성기체가 발견되지 않았고, 현대의 3족은 아직 별도의 집단으로 인식되지

않았다.

33 · 오들링을 이야기할 때 말했듯이, 이런 분리는 현대 장주기율표와 확장 주기율표의 특징이다.

34 · 로타어 마이어가 1864년 주기율표에서 원자량을 명시적으로 언급하지 않았다는 점을 지적하는 비판이 있다. 그러나 이 비판은 약간 지나친 듯하다. 그의 주기율표에서 스물여덟 개 원소들은 명백히 원자량 오름차순으로 정렬되어 있으므로, 그는 누가 봐도 뻔한 이 속성을 구태여 언급할 필요가 없다고 느꼈을 수도 있다. 물론 그 밖의 스물두 개 원소들을 배열한 그보다 작은 표에 대해서는 이렇게 변명할 수 없다. 그러나 이 원소들을 스물여덟 개 원소들과 분리하여 제시한 것으로 보아, 어쩌면 그는 이 원소들에 대해서는 원자량 오름차순 원칙을 엄밀하게 적용할 수 없다는 사실을 알았을 수도 있다. 어쨌든 이 표에서도 각 열에서 밑으로 내려갈수록 원자량이 커진다. 그리고 원자량 오름차순을 거스르는 대목은 여섯 군데밖에 없다. 그가 총 쉰 개 원소들을 분류하면서 원자량을 잘못 역전시킨 대목은 여섯 군데밖에 없었던 셈이다. 더구나 그런 대목은 전부 워낙에 골칫거리인 전이금속 내에서 발생했으니, 이것을 가지고서 그가 대단히 큰 실수를 저질렀다고 말하기는 어렵다. 그가 원자량 오름차순 배열에서 정말로 잘못했다고 볼 만한 대목은 딱 한 군데, 몰리브데넘과 바나듐의 순서이다. 다른 대목들은 모두 원자량 측정의 오차 범위에서 허용될 만한 수준이었다.

35 · 멘델레예프는 유명한 1869년 표에서 수은을 구리와 은과 함께 묶는 실수를 저질렀다. 또한 납을 칼슘, 스트론튬, 바륨과 함께 묶었고, 탈륨을 알칼리금속으로 묶었다. 멘델레예프와 로타어 마이어의 상세한 비교는 판 스프론선의 책 127~131쪽을 보라. 수은과 은을 함께 묶은 실수는 아주 놀랍지만은 않을지도 모른다. 수은이라는 이름부터가 '액체 은'이라는 뜻이니까.

36 · J. E. Earley, How chemistry shifts horizons: element, substance, and the essential, *Foundations of Chemistry, 11*, 65-77, 2009; R. F. Hendry, *Lavoisier and Mendeleev on the Elements, Foundations of Chemistry, 7*, 31-48, 2005; E. R. Scerri, What is an element? What is the periodic table? And what does quantum mechanics contribute to the question? *Foundations of Chemistry, 14*, 69-81, 2012.

37 · 이전에 나는 다르게 주장했는데, 이 문제에 관해서 내 시각을 바로잡아준 필립 스튜어트에게 감사한다.

· 2장 ·

1 · A. Einstein, *Investigations of the Theory of the Brownian Movement*, with notes by R. Fürth, translated by A. D. Cowper, Dover Publications, Mineola, New York, 1956.

2 · J. Perrin, Mouvement brownien et réalité moléculaire, *Annales de Chimie et de Physique, 18*, 1-114, 1909.

3 · 멘델레예프는 이 개념에도 평생 열렬히 반대했다.

4 · 러더퍼드의 케임브리지 선배였던 톰슨은 원자란 양전하를 띤 구와 같고 전자들은 그 속에서 반지 모양으로 돌고 있다고 가정했다.

5 · A. J. van den Broek, The α Particle and the Periodic System of the Elements, *Annalen der Physik, 23*, 199-203, 1907.

6 · A. J. van den Broek, The Number of Possible Elements and Mendeléeff's "Cubic" Periodic System, *Nature, 87*, 78, 1911.

7 · N. Bohr, On the Constitution of Atoms and Molecules, *Philosophical Magazine, 26*, 1-25, 476-502, 857-875, 1913 (known as the trilogy paper). 판덴브룩은 14쪽에서 언급되었다.

8 · H. G. J. Moseley, Atomic Models and X-Ray Spectra, *Nature, 92*, 554, 1913.

9 · X가 붙은 이름은 미지의 종을 가리키는데, 그 대부분은 결국 다른 원소의 동위원소로 밝혀졌다. 가령 우라늄 X는 나중에 확인한 결과 토륨의 동위원소였다.

10 · 이 작업이 헛일이 아니었던 또 다른 이유는 파네트와 헤베시가 그 과정에서 분자에 방사성 표지를 붙이는 기법을 고안해냈기 때문이다. 이 기법은 생화학이나 의학 연구와 같은 분야에서 폭넓게 적용될 유용한 하위 연구 분야를 수립하는 기반이 되었다.

11 · 그러나 아인슈타인은 곧 양자역학을 불완전한 이론으로 여기게 되었고, 남은 평생 양자역학에 비판적인 입장을 취했다.

12 · 두 가정은 모두 약간은 임시방편이었다. 가령 보어는 전자들이 양자화된 정상 상태로만 존재하는 이유를 논리적으로 추론한 게 아니라 그냥 그렇다고 단언했을 뿐이다.

13 · 대부분의 화학과 물리 교과서들은 이 마델룽 법칙이, 달리 말해 n+l 법칙이 오비탈을 채우는 순서를 규정한다고 설명한다. 그러나 최근 슈워츠도 지적했듯이, 마델룽 법칙은 사실 s블록 원소에서 오비탈이 채워지는 순서를 알려줄 뿐 주기율표의 나머지 세 블록에 해당하는 원소들에 대해서는 알려주지 않는다. 그래도 이 법칙은 중요하다. 특정 원소에서 오비탈이 채워지는 순서를 정확히 알려주진 못할지언정 주기율표의 원소들 대부분에 대해서 전반적인 전자 배치는 알려주기 때문이다(W. H. E. Schwarz, *Journal of Chemical Education, 87*, 444-448, 2010). 내가 최근에 블로그에 올린 글도 참고하라. 나는 통상적으로 이야기되는 설명을 '허술한 아우프바우 법칙'이라고 부른다. http://ericscerri.blogspot.com/

14 · 오늘날 많은 과학철학자들은 과학 분과 사이의 환원이 결국 실패할 수밖에 없다는 생각을 받아들인 듯하다. 다행히 물리학자 스티븐 와인버그를 비롯한 일부 과학자들은 우리에게 그렇지 않다는 것을 계속 상기시키고 있다. Weinberg, Steven, "Reductionism Redux," *The New York Review of Books*, October 5, 1995. Reprinted in Weinberg, S., *Facing Up*, Harvard University Press, 2001.

· 3장 ·

1 · Mendeleev, as cited in Smith, J. R. *Persistence and Periodicity*, unpublished PhD thesis, University of London. 1975, p. 401.

2 · 원자량으로 따지면 아이오딘은 텔루륨보다 앞에 와야 하지만, 그러면 텔루륨이 할로겐족이 되고 아이오딘이 산소족이 될 것이다. 화학적 성질로 따지면 그 반대가 옳은데 말이다. 주기율을 처음 발견했던 사람들은 원자량 오름차순을 무시하고 둘의 순서를 역전시킴으로써 문제를 극복했다. 멘델레예프는 아이오딘이나 텔루륨 둘 중 하나의 원자량이 잘못 정해졌을 것이라고 믿었고, 실험가들

에게 다시 측정해보라고 종용했다. 많은 시도에도 불구하고 결국 원자량 순서는 바뀌지 않았다. 아이오딘은 정말로 텔루륨보다 원자량이 작다.

3 · 그렇다고 해서 이 사실이 멘델레예프의 예측 능력에 대한 반증이라 할 순 없다. 그는 다른 많은 사례에서 수평적 경향성을 충분히 활용했기 때문이다.

4 · 크룩스는《케미컬 뉴스》의 창간자이자 편집자였다. 크룩스의 전기는 다음을 보라. William H. Brock, *William Crookes (1832–1919) and the Commercialization of Science*, Ashgate, Aldershot, UK, 2008.

5 · 그 밖에도 천체의 이름을 따서 명명된 원소로는 세레스를 딴 세륨, 팔라스를 딴 팔라듐, 좀 더 최근에 해왕성을 딴 넵투늄, 명왕성을 딴 플루토늄이 있다.

6 · 이 책을 비롯한 대부분의 기록에서는 베크렐을 방사능의 첫 발견자로 서술하지만, 정말로 그런지가 아주 확실하진 않다. 다음 책을 참고하라. T. Rothman, *Everything's Relative*, Wiley, Hoboken, NJ, 2003, p. 46-52. 아벨 니에프스 드 생빅토르가 먼저 발견했다는 로스먼의 주장은 상당히 설득력이 있다. 여담이지만 아벨 니에프스 드 생빅토르는 최초의 사진을 촬영했던 조세프 니세포르 니에프스의 사촌이었다.

7 · William Crookes, Radio-Activity of Uranium, *Proceedings of the Royal Society of London, 66*, 409-423, 1899-1900.

8 · P. Thyssen, *Accommodating the Rare-Earths in the Periodic Table*, M.Sc. Thesis, Catholic University of Leuven, 2009.

9 · 루스 르윈 사임의 책에 인용된 내용이다. R. Sime, *Lise Meitner, A Life in Physics*, University of California Press, Berkeley, CA, 1996.

10 · 판덴브룩의 가설이 발표되고서 2년 뒤, 모즐리의 고전적 작업이 등장함으로써 원소의 정체를 규정하는 결정적 기준은 전하라는 사실에 실험적 증거가 갖춰진다. 그러나 이것은 아직 나중의 일이었다.

11 · 훗날 글렌 시보그는 이 중에서 라듐을 제외한 세 원소와 또 다른 원소들을 주기율표에서 아예 다른 장소로 옮겨버릴 것이었다. 그것이 바로 악티늄 계열이었다. 악티늄 계열과 세 번째 전이금속 계열과의 외적 유사성은 부분적일 뿐이라는 사실도 밝혀졌다.

12 · 마이트너가 한에게 보낸 편지. 1916년 10월 25일. 이 편지를 비롯하여 뒤이어

인용한 다른 편지들은 모두 베를린-달렘의 막스 플랑크 연구소 도서관 및 자료실에 '오토 한 유산'으로 보관되어 있다.

13 · 마이트너가 한에게 보낸 편지. 1917년 2월 22일.

14 · 마이트너가 한에게 보낸 편지. 1917년 11월 28일.

15 · O. Hahn, L. Meitner, Die Muttersubstanz des Actiniums, ein Neues Radioaktives Element von Langer Lebensdauer. *Physikalische Zeitschrift, 19*, 208-218, 1918.

16 · 슈테판 마이어가 마이트너에게 보낸 편지, 1918년 6월 5일(케임브리지 처칠 칼리지 자료실).

17 · 아직까지 많은 책과 웹 사이트에서 91번 원소의 공동 발견자로 소디와 크랜스턴을 거론하는 것, 심지어 간혹 그들을 유일한 발견자로 거론하는 것은 참 이상한 일이다.

18 · 한도 연구 결과를 발표할 때 마이트너에 대한 언급을 모두 삭제해야 했다.

19 · O. Hahn and F. Strassmann, *Die Naturwissenschaften 27*, p. 11-15 (January 1939) received December 22, 1938.

20 · Sharon McGrayne, *Nobel Prize Women in Science*, John Henry Press, Washington, D.C., 2002. 마이트너와 핵분열에 관한 내 이야기는 이 책에서 많이 가져왔다.

21 · 이 주제에 관해서 좀더 철저하게 살펴본 지금, 나는 주기율표에 관한 첫 책(*The Periodic Table, Its Story and Its Significance*, Oxford University Press, New York & Oxford, 2007)에서 했던 발언을 취소한다.

22 · 멘델레예프가 이 원소를 예측하고 에카탄탈럼으로 명명했다는 사실을 잊지 말자.

23 · P. Armbruster, F. P. Hessberger, Making New Elements, *Scientific American*. Sept. 1998, 72-77. 이 논문 다음에는 내가 쓴 주기율표의 역사에 관한 논문이 실려 있다(78-83쪽).

24 · W. B., Jensen, Classification, Symmetry and the Periodic Table, *Computation and Mathematics with Applications, 12B*, 487-509, 1986; H. Merz, K. Ulmer, Positions of lanthanum and lutetium in the Periodic Table, *Physics Letters, 26A*, 6, 1967; D. C. Hamilton, M. A. Jensen, Mechanism for Superconductivity in lanthanum and uranium, *Physical Review Letters*, 11, 205, 1963; D. C. Hamilton, Position of lanthanum in the periodic table, *American Journal of Physics*, 33, 637, 1965; E.R.

Scerri, Which Element Belongs in Group 3?, *Journal of Chemical Education*, 86, 1188-1188, 2009.

25 · A. V. Grosse, The Analytical Chemistry of Element 91, *Journal of the American Chemical Society, 52*, 1742-1747, 1930.

26 · 프로트악티늄의 화학적 성질에 관해서 최신 정보를 알려주는 흥미로운 논문은 다음과 같다. R. E. Wilson, Peculiar Protactinium, *Nature Chemistry, 4*, 586-586, 2012.

· 4장 ·

1 · E. R. Scerri, *The Periodic Table, Its Story and Its Significance*, Oxford University Press, New York, 2007.

2 · 이 분야의 역사는 희토류에 해당하는 원소의 개수가 차츰 늘어나는 복잡한 이야기이다. 멘델레예프 시절에는 여기 해당하는 원소가 네 개뿐이었지만 이후 스물네 개가 더 발견되어 결국 희토류는 총 스물여덟 종이 되었다.

3 · 위르뱅과 폰 벨스바흐의 우선권 분쟁을 살펴본 논문으로는 가령 헬게 크라우의 논문이 있다. H. Kragh, in Elements No. 70, 71, and 72: Discoveries and Controversies, in C. H. Evans (Ed.), *Episodes in the History of Rare Earth Elements*, 67-89, Kluwer Academic Publishers, 1996.

4 · 셀튬이라는 이름은 켈트족에서 땄다. 켈트어는 웨일스와 아일랜드의 일부 지역에서 살아남았는데, 아마도 위르뱅에게 더 중요한 사실은 프랑스 브르타뉴 지방에서도 전해진다는 점이었을 것이다.

5 · 도빌리에는 모리스 드 브로이의 동료였다. 여담이지만 모리스 드 브로이는 그보다 더 유명한 파동역학의 창시자 루이 드 브로이의 형이었다.

6 · 이 일화를 자세히 알고 싶으면 다음 책을 보라. E. R. Scerri, *The Periodic Table, Its Story and Its Significance*, Oxford University Press, New York, 2007.

7 · 사실 그들이 맨 처음 제안한 이름은 덴마크를 딴 다늄이었다. H. Kragh, P. Robertson, On the Discovery of Element 72, *Journal of Chemical Education, 56*,

456-459, 1979.

8 · D. Coster and G. Hevesy, On the New Element Hafnium, *Nature, 111*, 462-463, 1923.

9 · 위와 같음.

10 · 코스터의 출신국인 네덜란드도 제1차 세계대전 중 중립국이었기 때문에 역시 '나쁜 편'으로 간주되었다. 헝가리는 오스트리아-헝가리제국의 일원이었으므로 역시 의심을 샀다.

11 · Cited in G. Hevesy, *Adventures in Radioisotope Research*, Pergamon Press, Oxford, 1962, p. 11.

12 · 스콧이 오세늄이라는 이름을 고른 또 다른 이유는 주기율표에서 72번 원소보다 두 칸 위에 있는 타이타늄과의 신화적 유사성을 부여하기 위해서였다.

13 · 스콧이 코스터와 헤베시에게 보낸 편지, 1923년 2월 5일(코펜하겐 닐스 보어 연구소의 '보어 과학 서신' 중에서).

14 · *The Times* of London, February 2, 1923.

15 · H. M. Hansen, S. Werner, Optical Spectrum of Hafnium, *Nature, 111*, 322-322, 1923.

16 · G. Urbain, Sur le celtium, élément de numéro atomique 72, *Comptes Rendus de l'Académie des Sciences, 176*, 469-470, 1923.

17 · 보어가 러더퍼드에게 보낸 편지, 1923년 2월 9일(코펜하겐 닐스 보어 연구소의 '보어 과학 서신' 중에서).

18 · 보어가 러더퍼드에게 보낸 편지, 1923년 2월 9일(코펜하겐 닐스 보어 연구소의 '보어 과학 서신' 중에서).

19 · 러더퍼드가 보어에게 보낸 편지, 1923년 2월 15일(코펜하겐 닐스 보어 연구소의 '보어 과학 서신' 중에서).

20 · Eric Scerri, *Collected Papers in Philosophy of Chemistry*, Imperial College Press, London, 2008.

21 · K. R. Popper, *The Open Universe*, London, Hutchinson, ed. W. W. Bartley III., 1982, pp. 163-164.

22 · 나는 그동안 화학철학의 발달에 관여해왔다. 그리고 칼 포퍼가 1994년 92세를

일기로 사망하기 2년 전 런던에서 그를 만나 이 주제로 대화하는 특별한 경험도 가졌다. 포퍼는 내 비판의 몇몇 측면들을 기꺼이 받아들였다.

23 · Eric Scerri, *The Periodic Table, Its Story and Its Significance*, Oxford University Press, New York, 2007.

24 · H. Kragh, Conceptual Changes in Chemistry: The Notion of a Chemical Element, ca. 1900-1925, *Studies in History and Philosophy of Modern Physics, 31*, 435-450, 2000.

25 · 게다가 여기에서도 민족주의적 요소를 완전히 무시할 수 없다. 크라우 같은 덴마크 사람이 같은 덴마크 사람인 보어를 비판하는 것은 완벽하게 인정되지만 나 같은 외국인이 그러는 것은 안 될 것이다.

· 5장 ·

1 · Noddack, W., Tacke, I., Berg, O. Die Ekamangane, *Naturwissenschaften 13* (26): 567-574, 1925.

2 · 요즘은 레늄을 몰리브데넘과 구리 정제 과정의 부산물로 훨씬 더 효율적으로 얻는다.

3 · van Assche, P. H. M. The Ignored Discovery of Element Z=43, *Nuclear Physics, A480*, 205-214, 1988.

4 · Kuroda, P. K. A Note on the Discovery of Technetium, *Nuclear Physics, A503*, 178-182, 1989.

5 · Yoshihara, H. K. Discovery of a new element 'nipponium': re-evaluation of pioneering works of Masataka Ogawa and his son Eijiro Ogawa, *Spectrochimica Acta Part B Atomic Spectroscopy 59*, 1305-1310, 2004.

6 · 현재 통용되는 값은 4,889옹스트롬으로, 오가와의 오차 범위 내에 든다.

7 · 이것은 정확하지 않았다. 오가와가 작업하던 조건에서는 이 원소가 6가 상태를 훨씬 더 많이 취하기 때문이다. 오가와가 6가라고 가정하고 계산했다면 원자량은 185.2가 되었을 텐데, 이것은 현재 레늄의 원자량(186.2)과 제법 가깝다.

8 · 레늄은 실제로 몰리브데나이트, 즉 황산 몰리브데넘에서 발견된다. 몰리브데넘과 레늄의 이온반지름이 무척 비슷한 탓에 결정 격자에서 레늄이 몰리브데넘을 대체할 수 있기 때문이다. 몰리브데넘과 레늄은 주기율표에서 어떤 두 원소가 같은 족에 속하지 않고 대각선으로 놓여 있기 때문에 오히려 비슷한 성질을 띠는 '대각선 행동'의 숨은 사례이다. 이보다 더 유명한 사례로는 리튬과 마그네슘, 베릴륨과 알루미늄, 붕소와 규소가 있다. 다음을 보라. G. Rayner-Canhan, Isodiagonality in the Periodic Table, *Foundations of Chemistry, 13*, 121-129, 2011.

9 · Yoshihara, H. K. Discovery of a new element 'nipponium': re-evaluation of pioneering works of Masataka Ogawa and his son Eijiro Ogawa, *Spectrochimica Acta Part B Atomic Spectroscopy 59*, 1305-1310, 2004.

10 · 테크네튬의 사연 또한 논쟁으로 점철되어 있는데, 이 이야기는 6장에서 하겠다.

11 · Korzhinsky, M. A., Tkachenko, S. I., Shmulovich, K. I., Taran Y. A., Steinberg, Discovery of a pure rhenium mineral at Kudriavy volcano, G. S. *Nature 369*: 51-52, 2004.

12 · Cotton, F. A., Walton, R. A. *Multiple Bonds Between Metal Atoms*, Oxford University Press, Oxford, 1993.

13 · Qin J. et al. Is Rhenium Diboride a Superhard Material? *Advances in Materials, 20*, 4780-4783, 2008.

14 · S. J. La Placa, B. Post, The Crystal Structure of Rhenium Diboride, *Acta Crystallographica, 15*, 97-99, 1962.

15 · UCLA 연구진에 대한 비판이 없었다는 말은 아니다. 반대 의견이 주로 두 군데에서 제기되었으나, UCLA 연구진은 다음 후속 논문들에서 모든 반대를 해소했다. *Advanced Matererials*, 21, 4284-4285, 2009; *Adv. Funct. Mater., 19*, 3519, 2009 and *Acta Materialia, 58*, 1530-1535, 2010.

16 · E. Scerri, Tales of technetium, *Nature Chemistry, 1*, 332, 2009. 나의 다음 두 논문도 보라. Recognizing rhenium, *Nature Chemistry, 2*, 589, 2010; Finding francium, *Nature Chemistry, 1*, 670, 2009.

17 · J. M. Keane, W. D. Harman, A New Generation of π-Basic Dearomatization Agents, *Organometallics, 24*, 1786-1798, 2005.

18 · H. K. Yoshihara, Ogawa's Discovery of Nipponium and Its Re-evaluation, *Historia Scientiarum*, *9*, 277-269, 2000; 오가와 집단의 니포늄 연구에 대해서는 다음 두 논문을 참고하라. H. K. Yoshihara, T. Kobayashi, M. Kaji, Successful Separation of the element 75 before Its Discovery by Noddacks, *Historia Scientarum, 15*, 177-190, 2005; H. K. Yoshihara, Nipponium as a new element (Z=75) separated by the Japanese chemist, Masataka Ogawa: a scientific and science historical re-evaluation, *Proceedings of the Japanese Academy, Series B, 84*, 232-244, 2008.

19 · M. Ogawa, *Chemical News*, 98, 249-251, 1908; M. Ogawa, *Chemical News, 98*, 261-264, 1908.

20 · 요시하라가 번역한 내용이다.

21 · 우리는 요시하라가 어떻게 자신의 논문이 "많은 사람들에게 대단히 좋은 평가를 받았다"고 단언할 수 있는지 궁금할 수밖에 없다. 그들이 다들 그에게 감사 메시지를 써 보냈을까? 아니면 그 논문에 대해서 언급했을 수도 있는 한두 명의 리뷰어를 이야기하는 것일까? 어느 경우이든 신원을 공개하지 않은 사람들이 논문을 인정했다는 말은 요시하라의 주장에 신빙성을 조금도 부여하지 못한다.

22 · 오가와가 자신의 샘플을 외국의 엑스선 전문가에게 직접 보낼 수 있었을 텐데도 왜 그러지 않았는가 하는 명백한 의문에 대해서는 요시하라가 전혀 거론하지 않았다.

23 · 나는 이 사실을 요시하라와 직접 주고받은 편지에서 알았다. 요시하라가 논문에서 피크를 계산한 방법을 전혀 설명하지 않았다는 점도 나는 이상하게 느껴진다.

· 6장 ·

1 · 스페인 알리칸테 대학의 무기 화학자 하비에르 가르시아 마르티네스에게 감사한다. 그는 멘델레예프가 맨 처음 예측한 원소의 개수는 세 개가 아니라 네 개라는 사실을 내게 지적해주었다. 그는 2007년 멘델레예프 사망 100주기를 기

념하여 스페인에서 발행된 매력적인 기념우표를 디자인하기도 했다. 다음을 참고하라. J. Garcia Martinez, P. Roman Polo, Spain Celebrates Its Year of Science, *Chemistry International, 30*, 4-8, 2008; D. Rabinovich, Mendeleev's Triumph, *Chemistry International, vol. 29*, July-August, 2007, p. 3.

2 · 2000년대로 들어설 무렵에도, 벨기에 물리학자 피터르 판아스허는 미국 분광학자들과 함께 원래의 엑스선 사진을 재분석했다. 그 결과 노다크 부부가 실제로 레늄 외에 또 다른 원소를 분리하는 데 성공했다고 주장했다. 그러나 다른 많은 연구자들은 이 주장을 반박하고 있다.

3 · P. K. Kuroda, On the nuclear physical stability of the uranium minerals, *Journal of Chemical Physics, 25*, 781-782, 1956.

4 · R. Bodu et al., Sur l'existence d'anomalies isotopiques rencontrés dan l'uranium du Gabon, *Comptes-rendus de l'Académie des sciences de Paris, D 275*, 1731-1736, 1972.

5 · 대부분 다음 글에서 가져온 내용이다. William Griffith, Spurious Platinum Metals, *Chemistry in Britain*, *4*, 430-435, 1968.

6 · B. T. Kenna, The Search for Technetium in Nature, *Journal of Chemical Education, 39*, 436-442, 1962; R. Zingales, From Masurium to Trinacrium, *Journal of Chemical Education, 82*, 221-227, 2005; W. P. Griffith, Spurious Platinum Metals, *Chemistry in Britain, 4*, 430-444, 1968. 이 중 세 번째 저자 그리피스는 폴리늄이 루테늄과 같다고 여긴다.

7 · 요즘은 이런 일이 있을 수 없다. IUPAC 명명 규칙에 따르면 일단 어떤 이름이 제안되었으나 채택되지 않았을 경우 그 이름은 다시는 쓸 수 없기 때문이다. 이 규칙이 폐지되지 않는 한, 가령 데이비나 모즐리의 이름을 딴 원소명도 영영 등장할 수 없다.

8 · 한참 후에 J. 뉴턴 프렌드와 드루스는 실제로 케른이 레늄의 공식적인 발견 혹은 합성으로부터 약 50년 전에 이 원소를 발견했을지도 모른다고 주장했다. J. Newton Friend, J. G. F. Druce, Davyum a Possible Precursor of Rhenium, *Nature, 165*, 891-891, 1950.

9 · 조세피늄과 아마릴륨이라는 또 다른 수상쩍은 두 금속도 캐나듐과 연관되어 이야기되었다. 말할 필요도 없는 노릇이지만 이 물질들 또한 진짜 원소가 아니었다.

10 · M. Gerber, La recherche de deux metaux inconnus, *Le Moniteur Scientifique Quesneville*, Avril 1917.

11 · 레늄에 관한 대중적인 설명들은 이 원소가 수직으로 인접한 원소들보다 수평으로 인접한 원소들과 더 비슷할 것이라는 가설을 처음 제기한 사람이 노다크 부부라고 말할 때가 많다. 가령 파티 하바시의 책은 다른 면에서는 뛰어난 기록이지만 이 문제에 관해서는 제르베가 먼저 그 가설을 제기했다는 사실을 언급하지 않는다. Fathi Habashi, *Ida Noddack(1896-1978), Personal Recollections on the Occasion of 80th Anniversary of the Discovery of Rhenium*, Laval University Press, Laval, Canada, 2005.

12 · Bosanquet, Keeley, *Philosophical Magazine*, (6), 145-147, 1924.

13 · J. Newton Friend, *Man and the Chemistry of the Elements*, 2nd edition, Charles Griffin, London, 1961.

14 · H. M. Van Assche, The Ignored Discovery of Element Z=43, *Nuclear Physics A, A480*, 205-214, 1988.

15 · 위와 같음.

16 · Anonymous, The Disputed Discovery of Element 43. A Re-examination of an elegant early use of wavelength dispersive X-ray microanalysis, *Journal of Research of the National Institute of Standards and Technology, 104*, November-December, 599-599, 1999.

17 · 판아스허와 암스트롱은 1999년 3월 21~25일 캘리포니아 애너하임에서 열렸던 미국 화학 협회 전국 총회에서도 강연했다. 나는 강연을 직접 들었고, 그때는 그들의 발표 내용에 설득되었다. 그래서 전작에서 그들의 주장은 노다크 부부가 1925년 이 원소를 실제로 발견했다는 가설을 충분히 지지한다고 잘못 말했었다.

18 · It's Elemental, Special 80th Anniversary Issue of *Chemical & Engineering News*, September 8, 2003. 이 논문집에 실린 글 중 이 책과 관련이 있는 또 다른 논문은 내가 하프늄에 대해서 쓴 논문이다(138쪽에 수록).

19 · R. Zingales, From Masurium to Trinacrium: The Troubled Story of Element 43, *Journal of Chemical Education, 82*, 221-227, 2005.

20 · F. Habashi, The History of Element 43-Technetium, *Journal of Chemical Education, 83*, 213-213, 2006; 하바시는 이다 노다크에 관한 책도 썼다. Fathi Habashi, *Ida Noddack (1896-1978)*, Laval University Press, Laval, Quebec, 2005. P. Kuroda, A Note on the Discovery of Technetium, *Nuclear Physics A, 503*, 178-182, 1989.

21 · B. T. Kenna, P. K. Kuroda, Isolation of naturally occurring technetium, *Journal of Inorganic and Nuclear Chemistry, 23*, 142-144, 1961.

22 · R. Zingales, The History of Element 43—Technetium (the author replies), *Journal of Chemical Education*, 83, 213-213, 2006.

23 · E. Segrè, Element 43, *Nature, 143*, 460-461, 1939.

24 · 파네트가 여기에서 분기 생성물이라고 언급한 원소는 그의 주기율표에서나 저 글의 뒷부분에서 악티늄 K, 혹은 AcK라고 표시된 원소를 말한다. 그것은 $_{89}$Ac의 알파붕괴에서 생성되는 물질로서 페레가 그 속성을 처음 완전하게 파악했다(7장을 참고하라).

25 · F. Paneth, The Making of the Missing Chemical Elements, *Nature, 159*, 8-10, 1947.

26 · 아마 파네트 자신이 주최자였을 것이다.

27 · 이 발언은 일반적인 의미에서 민족주의적이진 않지만 그래도 당파성이 강하다. 파네트가 독자에게 노다크 부부가 나치 정권에 부역했던 사실을 환기시키고 있기 때문이다. 파네트가 상당한 적대심을 느꼈던 이유를 이해하기가 어렵진 않다. 그는 1936년에 나치에 의해 무기화학 교수직에서 해고되었고, 곧 영국으로 건너와서 임페리얼 칼리지와 더럼 대학에서 일했다. 1953년에 파네트는 마인츠 대학 학장이 되어 독일로 돌아갔다.

28 · C. Perrier, E. Segrè, Technetium: the Element of Atomic Number 43, *Nature, 159*, 24-24, 1947; D. R. Corson, K. R. MacKenzie, E. Segrè, Astatine: the Element of Atomic Number 85, *Nature, 159*, 24-24, 1947.

29 · E. Segrè, G. T. Seaborg, Nuclear isomerism in element 43, *Physical Review, 54*, 772-772, 1938.

30 · Interview of E. Segrè by C. Weiner, B. Richman on February 13, 1937, Niels

Bohr Library & Archives, American Institute of Physics, College Park, MD USA, http://www.aip.org/history/ohilist/4876.html; http://libserv.aip.org:81/ipac20/ipac.jsp?uri=full=3100001~!4875!0&profile=newcustom-icos

31 · S. Flügge, Kann der Energieinhalt der Atomkerne technisch nutzbar gemacht werden? *Naturwissenschaften, 27*, 402-410, 1939.

32 · G. A. Cowan, A Natural Fission Reactor, *Scientific American, 235*, 36-47, 1976.

33 · 사실 자연 상태로 존재하는 테크네튬은 오클로 천연 원자로 발견보다 앞선 1961년에 케너와 폴 구로다에 의해 발견되었다. B. T. Kenna, P. K. Kuroda, Isolating Naturally Occurring Technetium, *Inorganic and Nuclear Chemistry, 23*, 142-144, 1961.

34 · A. F. Holleman, E. Wiberg, *Inorganic Chemistry*, Academic Press, San Diego, CA, 2001.

· 7장 ·

1 · I. Langmuir, Pathological Science, *Physics Today*, 42, 36-48, 1989.

2 · G. B. Kauffman, J. P. Adloff, Marguerite Perey and the Discovery of Francium, *Education in Chemistry*, September 1989, 135-137.

3 · L. A. Orozco, Francium, *Chemical & Engineering News*, 2003, http://pubs.acs.org/cen/80th/francium.html

4 · F. H. Loring, J. G. F. Druce, Eka-Caesium, *Chemical News, 31*, 289-289, 1925.

5 · 위와 같음.

6 · 위와 같음.

7 · F. H. Loring, J. G. F. Druce, Eka-Caesium and Eka-Iodine, *Chemical News, 131*, 305-305, 1925.

8 · 위와 같음.

9 · Anonymous, Alabamine & Virginium, *Time Magazine*, Monday, Feb. 15, 1932.

10 · 앨리슨의 기기에 대한 설명은 단순하게 요약한 것이다.

11 · H. G. MacPherson, The Magneto Optic Method of Chemical Analysis, *Physical Review, 47*, 310–315, 1934.

12 · 루이스가 10달러를 돌려받았는지는 모르겠다.

13 · 이 일화는 어빙 랭뮤어가 '병적 과학'이라는 제목으로《피지컬 투데이》에 실었던 흥미로운 논문에서 이야기되었는데, 랭뮤어는 그 글에서 앨리슨의 기법을 이른바 '병든 과학'의 좋은 예로 부각하여 소개했다. I. Langmuir, Pathological Science, *Physics Today, 42*, 36–48, 1989.

14 · 브라운운동에 대한 아인슈타인의 통계적 이론을 지지하는 증거를 제공함으로써 원자가 '실존'한다는 견해를 다지는 데 일조한 사람이 페랭이었다.

15 · H. Hulubei, The search for element 87, *Physical Review*, *71*, 740–741, 1947.

16 · J. P. Adloff, G. B. Kauffman, Francium (Atomic Number 87), the Last Discovered Natural Element, *The Chemical Educator, 10*, 2005.

17 · 원소가 베타선을 방출하면 원자번호가 그보다 한 단위 더 높은 원소로 바뀐다는 사실을 상기하자.

18 · M. Perey, Sur un element 87, dérivé de l'actinium, *Comptes-rendus hebdomadaires des séances de l'Académie des sciences, 208*, 97–98, 1939. 내가 직접 번역했다.

19 · 위와 같음. 역시 내가 직접 번역했다.

20 · 그 몇 년 전에 페랭은 '87번 원소(Ml)에 관한 새로운 연구'라는 훌루베이의 논문을 역시 파리 과학 협회에 직접 제출했다.

21 · 1953년 미국의 E. K. 하이드는 ^{223}Fr이 약한 알파붕괴를 겪어 85번 원소를 생성한다는 사실을 발견했다. 따라서 엄밀하게 말하자면, 85번 아스타틴도 처음 발견된 것은 인공적으로 합성된 것이었지만 알고 보면 자연에도 존재한다는 뜻이다.

22 · 아나폴 모멘트는 세슘 원자에서도 관찰되었다. C. S. Wood, S. C. Bennett, D. Cho, B. P. Masterson, J. L. Roberts, C. E. Tanner, C. E. Wieman, Measurement of Parity Nonconservation and an Anapole Moment in Cesium, *Science, 275*, no. 5307, 1759–1763, 1997.

23 · E. Gomez, L. A. Orozco, G. D. Sprouse, Spectrosocpy with trapped francium: perspectives for weak interaction studies, *Reports on Progress in Physics, 69*, 79–118,

2006.

24 · L. A. Orozco, Francium, *Chemical & Engineering News, Special Issue on the Elements*, 2003; available at http://pubs.acs.org/cen/80th/francium.html

· 8장 ·

1 · B. F. Thornton, S. C. Burdette, Finding eka-iodine: Discovery Priority in Modern Times, *Bulletin for the History of Chemistry, 35*, 86-96, 2010.

2 · H. G. MacPherson, The Magneto Optic Method of Chemical Analysis, *Physical Review, 47*, 310-315, 1935.

3 · H. Hulubei, Mesures du spectre L du Ra (88), *Comptes Rendus des. Séances de l'Académie des Sciences, Serie C, 203*, 542-543, 1936; H. Hulubei, Emissions faibles dans le spectre L du Ra (88), *Comptes Rendus des Séances de l'Académie des Sciences, Serie C, 203*, 665-667, 1936.

4 · M. Valadares, "Contributo Allo Studio Degli Spettri γ e X Molli dei Prodotti si Disintegrazione del Radon," *Rendiconti Instituto Sanita Publicà, 3*, 953-963, 1942; M. Valadares, "Gli Spettri γ e X dei derivati del radon nella regione UX 700 a 1300," *Rendiconti Instituto Sanita Publicà, 2*, 1049-1056, 1941.

5 · B. Karlik and T. Bernert, Zur Frage eines Dualen Zerfalls des RaA, Sitzber. *Akad. Wiss. Wien, Math.-naturw. Klasse, 151*, 255-265, 1942; B. Karlik and T. Bernert, "Über eine Vermutete β-Strahlung des Radium A und die Natürliche Existenz des Elementes 85, *Naturwissenschaften, 30*, 685-686, 1942.

6 · 손턴과 버데트의 2010년 논문에 따르면, 파네트의 동기는 민족주의적인 것이었을지도 모른다. 파네트가 라듐 연구소에서 카를리크와 베르네르트와 함께 일한 적이 있기 때문에 그들을 지지했다는 것이다. 이후 파네트는 독일을 떠나야 했지만, 오스트리아인인 카를리크와 베르네르트는 오스트리아를 합병한 독일에 남았다. 그러나 파네트는 카를리크가 독일의 전쟁 정책에 반대한다는 것을 알았다. 손턴과 버데트는 또 훌루베이와 코슈아의 연구가 나치 점령하 프랑스에

서 이뤄졌다는 점도 파네트가 그들을 의심한 이유였을 것이라고 본다. 따라서 그들이 독일에게 어느 정도 순종했으리라 짐작했다는 것이다.

7 · B. Karlik, Unsere Heutigen Kenntnisse über das Element 85 (Ekajod), *Monatshefte für Chemie, 77*, 348-351, 1947.

8 · B. F. Thornton, S. C. Burdette, Finding eka-iodine: Discovery Priority in Modern Times, *Bulletin for the History of Chemistry, 35*, 86-96, 2010.

9 · 위와 같음.

10 · 내가 저자들에게 직접 들은 내용이다.

11 · Element 85, Abstract, *Nature, 146*, 225-225, 1940.

12 · 앨리스 리스미스(결혼 전 성은 프레빌)는 영국 핵물리학자로, 1933년에 북극 탐험가 벤저민 리스미스의 아들 필립 리스미스와 결혼했다. 그녀는 마리 퀴리의 제자였으며 영국 여성으로는 최초로 핵물리학으로 박사 학위를 받았다.

13 · D. R. Corson, K. R. MacKenzie, E. Segrè, Artificially radioactive Element 85, *Physical Review, 58*, 672-678, 1940.

14 · K. Otozai, N. Takahashi, Estimation chemical form boiling point elementary astatine by radio gas chromatography, *Radiochimica Acta, 31*, 201-203, 1982.

15 · T. Jahn, MIPS and their role in the exchange of metalloids. *Advances in Experimental Biology and Medicine. 679*, 41, 2010; A. G. Maddock, "Astatine." *Supplement to Mellor's comprehensive treatise on inorganic and theoretical chemistry, Supplement II, Part 1, (F, Cl, Br, I, At)*, 1064-1079, 1956; C. Housecroft, A. G. Sharpe, *Inorganic Chemistry* (3rd ed.). Pearson Education, 2008, 533.

16 · D. S. Wilbur, Overcoming the obstacles to clinical evaluation of ^{211}At-labeled radiopharmaceuticals, *The Journal of Nuclear Medicine, 42*, 1516-1518, 2001; M. R. Zalutsky et al., High-level production of α-particle-emitting ^{211}At and preparation of ^{211}At-labeled antibodies for clinical use, *The Journal of Nuclear Medicine, 42*, 1508-1515, 2001.

· 9장 ·

1 · 이 지역은 이후 체코슬로바키아가 되었고 지금은 체코공화국이 되었다.

2 · 결국 1937년에 테크네튬이 발견되었다.

3 · 사실 브라우네르는 그보다 얼마 전에 자신의 연구소에서 다른 동료들이 드비망가니즈를 발견했다고 주장했다. 브라우네르가 《네이처》에 보낸 글을 인용하면 다음과 같다. "61번 원소에 관해서 말하자면, 사마륨에서 네오디뮴의 원자량을 뺀 값은 6.1로 다른 어떤 이웃 원소들 간의 원자량 차이보다 크다. 이것은 몰리브데넘과 루테늄의 원자량 차이인 5.7과 비슷한 수준인데, 이 사이에는 에카망가니즈가 있다. 또한 오스뮴과 텅스텐의 원자량 차이인 6.9과도 비슷한데, 이 사이에는 최근 우리 연구소에서 헤이로프스키와 돌레이셰크가 발견한 드비망가니즈가 있다."

4 · 프랑스 화학자 앙드레루이 드비에른은 1899년 새로운 원소의 발견을 알렸다. 그는 마리 퀴리와 피에르 퀴리가 라듐을 추출하고 남은 역청에서 그것을 분리했다. 드비에른은 (1899년에) 그 물질이 타이타늄과 비슷하다고 묘사했으며 (1900년에는) 토륨과도 비슷하다고 했다. 한편 프리드리히 오스카어 기젤도 1902년 독자적으로 악티늄을 발견했다. 기젤은 그것을 란타넘과 비슷한 물질로 여겼고 1904년에 에마늄이라고 명명했다. 1904년에 두 물질을 비교한 결과, 드비에른이 붙인 이름이 남게 되었다. 드비에른이 먼저 명명했기 때문이다. 악티늄 발견의 정황은 수십 년 동안 의문의 대상이었다. 1970년대 이후 발표된 논문들을 보자면, 드비에른이 1904년 발표했던 결과는 그가 1899년과 1900년 보고했던 결과와는 일치하지 않는 듯하다. 드비에른과 기젤이 악티늄 발견의 공을 나눠야 하는가 아니면 기젤 혼자만 발견자로 인정되어야 하는가 하는 문제는 지금까지 논란의 대상이다.

5 · 다섯 쌍은 칼슘과 아르곤, 코발트와 니켈, 텔루륨과 아이오딘, 토륨과 프로트악티늄, 우라늄과 넵투늄이다. Eric Scerri, *A Very Short Introduction to the Periodic Table*, Oxford University Press, Oxford, 2011.

6 · 내가 직접 번역했다.

7 · M. Costa, M. Fotani, P. Manzelli, P. Papini, Storia della scoperta dell'elemento 61,

in Storia e Fondamenti della Chimica, *Memorie di Scienze Fisiche e Naturali*, 1997, 441-442.

8 · 내가 직접 번역했다. 저자들 중 한 명인 마르코 폰타니가 내게 제대로 번역했음을 확인해주었다. 폰타니는 또 '미량'이라는 표현은 1920년대는 물론이거니와 그들이 논문을 쓴 1990년대에도 '감지할 수 없었던 수준의 양'을 뜻했다고 알려주었다. 오늘날 이탈리아 연구자들의 태도가 국수주의적인 것과는 얼마나 거리가 먼지, 그것이 얼마나 신선한지도 짚고 넘어가야겠다. 그들은 미국 화학자들에게도 동포 이탈리아 화학자들과 같은 수준의 공로를 기꺼이 인정한다.

9 · 내 이야기는 클래런스 J. 머피의 최근 논문에서 많은 내용을 가져왔다. 머피는 61번 원소 발견의 역사에 오랫동안 관심을 쏟았으며 제임스와 스미스 홉킨스 두 사람이 남긴 많은 자료들을 직접 검토했다. C. J. Murphy, Charles James, B. Smith Hopkins, and the tangled web of element 61, *Bulletin for the History of Chemistry*, *31*, 9-18, 2006.

10 · 따라서 두 원소의 원자량 차이가 크다는 사실을 처음 인식한 사람이 브라우네르라는 게 사실인가 하는 의문이 제기된다.

11 · W. F. Peed, K. J. Spitzer, and L. E. Burkhart, The L Spectrum of Element 61, *Phyical Review*, *76*, 143-144, 1949.

12 · 클래런스 머피는 좀 더 확장된 논문에서 제임스 등의 우선권에 대해서 우호적인 태도를 취하면서도 제임스가 정말로 61번 원소를 감지했는가 하는 문제에 대해서는 확실한 입장을 밝히지 못했다. 다만 이렇게 썼다. "제임스가 보고했던 여섯 개의 선과 홉킨스가 보고했던 두 개의 선이 진짜 61번 원소 샘플로 측정한 결과와 엄청나게 가깝다는 것은 놀라운 일이다."

13 · C. J. Murphy, Charles James, B. Smith Hopkins, and the tangled web of element 61, *Bulletin for the History of Chemistry*, *31*, 9-18, 2006.

14 · 제임스의 다른 희토류 관련 논문들은 대부분《미국 화학 협회보》에 발표되었다.

15 · 스미스 홉킨스의 논문은 1925년 4월 26일 접수되어 1925년 6월 5일 출간되었다. 코크, 제임스, 포그의 논문은 1926년 12월 출간되었다.

16 · 미시간 대학의 엑스선 전문가로서 제임스를 위해서 분석을 수행했던 코크의 신뢰도를 말하자면, 나는 그와 같은 부서에서 오래 일했던 어느 믿을 만한 사람으

로부터 그곳 연구자들 사이에는 이런 농담이 있다는 이야기를 들었다. 누군가 작업을 망친 것이 의심된다면 그가 "코크했다"라고 표현한다는 것이다.

17 · 핵폭탄 제작 과정에서 수행해야 했던 중요한 작업 중 하나는 가장 중요한 우라늄과 플루토늄 동위원소들을 포함하여 그 밖에도 여러 희토류원소들과 그 동위원소들을 분리하는 일이었다.

18 · J. A. Marinsky, L.E. Glendenin, C. D. Coryell, The Chemical Identification of Radioisotopes of Neodymium and of Element 61, *Journal of the American Chemical Society, 69*, 2781-2785, 1947.

19 · O, Erämetsä, Separation of Prometheum from a Lanthanon Mixture, *Acta Polytechnica. Scandinavica Chem. Mat. Sci, 37*, 21, 1965.

20 · M. Arrtep, P. K. Kuroda, Promethium in Pitchblende, *Journal of Inorganic Nuclear Chemistry, 30*, 699, 1968.

21 · A. Kavetskiy, G. Yakubova, S. M. Yousaf, K. Bower, J. D. Robertson, and A. Garnov, Efficiency of Pm-147 Direct Charge Radioisotope Battery, *Applied Radiation and Isotopes, 69*, 744-748, 2011.

22 · 미주리 대학 화학과의 J. 데이비드 로버트슨은 ^{147}Pm 전지 개발의 선구적 연구자로 꼽힌다. 그는 나와 가졌던 인터뷰에서 현재 그의 실험실이 보유한 프로메튬의 양은 미국 최대라고 말했다.

· 10장 ·

1 · 멘델레예프가 주기율표를 발표했을 때는 당연히 빈칸이 아주 많았다. 그러나 이 책은 옛 주기율표를 구성했던 1번에서 92번 원소 중 마지막까지 남은 일곱 빈칸에만 집중했다. 마지막 빈칸들이 다 메워지기 전부터 연구자들은 악티늄족이 서른두 개 원소로 구성된 새로운 계열의 일부라는 사실을 깨달았다. 그 대부분은 한참 후에야 인공적으로 합성될 것이었다. 서른두 개 원소로 구성된 주기율표의 7주기가 마침내 다 메워진 것은 2010년이 되어서였다.

2 · Ernest Rutherford, Collisions of alpha Particles with Light Atoms. IV. An

Anomalous Effect in Nitrogen, *The London, Edinburgh and Dublin Philosophical Magazine and Journal of Science, 6th series, 37*, 581-586 (1919).

3 · Heilbron, J. L.; Robert W. Seidel (1989). *Lawrence and His Laboratory: A History of the Lawrence Berkeley Laboratory*. Berkeley: University of California Press.

4 · Chadwick, J., Possible Existence of a Neutron, *Nature, 129*, 312, 1932.

5 · E. Fermi, Possible Production of Elements of Atomic Number Higher than 92, *Nature, 133*, 898-899, 1934. 엔리코 페르미(1901~1954)의 동료는 에도아르도 아말디(1908~1989), 오스카르 다고스티노(1901~1975), 에밀리오 세그레(1905~1989), 프랑코 라세티(1901~2001)였다. 로마 대학 학부장 오르소 마리오 코르비노(1876~1937)는 93, 94번 원소의 발견을 알리면서 성급하게도 원소명과 기호까지 부여했는데, 전자는 이탈리아를 시적으로 부를 때 쓰는 이름인 아우소니아에서 따서 오소늄(Ao)으로 명명했고 후자는 서쪽 땅을 뜻하는 라틴어 헤스페리아에서 따서(그리스를 기준으로 보면 이탈리아가 서쪽이기 때문이다) 헤스페륨(혹은 에스페륨, Es)으로 명명했다. 당시 이탈리아의 파시스트 정권은 코르비노가 둘 중 하나를 리토륨으로 명명하기를 바랐다(무솔리니 독재 시절에 로마제국을 뜻하는 상징으로 썼던 이름 '리토리오'에서 딴 것이었다). 코르비노는 반감기가 겨우 몇 초에 지나지 않는 원소와 정권이 결부되는 것은 정권에 불행한 일일 거라고 냉소적으로 답했고, 그래서 결국 오소륨과 헤스페륨이라는 이름이 유지되었다. 내게 이 정보를 알려준 마르코 포타니에게 감사한다.

6 · E. McMillan, P. Abelson, Radioactive Element 93, *Physical Review 57*, 12, 1185, 1950.

7 · P. R. Fields et al., Transplutonium Elements in Thermonuclear Test Debris. *Physical Review 102*, 180-182, 1956.

8 · A. Ghiorso, M. Nurmia, J. Harris, K. Eskola, P. Eskola, Positive Identification of Two Alpha-Particle-Emitting Isotopes of Element 104, *Physical Review Letters, 22*, 1317-1320, 1969.

9 · M. Fleischmann, S. Pons, Electrochemically induced nuclear fusion of deuterium, *Journal of Electroanalytical Chemistry 261*, (2A), 301-308, 1989.

10 · G. Münzenberg, G. S. Hofmann et al., Identification of element 107 by α

correlation chains, *Zeitschrift für Physik A 300*: 107, 1981; G. Münzenberg et al., The identification of element 108, *Zeitschrift für Physik A 317*, 235, 1984; G. Münzenberg, P. Armbruster et al., Observation of one correlated α-decay in the reaction ^{58}Fe on ^{209}Bi → ^{267}109, *Zeitschrift für Physik A 309*, 89, 1982.

11 · S. Hofmann, V. Ninov et al., Production and decay of ^{269}110, *Zeitschrift für Physik A 350*, 277, 1995.

12 · S. Hofmann, V. Ninov et al., The new element 111. *Zeitschrift für Physik A 350*, 281, 1995.

13 · S. Hofmann et al., The new element 112, *Zeitschrift für Physik A 354*, 229-230, 1996; 다음도 참고하라. P. Armbruster, F. P. Hessberger, Making New Elements, *Scientific American, 279*, 72-77, Sept. 1998.

14 · Y. Oganessian et al. Synthesis of superheavy nuclei in the ^{48}Ca+^{244}Pu reaction: *Physical Review C 62* (4): 041604, 2000; Y. Oganessian et al., Experiments on the synthesis of element 115 in the reaction. *Physical Review C 69* (2): 021601, 2004; Y. Oganessian et al. Observation of the decay of ^{292}116. *Physical Review C 63*: 011301, 2000.

15 · A. V. Yeremin et al., Synthesis of nuclei of the superheavy element 114 in reactions induced by ^{48}Ca, *Nature 400*, 242-245, 1999.

16 · N. D. Cooke, *Models of the Atomic Nucleus*, Springer, Berlin, 2010.

17 · V. Ninov et al., Observation of Superheavy Nuclei Produced in the Reaction of ^{86}Kr with ^{208}Pb. *Physical Review Letters 83* (6): 1104-1107, 1999.

18 · S. LeVay, *When Science Goes Wrong*, Penguin, New York, 2008, chapter 12.

19 · Y. Oganessian et al., Synthesis of the Isotopes of Elements 118 and 116 in the ^{249}Cf and ^{245}Cm+^{48}Ca Fusion Reactions, *Physical Review C 74* (4), 044602, 2006.

20 · P. Pyykkö, A suggested periodic table up to Z $\leq$ 172, based on Dirac-Fock calculations on atoms and ions. *Phys. Chem. Chem. Phys., 13*, 161-168, 2011.

21 · 위와 같음.

22 · A. Türler et al., Evidence for Relativistic Effects in the Chemistry of Element 104, *The Journal of Alloys and Compounds*, 271-273, 287-291, 1998; D. Hoffman, The

Heaviest Elements, *Chemical & Engineering News*, May 2, 1994, 24-34.

23 · R. Lougheed, Oddly ordinary seaborgium, *Nature, 338*, 21-21, 1997; R. Eichler et al., Chemical Characterization of bohrium (element 107), *Nature, 407*, 63-65, 2000.

24 · 가령 내 책을 보라. E. R. Scerri, A *Very Short Introduction to the Periodic Table*, Oxford University Press, 2011, chapter 9.

25 · R. Eichler et al., Chemical Characterization of Bohrium (element 107), *Nature, 407*, 63-65, 2000.

26 · R. Eichler et al., Chemical Characterization of element 112, *Nature, 447*, 72-75, 2007.

27 · P. Pyykkö, Relativistic Effects in Structural Chemistry, *Chemical Reviews, 88*. 563-594, 1988; Relativity, Gold, Closed-Shell Interactions, and CsAu. NH3, *Angewandte Chemie International Edition, 41*, 3573-3578, 2002.

28 · P. Schwerdtfeger, M. Seth, Relativistic Effects of the Superheavy Elements, in *The Encyclopedia of Computational Chemistry*, eds P. v. R. Schleyer, N. L. Allinger, T. Clark, J. Gasteiger, H. F. Schaefer III, P. R. Schreiner, John Wiley and Sons, New York, 1998.

참고문헌

· J. P. Adloff, G. B. Kauffman, Francium (Atomic Number 87), the Last Discovered Natural Element, *The Chemical Educator*, 10, 2005.

· H. Aldersey-Williams, *Periodic Tales*, Penguin Viking, London, 2011.

· Anonymous, The Disputed Discovery of Element 43. A Re-examination of an elegant early use of wavelength dispersive X-ray microanalysis, *Journal of Research of the National Institute of Standards and Technology, 104*, November-December, 599-599, 1999.

· P. Armbruster, F. P. Hessberger, Making New Elements, *Scientific American*. Sept. 1998, 72-77.

· M. Arrtep, P. K. Kuroda, Promethium in Pitchblende, *Journal of Inorganic Nuclear Chemistry, 30*, 699, 1968.

· R. M. Baum, ed., It's Elemental, Special 80th Anniversary Issue of *Chemical & Engineering News*, September 8, 2003.

· E. Béguyer De Chancourtois, Vis Tellurique, *Compes Rendus de l'Académie des Sciences, 54*, 1862, 757-761, 840-843, 967-971.

· R. Bodu et al., Sur l'existence d'anomalies isotopiques rencontrés dan l' uranium du Gabon, *Comptes-rendus de l'Académie des sciences de Paris, D 275*, 1731-1736, 1972.

· N. Bohr, On the Constitution of Atoms and Molecules, *Philosophical Magazine*, *26*, 1-25, 476-502, 857-875, 1913 (known as the trilogy paper).

· C. H. Bosanquet, T. C. Keeley, Note on the search for element 43, *Philosophical Magazine*, *48*, 145-147, 1924.

· A. Brannigan, *The Social Basis of Scientific Discoveries*, Cambridge University

Press, Cambridge, 1981.
· W. H. Brock, *William Crookes (1832-1919) and the Commercialization of Science*, Ashgate, Aldershot, UK, 2008.
· J. Chadwick, Possible Existence of a Neutron, *Nature*, *129*, 312, 1932.
· N. D. Cooke, *Models of the Atomic Nucleus*, Springer, Berlin, 2010.
· D. R. Corson, K. R. MacKenzie, E. Segrè, Artificially radioactive Element 85, *Physical Review*, 58, 672-678, 1940.
· D. R. Corson, K. R. MacKenzie, E. Segrè, Astatine: The Element of Atomic Number 85, *Nature*, *159*, 24-24, 1947.
· M. Costa, M. Fotani, P. Manzelli, P. Papini, Storia della scoperta dell'elemento 61, in Storia e Fondamenti dellaChimica, *Memorie di Scienze Fisiche e Naturali*, 1997, 441-442.
· D. Coster and G. Hevesy, On the New Element Hafnium, *Nature*, *111*, 462-463, 1923.
· F. A. Cotton, R. A. Walton, *Multiple Bonds Between Metal Atoms*, Oxford University Press, Oxford, 1993.
· G. A. Cowan, A Natural Fission Reactor, *Scientific American*, 235, 36 – 47, 1976.
· W. Crookes, Radio-Activity of Uranium, *Proceedings of the Royal Society of London*, *66*, 409-423, 1899-1900.
· J. E. Earley, How chemistry shifts horizons: element, substance, and the essential, *Foundations of Chemistry*, 11, 65-77, 2009.
· R. Eichler et al., Chemical Characterization of bohrium (element 107), *Nature*, *407*, 63-65, 2000.
· R. Eichler et al., Chemical Characterization of element 112, *Nature*, *447*, 72-75, 2007.
· A. Einstein, *Investigations of the Theory of the Brownian Movement*, with notes by R. Fürth, translated by A. D. Cowper, Dover Publications, Mineola, New York, 1956.

· J. Emsley, *The Elements*, 3rd Edition, Clarendon Press, Oxford, 1998.
· J. Emsley, *The A-Z of the Elements*, Oxford University Press, Oxford, 2001.
· O. Erämetsä, Separation of Prometheum from a Lanthanon Mixture, Acta Polytechnica. *Scandinavica Chem. Mat. Sci*, *37*, 21, 1965.
· P. R. Fields et al., Transplutonium Elements in Thermonuclear Test Debris, *Physical Review 102*, 180-182, 1956.
· M. Fleischmann, S. Pons, Electrochemically induced nuclear fusion of deuterium, *Journal of Electroanalytical Chemistry 261*, (2A), 301-308, 1989.
· S. Flügge, Kann der Energieinhalt der Atomkerne technisch nutzbar gemacht werden? *Naturwissenschaften*, *27*, 402-410, 1939.
· J. Garcia Martinez, P. Roman Polo, Spain Celebrates Its Year of Science, *Chemistry International*, *30*, 4-8, 2008.
· M. Gerber, La recherche de deux metaux inconnus, *Le Moniteur Scientifique de Quesneville*, Avril 1917.
· A. Ghiorso, M. Nurmia, J. Harris, K. Eskola, P. Eskola, Positive Identification of Two Alpha-Particle-Emitting Isotopes of Element 104, *Physical Review Letters*, *22*, 1317-1320, 1969.
· E. Gomez, L. A. Orozco, G. D. Sprouse, Spectroscopy with trapped francium: perspectives for weak interaction studies, *Reports on Progress in Physics*, *69*, 79-118, 2006.
· W. P. Griffith, Spurious Platinum Metals, *Chemistry in Britain*, *4*, 430-444, 1868.
· A. G. Gross, Do Disputes over Priority Tell Us Anything about Science? *Science in Context*, *11*, 161-179, 1998.
· A. V. Grosse, The Analytical Chemistry of Element 91, *Journal of the American Chemical Society*, *52*, 1742-1747, 1930.
· F. Habashi, *Ida Noddack (1896-1978), Personal Recollections on the Occasion of 80th Anniversary of the Discovery of Rhenium, Laval University Press*, Laval, Canada, 2005.

· F. Habashi, The History of Element 43—Technetium, *Journal of Chemical Education*, *83*, 213-213, 2006.
· O. Hahn, L. Meitner, Die Muttersubstanz des Actiniums, ein Neues Radioaktives Element von Langer Lebensdauer. *Physikalische Zeitschrift*, *19*, 208-218, 1918.
· O. Hahn and F. Strassmann, *Die Naturwissenschaften 27*, p. 11-15 (January 1939), received December 22, 1938.
· D. C. Hamilton, M. A. Jensen, Mechanism for Superconductivity in lanthanum and uranium, *Physical Review Letters*, *11*, 205, 1963.
· D. C. Hamilton, Position of lanthanum in the periodic table, *American Journal of Physics*, *33*, 637, 1965.
· H. M. Hansen, S. Werner, Optical Spectrum of Hafnium, *Nature*, *111*, 322-322, 1923.
· P. J. Hartog, A First Foreshadowing of the Periodic Law, *Nature*, *41*, 186-188, 1889.
· R. F. Hendry, Lavoisier and Mendeleev on the Elements, *Foundations of Chemistry*, 7, 31-48, 2005.
· J. L. Heilbron, R. W. Seidel, *Lawrence and His Laboratory: A History of the Lawrence Berkeley Laboratory*. Berkeley: University of California Press, 1989.
· G. Hevesy, *Adventures in Radioisotope Research*, Pergamon Press, Oxford, 1962.
· G. Hinrichs, *The Elements of Chemistry and Mineralogy*, Griggs, Watson & Day, Davenport, Iowa, 1871.
· G. Hinrichs, *The Principles of Chemistry and Molecular Mechanics*, Day, Egbert & Fidlar, Davenport, Iowa, 1874.
· D. Hoffman, The Heaviest Elements, *Chemical & Engineering News*, May 2, 1994, 24-34.
· R. Hoffmann, C. Djerassi, *Oxygen, a play*, Wiley-VCH, 2001.
· S. Hofmann, V. Ninov et al., Production and decay of $^{269}110$, *Zeitschrift für*

Physik A 350, 277, 1995.

· S. Hofmann, V. Ninov et al., The new element 111, *Zeitschrift für Physik A 350*, 281, 1995.

· S. Hofmann et al., The new element 112, *Zeitschrift für Physik A354*, 229-230, 1996; also see, P. Armbruster, F. P. Hessberger, Making New Elements, *Scientific American*, *279*, 72-77, Sept. 1998.

· A. F. Holleman, E. Wiberg, *Inorganic Chemistry*, Academic Press, San Diego, CA, 2001.

· C. Housecroft, A. G. Sharpe, *Inorganic chemistry* (3rd ed.). Pearson Education, Prentice-Hall, New Jersey, 2008.

· H. Hulubei, Mesures du spectre L du Ra (88), *Comptes Rendus des Séances de l'Académie des Sciences Serie C*, *203*, 542-543, 1936.

· H. Hulubei, Emissions faiblesdans le spectre L du Ra (88), *Comptes Rendus des Séances de l'Académie des Sciences, Serie C*, *203*, 665-667, 1936.

· H. Hulubei, The search for element 87, *Physical Review*, *71*, 740-741, 1947.

· T. Jahn, MIPS and their role in the exchange of metalloids, *Advances in Experimental Biology and Medicine*. *679*, 41-203, 2010.

· W. B. Jensen, Classification, Symmetry and the Periodic Table, *Computation and Mathematics with Applications*, *12B*, 487-509, 1986.

· B. Karlik and T. Bernert, Zur Frage eines Dualen Zerfalls des RaA, Sitzber, *Akad. Wiss. Wien, Math.-naturw. Klasse*, *151*, 255-265, 1942.

· B. Karlik and T. Bernert, Über eine Vermuteteß-Strahlung des Radium A und die Natürliche Existenz des Elementes 85, *Naturwissenschaften*, *30*, 685-686, 1942.

· B. Karlik, Unsere Heutigen Kenntnisse über das Element 85 (Ekajod), *Monatsheft e für Chemie*, *77*, 348-351, 1947.

· V. Karpenko, The Discovery of Supposed New Elements, *Ambix*, *27*, 77-102, 1980.

· G. B. Kauffman, J. P. Adloff, Marguerite Perey and the Discovery of

Francium, *Education in Chemistry*, *26*, 135-137, 1989.

· A. Kavetskiy, G. Yakubova, S. M. Yousaf, K. Bower, J. D. Robertson, and A. Garnov, Efficiency of Pm-147 Direct Charge Radioisotope Battery, *Applied Radiation and Isotopes*, *69*, 744-748, 2011.

· S. Kean, The *Disappearing Spoon*, Little, Brown and Co., New York, 2010.

· J. M. Keane, W. D. Harman, A New Generation of π- Basic Dearomatization Agents, *Organometallics*, *24*, 1786-1798, 2005.

· B. T. Kenna, P. K. Kuroda, Isolating Naturally Occurring Technetium, *Inorganic and Nuclear Chemistry*, *23*, 142-144, 1961.

· B. T. Kenna, The Search for Technetium in Nature, *Journal of Chemical Education*, *39*, 436-442, 1962.

· M. A. Korzhinsky, S. I. Tkachenko, K. I. Shmulovich, Y. A. Taran, G.S. Steinberg, Discovery of a pure rhenium mineral at Kudriavy volcano, *G. S. Nature 369*: 51-52, 2004.

· H. Kragh, Elements No. 70, 71, and 72: Discoveries and Controversies, in C. H. Evans (Ed.), *Episodes in the History of Rare Earth Elements*, 67-89, Kluwer Academic Publishers, 1996.

· H. Kragh, P. Robertson, On the Discovery of Element 72, *Journal of Chemical Education*, *56*, 456-459, 1979.

· H. Kragh, Conceptual Changes in Chemistry: The Notion of a Chemical Element, ca. 1900-1925, *Studies in History and Philosophy of Modern Physics*, *31*, 435-450, 2000.

· T. S. Kuhn, Historical Structure of Scientific Discovery, *Science*, *136*, 760-764, 1962.

· T. S. Kuhn, *Historical Structure of Scientific Revolutions*, 2nd ed., University of Chicago Press, Chicago, 1970, p. 55.

· P. K. Kuroda, On the nuclear physical stability of the uranium minerals, *Journal of Chemical Physics*, *25*, 781-782, 1956.

· P. K. Kuroda, A Note on the Discovery of Technetium, *Nuclear Physics*,

A503, 178-182, 1989.

· I. Langmuir, Pathological Science, *Physics Today*, *42*, 36-48, 1989.

· S. J. La Placa, B. Post, The Crystal Structure of rhenium diboride, *Acta Crystallographica*, *15*, 97, 1962.

· P. E. Lecoq De Boisbaudran, A. Lapparent, A Reclamation of Priority on Behalf of M. De Chancourtois Referring to the Numerical Relations Among Atomic Weights, *Chemical News*, *63*, 51-52, 1891.

· S. LeVay, *When Science Goes Wrong*, Penguin, New York, 2008.

· J. Levy, *Scientific Feuds*, New Holland, London, 2010.

· F. H. Loring, J. G. F. Druce, Eka-Caesium, *Chemical News*, *131*, 289-289, 1925.

· F. H. Loring, J. G. F. Druce, Eka-Caesium and Eka-Iodine, *Chemical News*, *131*, 305-305, 1925.

· J. Lothar Meyer in Oswald's *Klassiker der Exacten Wissenschaften*: 30, Arbis eines Lehrganges der theoretischen Chemie, vorgetragen von Prof. S. Cannizzaro, Leipzig, 1891.

· R. Lougheed, Oddly ordinary seaborgium, *Nature*, *338*, 21-21, 1997.

· S. Lyle, Narrative understanding: developing a theoretical context for understanding how children make meaning in classroom settings, *Journal of Curriculum Studies*, *32*, 45-63, 2000.

· H. G. MacPherson, The Magneto-Optic Method of Chemical Analysis, *Physical Review*, *47*, 310-315, 1935.

· A. G. Maddock, Astatine, *Supplement to Mellor's comprehensive treatise on inorganic and theoretical chemistry, Supplement II, Part 1, (F, Cl, Br, I, At)*, 1064-1079, 1956.

· A. Marinsky, L. E. Glendenin, C. D. Coryell, The Chemical Identification of Radioisotopes of Neodymium and of Element, *Journal of the American Chemical Society*, *69*, 2781-2785, 1947.

· G. Markus, Why Is There No Hermeneutics of Natural Sciences? Some

Preliminary Theses, *Science in Context*, *1*, 5-15, 1987.

· S. McGrayne, *Nobel Prize Women in Science*, John Henry Press, Washington, D.C. , 2002.

· E. McMillan, P. Abelson, Radioactive Element 93, *Physical Review*, *57*, 12, 1185, 1950.

· R. Merton, Priorities in Scientific Discovery, *American Sociological Review*, *22*, 635-659, 1957.

· H. Merz, K. Ulmer, Positions of lanthanum and lutetium in the Periodic Table, *Physics Letters*, *26A*, 6-7, 1967.

· H. G. J. Moseley, Atomic Models and X-Ray Spectra, *Nature*, *92*, 544-544, 1913.

· M. Mulkay, Norms and Ideology in Science, *Social Science Information*, *15*, 637-656, 1976.

· G. Münzenberg, S. Hofmann et al., Identification of element 107 by α correlation chains, *Zeitschrift für Physik*, *A300*, 107, 1981.

· G. Münzenberg et al., The identification of element 108, *Zeitschrift für Physik*, *A317*, 235, 1984.

· G. Münzenberg, P. Armbruster et al., Observation of one correlated α-decay in the reaction ^{58}Fe on $^{209}Bi \rightarrow {}^{267}109$, *Zeitschrift für Physik*, *A309*, 89-90, 1982.

· C. J. Murphy, Charles James, B. Smith Hopkins, and the tangled web of element 61, *Bulletin for the History of Chemistry*, *31*, 9-18, 2006.

· P. Needham, Has Daltonian Atomism Provided Chemistry with Any Explanations? *Philosophy of Science*, *71*, 1038-1047, 2004.

· P. Needham, When Did Atoms Begin To Do Any Explanatory Work in Chemistry? *International Studies in the Philosophy of Science*, *18*, 199-219, 2004.

· J. A. R. Newlands, On the Law of Octaves, *Chemical News*, *12*, 83-83, August 18, 1865.

· J. A. R. Newlands, On the Law of Octaves, *Chemical News*, *13*, 130-130, 1866.

· J. Newton Friend, J. G. F. Druce, Davyum a Possible Precursor of Rhenium, *Nature*, *165*, 891, 1950.

· J. Newton Friend, Man and the Chemistry of the Elements, 2nd edition, Charles Griffin, London, 1961.

· V. Ninov et al., Observation of Superheavy Nuclei Produced in the Reaction of ^{86}Kr with ^{208}Pb, *Physical Review Letters 83 (6)*, 1104-1107, 1999.

· W. Noddack, I. Tacke, O. Berg, Die Ekamangane, *Naturwissenschaften 13* (26), 567-574, 1925.

· W. Odling, On the Proportional Numbers of the Elements, *Quarterly Journal of Science*, *1*, 642-648, October 1864.

· Y. Oganessian et al., Synthesis of superheavy nuclei in the ^{48}Ca+^{244}Pu reaction, *Physical Review C 62* (4), 041604, 2000.

· Y. Oganessian et al., Observation of the decay of ^{292}116. *Physical Review C 63*, 011301, 2000.

· Y. Oganessian et al., Experiments on the synthesis of element 115 in the reaction. *Physical Review C 69* (2), 021601, 2004.

· Y. Oganessian et al., Synthesis of the Isotopes of Elements 118 and 116 in the Cf-249 and Cm-245+Ca-48 Fusion Reactions, *Physical Review C 74* (4), 2006.

· M. Ogawa, *Chemical News 98*, 249-251, 1908.

· M. Ogawa, *Chemical News 98*, 261-264, 1908.

· L. A. Orozco, Francium, *Chemical & Engineering News, Special Issue on the Elements*, 2003; available at http://pubs.acs.org/cen/80th/francium.html

· K. Otozai, N. Takahashi, Estimation chemical form boiling point elementary astatine by radio gas chromatography, *Radiochimica Acta*, *31*, 201-203, 1982.

· F. Paneth, The Making of the Missing Chemical Elements, *Nature*, *159*, 8-10, 1947.

· W. F. Peed, K. J. Spitzer, and L. E. Burkhart, The L Spectrum of Element 61, *Physical Review 76*, 143-144, 1949.

· M. Perey, Sur un element 87, dérivé de l'actinium, *Comptes-rendus hebdomadaires des séances de l'Académie des sciences*, *208*, 97-98, 1939.

· C. Perrier, E. Segrè, Technetium: the Element of Atomic Number 43, *Nature*, *159*, 24-24, 1947.

· J. Perrin, Mouvement brownien et réalité moléculaire, *Annales de Chimie et de Physique*, *18*, 1-114, 1909.

· K. R. Popper, *The Open Universe*, London, Hutchinson, ed. W. W. Bartley III., 1982, pp. 163-164.

· P. Pyykkö, Relativistic Effects in Structural Chemistry, Chemical Review, 88, 563-594, 1988; Relativity, Gold, Closed-Shell Interactions, and $CsAu.NH_3$, *Angewandte Chemie International Edition*, *41*, 3573-3578, 2002.

· P. Pyykkö, A suggested periodic table up to $Z \leq 172$, based on Dirac-Fock calculations on atoms and ions. *Physical Chemistry Chemical Physics*, *13*, 161-168, 2011.

· J. Qin et al., Is Rhenium Diboride a Superhard Material? *Advances in Materials*, *20*, 4780, 2008.

· D. Rabinovich, Mendeleev's Triumph, *Chemistry International*, vol. 29, 3, July-August 2007.

· E. Rancke-Madsen, The Discovery of an Element, *Centaurus*, *19*, 299-313, 1976.

· G. Rayner-Canhan, Isodiagonality in the Periodc Table, *Foundations of Chemistry*, *13*, 121-129, 2011.

· T. Rothman, *Everything's Relative*, Wiley, Hoboken, NJ, 2003.

· E. Rutherford, Collisions of alpha Particles with Light Atoms. IV. An Anomalous Effect in Nitrogen, *The London, Edinburgh and Dublin Philosophical Magazine and Journal of Science*, 6th series, 37, 581-586 (1919).

· E. R. Scerri, The Evolution of the Periodic System, *Scientific American*, *279*,

78-83, 1998.

· E. R. Scerri, *The Periodic Table, Its Story and Its Significance*, Oxford University Press, New York, 2007.

· E. R. Scerri, *Collected Papers in Philosophy of Chemistry*, Imperial College Press, London, 2008.

· E. R. Scerri, Which Element Belongs in Group 3?, *Journal of Chemical Education*, *86*, 1188-1188, 2009.

· E. R. Scerri, Tales of technetium, *Nature Chemistry*, *1*, 332, 2009. Also see my Recognizing rhenium, *Nature Chemistry*, *2*, 589, 2010.

· E. R. Scerri, Finding francium, *Nature Chemistry*, *1*, 670, 2009.

· E. R. Scerri, *A Very Short Introduction to the Periodic Table*, Oxford University Press, Oxford, 2011.

· E. R. Scerri, What is an element? What is the periodic table? And what does quantum mechanics contribute to the question? *Foundations of Chemistry*, *14*, 69-81, 2012.

· W. H. E. Schwarz, The Full Story of the Electron Configurations of the Transition Elements, *Journal of Chemical Education*, *87*, 444-448, 2010.

· P. Schwerdtfeger, M. Seth, Relativistic Effects of the Superheavy Elements, in *The Encyclopedia of Computational Chemistry* eds P. v. R. Schleyer, N. L. Allinger, T. Clark, J. Gasteiger, H. F. Schaefer III, P. R. Schreiner, John Wiley and Sons, New York, 1998.

· E. Segrè, G. T. Seaborg, Nuclear isomerism in element 43, *Physical Review*, *54*, 772-772, 1938.

· E. Segrè, *Element 43*, Nature, 143, 460-461, 1939.

· R. Sime, *Lise Meitner, A Life in Physics*, University of California Press, Berkeley, CA, 1996.

· J. R. Smith, *Persistence and Periodicity*, unpublished PhD thesis, University of London, 1975.

· A. Stwertka, *Guide to the Elements*, Oxford University Press, New York,

1998.
· B. F. Thornton, S. C. Burdette, Finding eka-iodine: Discovery Priority in Modern Times, *Bulletin for the History of Chemistry*, *35*, 86-96, 2010.
· P. Thyssen, *Accommodating the Rare-Earths in the Periodic Table*, M.Sc. Thesis, Catholic University of Leuven, 2009.
· A. Türler et al., Evidence for Relativistic Effects in the Chemistry of Element 104, *The Journal of Alloys and Compounds*, 271-273, 287-291, 1998.
· G. Urbain, Sur le celtium, élément de numéroatomique 72, *Comptes Rendus de l'Académie des Sciences*, *176*, 469-470, 1923.
· M. Valadares, Contributo Allo Studio Degli Spettri γ e X Molli dei Prodotti di Disintegrazione del Radon, *Rendiconti Istituto Sanità Pubblica*, *3*, 953-963, 1940.
· M. Valadares, Gli spettri γ e X deiderivati del radon nella regione UX 700 a 1300, Rendiconti R. *Accademia D'Italia*, *2*, 1049-1056, 1941.
· H. M. Van Assche, The Ignored Discovery of Element Z=43, *Nuclear Physics A480*, 205-214, 1988.
· A. J. van den Broek, The α Particle and the Periodic System of the Elements, *Annalen der Physik*, *23*, 199-203, 1907.
· A. J. van den Broek, The Number of Possible Elements and Mendeléeff's "Cubic" Periodic System, *Nature*, *87*, 78-78, 1911.
· S. Weinberg, Reductionism Redux, *The New York Review of Books*, October 5, 1995. Reprinted in S. Weinberg, *Facing Up*, Harvard University Press, 2001.
· C. Weiner, B. Richman, Interview of Segrè, on February 13, 1937, Niels Bohr Library & Archives, American Institute of Physics, College Park, MD.
· D. S. Wilbur, Overcoming the obstacles to clinical evaluation of 211At-labeled radiopharmaceuticals, *The Journal of Nuclear Medicine*, *42*, 1516-1518, 2001.
· R. E. Wilson, Peculiar Protactinium, *Nature Chemistry*, *4*, 586-586, 2012.
· C. S. Wood, S. C. Bennett, D. Cho, B. P. Masterson, J. L. Roberts, C. E. Tanner, C. E. Wieman, Measurement of Parity Nonconservation and an

Anapole Moment in Cesium, *Science*, *275* no. 5307, 1759-1763, 1997.
· A. V. Yeremin et al., Synthesis of nuclei of the superheavy element 114 in reactions induced by ^{48}Ca, *Nature 400*, 242-245, 1999.
· H. K. Yoshihara, Ogawa's Discovery of Nipponium and Its Re-evaluation, *Historia Scientiarum*, *9*, 257-269, 2000.
· H. K. Yoshihara, Ogawa Family and Their Nipponium Research: H. K. Yoshihara, T. Kobayashi, M. Kaji, Successful Separation of the element 75 before Its Discovery by Noddacks, *Historia Scientiarum*, *15*, 177-190, 2005.
· H. K. Yoshihara, Nipponium as a new element (Z=75) separated by the Japanese chemist, Masataka Ogawa: a scientific and science historical re-evaluation, *Proceedings of the Japanese Academy, Series B*, *84*, 232-244, 2008.
· H. K. Yoshihara, Discovery of a new element 'nipponium': re-evaluation of pioneering works of Masataka Ogawa and his son Eijiro Ogawa, *Spectrochimica Acta Part B Atomic Spectroscopy*, *59*, 1305-1310, 2004.
· M. R. Zalutsky et al., High-level production of α-particle-emitting ^{211}At and preparation of 211At-labeled antibodies for clinical use, *The Journal of Nuclear Medicine*, *42*, 1508-1515, 2001.
· C. A. Zapffe, Hinrichs, Precursor of Mendeleev, *Isis*, *60*, 461-476, 1969.
· R. Zingales, From Masurium to Trinacrium: The Troubled Story of Element 43, *Journal of Chemical Education*, *82*, 221-227, 2005.
· R. Zingales, The History of Element 43—Technetium (the author replies), *Journal of Chemical Education*, *83*, 213-213, 2006.

감사의 글

· 알파벳순으로 나열한 고마운 분들 ·

Jean Pierre Adloff, Roy Alexander, Rolando Alfaro, Santiago Alvarez, Maria Victoria Alzate Cano, Peter Atkins, Jochen Autschbach Eugene Babaev, Philip Ball, Henry Bent, David Black, Roderick Black, Gisela Boeck, Boy Boer, Jan Boeyens, Danial Bonchev, Teresa Bondora, Christianne Bonelle, Marie-Anne Bouchiat, David Bradley, Shawn Burdette, Albert Burgstahler, Sam Cannarozzi, Stuart Cantrill, Davide Castelvecchi, Alan Chalmers, José Antonio Chamizo, Hasok Chang, Oliver Choroba, Stephen Contakes, Dale Corson, Kevin De Berg, Robert DeKosky, Paul Depovere, Pilar Gonzalez Duarte, Fernando Dufour, Christoph Düllmann, Joseph Earley, Robert Eicher, George Ellis, John Emsley, Sibil Erduran, Grant Fisher, Marco Fotani, Jan Fransaer, Gernot Frenking, Andoni Garritz, Carmen Giunta, Theo Gray, Brian Gregory, Alan Gross, Julio Gutierrez, Henry Griffin, Fathi Habashi, Steve Hardinger, Dean Harman, Rom Harré, Ray Hefferlin, Ned Heindel, Robin Hendry, Hinne Hetteman, Birger Hjørland, Peter Hodder,

Merce Izquierdo, Knud Jensen, Masanori Kaji, Rick Kaner, Paul Karol, Gary Katz, George Kauffman, Sam Kean, Helge Kragh, Werner Kutzelnigg, Martin Labarca, Lawrence Lavelle, Mike Laing, Mark Leach, Jeffrey Leigh, Jean-Pierre Llored, Olimpia Lombardi, Steve Lyons, Robert Luft, John Luton, Charles McCaw, Sharon McGrayne, Lee McIntyre, Hisao Mabuchi, James Marshall, Cherif Matta, Michael Matthews, Seymour Mauskopf, P. K. Mohapatra, Susana Moreno, Peter Morris, Clarence Murphy, Dimitry Mustafin, Fabienne Myers, Paul Needham, Peter Nelson, Octavio Novaro, Yuri Oganessian, David O'Hagan, Luis Orozco, Rubén Darío Osorio Giraldo, Richard Pagni, Sergio Palazzi, Martyn Poliakoff, Pekka Pyykkö, Guillermo Restrepo, David Robertson, James Rota, Oliver Sacks, Jeffrey Seaman, Siegfried Schindler, Chris Schmidt, Joachim Schummer, Eugen Schwarz, Peter Schwerdtfeger, Andrea Sella, Bassam Shakashiri, Sylvain Smadja, Lee Sobotka, Hristina Stefani, Philip Stewart, Keith Taber, Jess Tauber, Brett Thornton, Pieter Thyssen, Valery Tsimmermann, Brigitte Van Tigglen, Jose Luis Villaveces, Jacob Wacker, John Wasson, Frank Weinhold, Michael Weisberg, Max Whitby, Mark Winter, Donny Wise, Kenishi Yoshihara, Roberto Zingales.

그리고 옥스퍼드 대학 출판부의 담당 편집자 제러미 루이스(Jeremy Lewis)와 편집부의 모든 분들에게 특별한 감사를 전한다.

옮긴이의 말

상상해보자. 만에 하나 세상의 모든 지식이 파괴되어 우리가 단 하나의 문장만을 후대에 전할 수 있다면, 어떤 말을 전해야 최대한 많은 정보를 담은 것이 될까? 전설적 물리학자 리처드 파인먼은 다음 문장일 것이라고 말했다. "세상의 모든 것은 원자로 이뤄져 있다."

더 상상해보자. 현대 물리학과 화학의 기반인 원자론을 요약한 저 문장에 더불어 우리가 하나의 도표나 그림을 더 전할 수 있다면, 무엇을 고를까? 파인먼도 아닌 내게 누가 그것을 골라 보라고 할 일은 없겠지만, 그래도 만약 누가 내게 묻는다면, 나는 서슴없이 원소 주기율표를 고를 것이다. 세상의 모든 것은 원자로 이뤄져 있다는 사실, 그리고 그 원자에는 여러 종류가 있으며 그들의 속성과 관계는 주기율표에 잘 요약되어 있다는 사실, 이 두 가지 사실을 알면, 나머지 지식이 깡그리 파괴된 세상의 사람들도 비교적 쉽게 현대 과학을 재건할 수 있지 않을까.

원소 주기율표는 현대 화학의 토대이자 상징이다. 현대 생물학에 DNA 이중나선이 있고 현대 물리학에 원자 구조 모형이 있다면, 화학에는 주기율표가 있다. 주기율표는 1869년 멘델레예프가 당시로서 최선의 형태를 고안하여 과학계의 인정을 받아낸 이래 150년 동안 화학의 굳건한 토대로 기능했다. 그사이 우리의 지식이 원자의 실체조차 확신하지 못하던 수준에서 인위적으로 원자를 쪼개고 합하는 수준까지 팽창했음에도, 주기율표는 결코 기각되지 않고 오히려 범위를 넓혀가며 그 모든 지식을 담아내는 틀이 되었다. 약간 비약해서 말하자면, 지금까지 확인된 118개 원소가 표시된 주기율표를 이해하는 것만으로도 우리는 현대 물리학과 화학의 많은 것을 알 수 있다. 주기율표에서 길어 낼 수 있는 정보는 무궁무진하다.

주기율표에는 어떤 정보가 숨어 있을까. 이를테면 118개 원소들의 원자가 각각 얼마나 큰지, 원자에서 전자 하나를 떼어 내거나 거꾸로 붙이는 데 에너지가 얼마나 드는지, 금속 성질을 얼마나 강하게 띠는지, 화학 결합을 할 때 최대 몇 개까지 하는지, 상온에서 기체일지 고체일지 액체일지, 색깔은 어떨지, 다른 어떤 원소들과 잘 결합할지……. 어떤 원소가 세로로 나열된 7개 주기와 가로로 나열된 18개 족이 이루는 격자 속에서 어느 위치에 놓이는가를 알면, 화학자는 위의 성질들을 대충 예측할 수 있다. 이렇듯 원소의 성질에 주기성과 규칙성이 있다는 사실 덕분에 화학은 예측과 계획이 가능한 과학이 될 수 있었다. 그리고 그 규칙성이 원자를 구성하는 전자, 양성자, 중성자의 수와 배치 때문에 생긴다는 사실을 알게 된 지점에서 현대 물리학과 화학이 하나로 이어졌다. 여담이지만, 내가 대학에서 화학을 전공한 것도 바로 이 주기율표의 매력에 끌려서였다. 학생들은 흔히 화학은 (물리학이나 수학과는 달리) 산만한 정보를 잔뜩 외워야 하는 과학이라고 여기곤 하는데, 화학이 교육되는 방식 때문에 그런 생각이 들 수는 있어도 알고 보면 이것은 이만저만한 착각이 아니다. 전자가 오비탈에 어떻게 배치되어 있는가가 주기율표에서 원소들의 화학적, 물리적 성질을 결정하는 요인이라는 것을 배우는 순간, 그 아름다운 규칙성을 아는 순간, 화학은 더없이 질서 정연한 체계가 되고 주기율표는 더없이 입체적인 보물 창고가 된다.

이 주기율표에는 또 다른 측면의 정보도 들어 있다. 원소들이 발견된 과정에 관한 역사적 정보다. 어떤 원소가 어디에서 어떤 기법으로 누구에 의해 발견되었는가 하는 사연에는 현대 화학이 발전해온 과정이 담겨 있다. 그래서인지 화학에 관한 대중서를 쓰는 작가들 중 어지간한 사람은 다 주기율표에 대한 책을 한 권씩은 썼다. 피터 앳킨스도, 필립 볼도, 샘 킨도 썼다. 화학자는 아니지만 여느 화학자보다 더 열렬히 원소를 사랑했던 신경의학자 고 올리버 색스도 빼놓을 수 없다. 색스는 원소 샘플을 수집하는 마니아로도 유명했고, 영미권에서 출간된 주기율표 책에는 거의 모두 추천사를 썼으며(과장이 아니라 내가 읽은 책에서는 다 그랬다), 당연히 이 책에도 서문을 써주었다. (이 책 5장 마지막을 보면 색스가 저자에게 책의 내용에 관한 정보를 주었다는 이야기도 나온다. 색스는 얼마나 애정과 지식이 넘치는 주기율표 마니아였던지!) 이처럼 주기율표는 화학의 역사를 이야기하는 데도 중요한 기반이다.

그리고 주기율표에 관한 한, 『일곱 원소 이야기』의 저자 에릭 R. 셰리를 능가하는 전문가는 또 없다. UCLA 화학과에서 화학사를 가르치는 셰리는 과학철학 중에서도 화학에 초점을 맞춘 학술지를 만들고 이끈 학자이고, 그의 주된 관심사가 주기율표다. 셰리는 많은 논문 외에도 2007년에는 『주기율표 이야기』라는 책을 썼고, 2011년에는 옥스퍼드 대학 출판부의 '아주 짧은 입문서(Very Short Introduction)' 시리즈 중 한 권인 『주기율표』를 썼다. 그러니까 만약 여러분이 주기율표의 역사와 의미에 관해서 뭔가 알고 싶은 것이 있다면 첫 번째로 찾아갈 만한 사람이 바로 셰리다.

그 셰리가 『일곱 원소 이야기』에서 초점을 맞춘 것은 주기율표에서 우라늄 아래의 92개 원소 중 마지막까지 빈칸으로 남았던 일곱 원소들이다. 셰리가 "하우라늄 원소"라고 부르는 이 원소들은 이른바 초우라늄 원소들과는 좀 다르다. 초우라늄 원소들은 발견 당시 자연에는 존재하지 않았고 인공적으로 합성되어야 했기 때문이다. 한편 하우라늄 원소들 중에서도 이 책의 주인공인 일곱 원소가 왜 특별한가 하면, 이 원소들은 과학자들이 원소를 원자번호에 따라 배열해야 한다는 사실을 깨달음으로써 주기율표에서 정확히 어디어디 빈칸이 남았는지를 확인한 뒤에 남은 이른바 '성배'들이었기 때문이다. 과학자들이 과거와는 달리 분명히 정해진 목표를 놓고 남들보다 먼저 그것을 발견하려고 경쟁했으므로, 이 원소들의 이야기에는 우선권을 둘러싼 분쟁이 두드러진다. 셰리는 그 일화들을 통해 과학적 발견이 객관적으로 쉽게 확인되는 사건일 것이라는 생각은 얼마나 착각인지 알려준다. 원소 발견은 언뜻 "발견하든가 못하든가 둘 중 하나잖아?" 싶지만 전혀 그렇게 간단한 문제가 아니라는 것, 실제 과학 활동에는 늘 정치와 문화가 큰 영향을 미친다는 것, 무엇이 발견인지 합의하는 과정 자체도 지식 생성의 중요한 일부라는 것, 이런 여러 과학철학적 논제들을 이 원소들을 통해 살펴본다. 앞부분에 간략하게 정리된 주기율표의 역사, 뒷부분에 짧게 언급된 주기율표의 미래도 흥미롭다.

셰리는 책에서 (그가 집필을 마무리했던 2013년) 현재 원소가 118번까지 발견됨으로써 주기율표에 빈칸이 하나도 남지 않게 되었다고 적었다. 그 사정은 번역본이 출간되는 지금도 그대로이지만, 다만 그 사이에 맨 마지막 네 원소가 정식 이름을 갖게 되었다. 113번, 115번, 117번, 118번 원소는 일본, 러시아, 미국의 연구진이 2000년에서 2010년 사이에 합성했다고 진작 발표했으나 그 주장이 공식적으로 인정된 것은 최근이다. 2016년 11월, IUPAC(국제순수응용화학연맹)은 네 원소에 니호늄(Nh), 모스크븀(Mc), 테네신(Ts), 오가네손(Og)이라는 이름과 기호를 승인했다. 이제 과학자들은 새롭게 8주기를 개시할 119번 원소를 비롯하여 더 큰 원자번호의 원소들도 합성하려고 노력하고 있다. 그 성과에 따라 주기율표는 앞으로도 더 확장될 테고, 어쩌면 지금과는 형태가 달라질지도 모르며, 전혀 새로운 원소와 물질의 비밀이 드러날지도 모른다. 그러나 앞으로도 언제까지나 학생들은 주기율표에 매료되어 화학을 공부하기 시작할 테고, 앞으로도 언제까지나 화학의 상징은 주기율표일 것이다.

2018년 1월

김명남

작가 찾아보기

찾아보기

ㄷ

ㅈ

ㅊ

ㅎ

기타

일곱 원소 이야기

1판 1쇄 펴냄 2018년 2월 9일
1판 2쇄 펴냄 2018년 8월 20일

지은이 에릭 셰리
옮긴이 김명남

주간 김현숙 | **편집** 변효현, 김주희
디자인 이현정, 전미혜
영업 백국현, 정강석 | **관리** 김옥연

펴낸곳 궁리출판 | **펴낸이** 이갑수

등록 1999년 3월 29일 제300-2004-162호
주소 10881 경기도 파주시 회동길 325-12
전화 031-955-9818 | **팩스** 031-955-9848
홈페이지 www.kungree.com | **전자우편** kungree@kungree.com
페이스북 /kungreepress | **트위터** @kungreepress

ISBN 978-89-5820-512-8 03430

값 22,000원